花瓣飘落

画中画

时钟走动

缩放动画

文字滚动

音频舞动

滚珠汇图

小球跳动

电光线

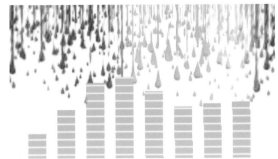

节奏旋律

网格空间

卡片拼图

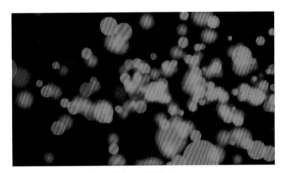

梦幻飞散精灵

文字输入

粉笔字

文字动画

纷飞散落文字

弹簧字

小清新字

录入文字

水波文字

螺旋飞入文字

光效闪字

破碎文字

蒙版动画

生长动画

童话般的夏日

海报拼图

水墨画

抠像效果

影视抠像

国画诗词

幽灵通告

花瓣雨

绚丽多彩空间

数字风暴

粒子飞舞

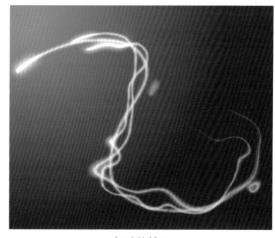

舞动的精灵

制作图腾

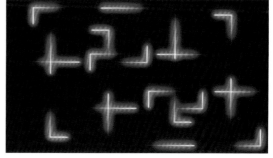

流动光线

炫彩精灵

飘渺烟雾文字

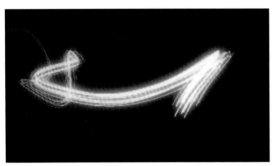

炫丽光带

魔幻光环

墨滴扩散

闪电效果

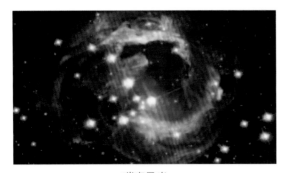

璀璨星光

狂风暴雨

窗外水珍珠

雪景

繁星闪烁

涟漪效果

夕阳晚景

占卜未来

烟花绽放

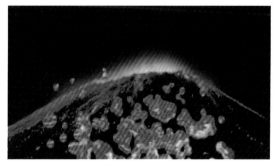

穿越时空隧道

意境风景

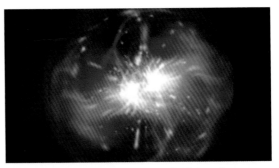

影视汇聚镜头表现——穿越水晶球

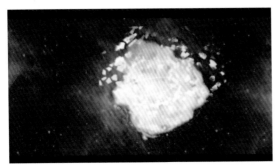

影视快速搜索镜头表现——星球爆炸

电视宣传片——自然之韵

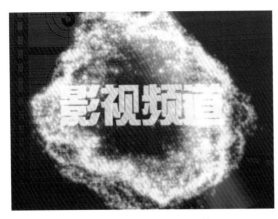

影视频道包装——影视强档

娱乐栏目包装——K歌达人

娱乐栏目包装——魅力大舞台

电视频道包装——浙江卫视

After Effects CC
影视特效与电视栏目包装

董明秀　张秀芳〇主编

清华大学出版社

北京

内 容 简 介

本书是一本专为影视动画后期制作人员编写的全实例型图书，所有的案例都是作者多年设计工作的积累。本书的最大特点是实例的实用性强，理论与实践结合紧密，通过精选最常用、最实用的影视动画案例进行技术剖析和操作详解。

全书按照由浅入深的写作方法，从基础内容开始，以全实例为主，详细讲解了在影视制作中应用最为普遍的基础动画实例入门、内置特效进阶提高、精彩文字特效、蒙版动画操作、键控抠图、常用插件应用、奇幻光线特效、自然景观特效表现、电影特效表现、特效镜头及宣传片制作和电视频道包装专业表现的制作等，全面详细地讲解了影视后期动画的制作技法。

本书配套的多媒体 DVD 教学光盘中提供有本书所有案例的素材、结果源文件和制作过程的多媒体交互式语音视频教学文件，以帮助读者迅速掌握使用 After Effects 进行影视后期合成与特效制作的精髓，并跨入高手的行列。

本书内容全面、实例丰富、讲解透彻，可作为影视后期与画展制作人员的参考手册，还可以用作高等院校和动画专业以及相关培训班的教学实训用书。

图书在版编目（CIP）数据

After Effects CC 影视特效与电视栏目包装案例解析 / 董明秀，张秀芳主编 . —北京：清华大学出版社，2014
（2020.7重印）

ISBN 978-7-302-36197-8

I. ① A… 　Ⅱ. ①董… ②张… 　Ⅲ. ①图像处理软件 　Ⅳ. ① TP391.41

中国版本图书馆 CIP 数据核字（2014）第 072672 号

责任编辑：杜长清
封面设计：刘　超
版式设计：文森时代
责任校对：王　云
责任印制：宋　林

出版发行：清华大学出版社
　　　　　网　　　址：http://www.tup.com.cn，http://www.wqbook.com
　　　　　地　　　址：北京清华大学学研大厦 A 座　　　　　邮　　编：100084
　　　　　社 总 机：010-62770175　　　　　邮　　购：010-62786544
　　　　　投稿与读者服务：010-62776969，c-service@tup.tsinghua.edu.cn
　　　　　质量反馈：010-62772015，zhiliang@tup.tsinghua.edu.cn
印 装 者：北京天颖印刷有限公司
经　　销：全国新华书店
开　　本：185mm×260mm　　印　张：24　插　　页：4　字　　数：624千字
　　　　　（附 DVD 光盘 1 张）
版　　次：2014 年 6 月第 1 版　　　　　印　　次：2020 年 7 月第 8 次印刷
定　　价：68.00 元

产品编号：044881-01

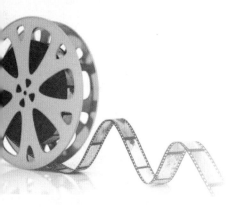

前言

软件简介

After Effects CC 是非常高端的视频特效处理软件，像《钢铁侠》、《幽灵骑士》、《加勒比海盗》、《绿灯侠》等电影大片的各种特效都是使用 After Effects 制作的。After Effects CC 使用技能也似乎成为影视后期编辑人员必备的技能之一。同时，Adobe After Effects CC 也是 Adobe 公司首次直接内置官方简体中文语言的软件，安装即中文。可以看到 Adobe 公司开始重视中国的市场。

现在，After Effects 已经被广泛地应用于数字和电影的后期制作中，而新兴的多媒体和互联网也为 After Effects 软件提供了广阔的发展空间。Adobe After Effects CC 使用业界的动画和构图标准呈现电影般的视觉效果和细腻动态图形，一手掌控您的创意，并同时提供前所未见的出色效能。

本书内容介绍

本书首先对 After Effects CC 软件的基础动画进行了讲解，然后按照由浅入深的写作方法，从基础内容开始，以全实例为主，详细讲解了在影视制作中应用最为普遍的文字特效、蒙版动画、键控抠图、奇幻光线、自然景观、电影镜头特效、电视频道宣传片及栏目包装的制作等，全面详细地讲解了影视后期动画的制作技法。对读者迅速掌握 After Effects 的使用方法及影视特效的专业制作技术非常有益。

本书各章具体内容如下：

第 1 章主要讲解影视动画及非线性编辑。主要对影视后期制作的基础知识进行讲解，先对帧、场、电视制式及视频编码进行介绍，然后对色彩模式的种类和含义，色彩深度与图像分辨率，视频编辑的镜头表现手法，电影蒙太奇的表现手法，非线性编辑操作流程以及视频采集基础进行介绍。

第 2 章主要讲解基础动画实例入门。主要讲解利用 After Effects 基础属性制作基础动画的入门知识，包括位置、旋转、不透明度、缩放等，掌握本章内容，可以为以后复杂动画的制作打下坚实的基础。

第 3 章主要讲解内置特效进阶提高。After Effects 包括了几百种内置特效，这些强大的内置特效是动画制作的根本，本章挑选了比较实用的一些内置特效，结合实例详细讲解了它们的应用方法，希望读者举一反三，在学习这些特效的同时掌握更多特效的使用方法。

第 4 章主要讲解精彩文字特效。文字是一个动画的灵魂，一段动画中有了文字的出现才能使动画的主题更为突出，对文字进行编辑，为文字添加特效，制作绚丽的动画，能够给整体动画添加上点睛的一笔。通过本章的学习，让读者在了解文字基本设置的同时，掌握更高级的文字动画的制作。

第 5 章主要讲解蒙版动画操作。本章主要讲解蒙版动画的操作，包括矩形、椭圆形和自由形状蒙版的创建，蒙版形状的修改，节点的选择、调整、转换操作，蒙版属性的设置及修改，蒙版的模式、形状、羽化、透明和扩展的修改及设置，蒙版动画的制作。

第 6 章主要讲解键控抠图。键控抠图是合成图像中不可缺少的部分，它可以通过前期的拍摄和后期的处理，使影片的合成更加真实，所以本章的学习显得更加重要。通过本章学习，希望读者能掌握基本素材的抠图技巧。

第 7 章主要讲解常用插件应用。After Effects 除了内置非常丰富的特效外，还支持相当多的第三方特效插件，通过对第三方插件的应用，可以使动画的制作更为简便，效果更为绚丽。通过本章的制作，可以掌握常见外挂插件的动画运用技巧。

第 8 章主要讲解奇幻光线特效。在栏目包装级影视特效中经常可以看到运用炫目的光效对整体动画的点缀，光效不仅可以作用在动画的背景上，使动画整体更加绚丽，也可以运用到动画的主体上，使主题更加突出。本章通过几个具体的实例，讲解了常见奇幻光效的制作方法。

第 9 章主要讲解自然景观特效表现。本章主要讲解利用 CC 细雨滴、CC 燃烧效果和高级闪电等特效操作和使用在影视动画中来模拟现实生活中的下雨、下雪、闪电和打雷等，使场景更加逼真生动。

第 10 章主要讲解电影特效表现。越来越多的电影中加入了特效元素，这使得 After Effects 在影视制作中占有越来越重要的地位，而本章详细讲解了几种常见的电影特效的表现方法。通过本章的学习，可以掌握常用电影特效的制作技巧。

第 11 章主要讲解特效镜头及宣传片制作。如今，令人眼花缭乱的特效镜头及主题宣传片头充斥着我们的眼球，缤纷的特效镜头与媒体宣传片在电视中随处可见，这些节目是如何制作的呢？本章通过 3 个实例，讲解特效镜头及宣传片相关的制作过程。通过本章的学习，可以掌握特效镜头及宣传片的制作技巧。

第 12 章主要讲解电视频道包装专业表现。本章通过电视频道包装制作的案例，详细分析其制作手法和制作步骤，将电视频道包装过程再现，以更好地让读者掌握电视频道包装的制作技巧，吸取精华快速掌握。

本书中每个实例都添加了特效解析、知识点等，对所用到的知识点进行了比较详细的说明。当然，对于制作过程中需要注意之处和使用技巧等，也都在文中及时地给予指出，以提醒读者注意。

对于初学者来说，本书是一本图文并茂、通俗易懂、细致全面的学习操作手册。对电脑动画制作、影视动画设计和专业创作人士来说，本书是一本最佳的参考资料。

创作团队

本书由董明秀、张秀芳主编，其中第 1 ～ 6 章由黑龙江农业职业技术学校的张秀芳老师编写。第 7 ～ 12 章参与编写的有张四海、余昊、贺容、王英杰、崔鹏、桑晓洁、王世迪、吕保成、蔡桢桢、王红启、胡瑞芳、王翠花、夏红军、李慧娟、杨树奇、王巧伶、陈家文、王香、杨曼、马玉旋、张田田、谢颂伟、张英、石珍珍、陈志祥等，在此感谢所有创作人员对本书付出的艰辛。当然，在创作的过程中，由于时间仓促，错误在所难免，希望广大读者批评指正。如果在学习过程中发现问题，或有更好的建议，欢迎发邮件到 ducqing@163.com 与我们联系。

编　者

目录

第3章　内置特效进阶提高　　31

第4章　精彩文字特效　　61

第5章　蒙版动画操作　　　　93

第6章　键控抠图　　　　105

第7章　常见插件应用　　　　115

第8章　奇幻光线特效　129

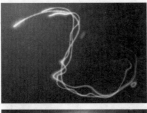

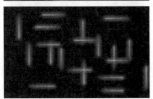

第9章　自然景观特效表现　155

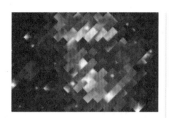

第 *1* 章

非线性编辑入门必读

内容摘要

本章主要对影视后期制作的基础知识进行讲解，其中先对帧、场、电视制式及视频编码进行介绍，然后对色彩模式的种类和含义，色彩深度与图像分辨率，视频编辑的镜头表现手法，电影蒙太奇的表现手法，非线性编辑操作流程以及视频采集基础进行介绍。

教学目标

- ▶ 了解帧、频率和场的概念
- ▶ 了解色彩模式的种类和含义
- ▶ 了解色彩深度与图像分辨率
- ▶ 掌握影视镜头的表现手法
- ▶ 了解电影蒙太奇表现手法
- ▶ 掌握非线性编辑操作流程

1.1 数码影视视频基础

1.1.1 帧的概念

视频是由一系列单独的静止图像组成的，如图 1.1 所示。每秒钟连续播放静止图像，利用人眼的视觉残留现象，在观者眼中就产生了平滑而连续活动的影像。

图 1.1 单帧静止画面效果

一帧是扫描获得的一幅完整图像的模拟信号，是视频图像的最小单位。在日常看到的电视或电影中，视频画面其实就是由一系列的单帧图片构成,将这一系列的单帧图片以合适的速度连续播放，利用人眼的视觉残留现象，在观者眼中就产生了平滑而连续活动的影像，从而就产生了动态画面效果，而这些连续播放的图片中的每一帧图片，就可以称之为一帧。例如，一个影片的播放速度为 25 帧／秒，就表示该影片每秒种播放 25 个单帧静态画面。

1.1.2 帧率和帧长度比

帧率有时也叫帧速或帧速率，表示在影片播放中，每秒钟所扫描的帧数，如对于 PAL 制式电视系统，帧率为 25 帧；而 NTSC 制式电视系统，帧率为 30 帧。

帧长度比是指图像的长度和宽度的比例，平时常说的 4:3 和 16:9,其实就是指图像的长宽比例。4:3 画面显示效果如图 1.2 所示；16:9 画面显示效果如图 1.3 所示。

图 1.2 4:3 画面显示效果   图 1.3 16:9 画面显示效果

1.1.3 像素长宽比

像素长宽比就是组合图像的小正方形像素在水平与垂直方向的比例。通常以电视机的长宽比为依据，即 640/160 和 480/160 之比为 4:3。因此，对于 4:3 长宽比来讲，$480/640 \times 4/3 = 1.067$。所以，PAL 制式的像素长宽比为 1.067。

1.1.4 场的概念

场是视频的一个扫描过程，有逐行扫描和隔行扫描两种。对于逐行扫描，一帧即是一个垂直扫描场；对于隔行扫描，一帧由奇数场和偶数场两行构成，用两个隔行扫描场表示一帧。

电视机由于受到信号带宽的限制，采用的就是隔行扫描，隔行扫描是目前很多电视系统的电子束采用的一种技术，它将一幅完整的图像按照水平方向分成很多细小的行，用两次扫描来交错显示，即先扫描视频图像的偶数行，再扫描奇数行而完成一帧的扫描，每扫描一次，就叫做一场。对于摄像机和显示器屏幕，获得或显示一幅图像都要扫描两遍才行。隔行扫描对于分辨率要求不高的系统比较适合。

在电视播放中，由于扫描场的作用，我们实际所看到的电视屏幕出现的画面不是完整的画面，而是一个"半帧"画面，如图 1.4 所示。但由于 25Hz 的帧频率能以最少的信号容量有效地利用人眼的视觉残留特性，所以看到的图像是完整图像，如图 1.5 所示，但闪烁的现象还是可以感觉出来的。我国电视画面传输率是每秒 25 帧、50 场。50Hz 的场频率隔行扫描，把一帧分为奇、偶两场，奇、偶的交错扫描相当于遮挡板的作用。

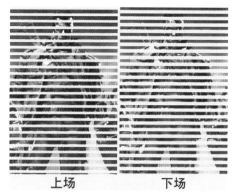

图 1.4　"半帧"画面

图 1.5　完整图像

1.1.5　电视的制式

电视的制式就是电视信号的标准，它的区分主要在帧频、分辨率、信号带宽以及载频、色彩空间的转换关系上。不同制式的电视机只能接收和处理相应制式的电视信号。但现在也出现了多制式或全制式的电视机，为处理不同制式的电视信号提供了极大的方便。全制式电视机可以在各个国家的不同地区使用。目前各个国家的电视制式并不统一，全世界有 3 种彩色制式，下面分别进行讲解。

1. PAL 制式

PAL 是 Phase Alteration Line 的英文缩写，其含义为逐行倒相，PAL 制式即逐行倒相正交平衡调幅制；它是西德在 1962 年制定的彩色电视广播标准，它克服了 NTSC 制式相对相位失真敏感而引起色彩失真的缺点；中国、新加坡、澳大利亚、新西兰和西德、英国等一些西欧国家使用 PAL 制式。根据不同的参数细节，它又可以分为 G、I、D 等制式，其中 PAL-D 是我国大陆采用的制式。PAL 制式电视的帧频为每秒 25 帧，场频为每秒 50 场。

2. NTSC 制式（N 制）

NTSC 是 National Television System Committee 的英文缩写，NTSC 制式是由美国国家电视标准委员会于 1952 年制定的彩色广播标准，它采用正交平衡调幅技术（正交平衡调幅制）；NTSC 制式有色彩失真的缺陷。NTSC 制式电视的帧频为每秒 29.97 帧，场频为每秒 60 场。美国、加拿大等大多数西半球国家以及中国台湾、日本、韩国等采用这种制式。

3．SECAM 制式

SECAM 是法文 Sequentiel Couleur A Memoire 的缩写，含义为"顺序传送彩色信号与存储恢复彩色信号制"；是由法国在 1956 年提出，1966 年制定的一种新的彩色电视制式。也克服了 NTSC 制式相位失真的缺点，采用时间分隔法来逐行依次传送两个色差信号，不怕干扰，色彩保真度高，但是兼容性较差。目前法国、东欧国家及部分中东国家使用 SECAM 制式。

1.1.6　视频时间码

一段视频片段的持续时间和它的开始帧和结束帧通常用时间单位和地址来计算，这些时间和地址称为时间码（简称时码）。时码用来识别和记录视频数据流中的每一帧，从一段视频的起始帧到终止帧，每一帧都有一个唯一的时间码地址，这样在编辑时利用它可以准确地在素材上定位出某一帧的位置，方便安排编辑和实现视频和音频的同步。这种同步方式叫做帧同步。"动画和电视工程师协会"采用的时码标准为 SMPTE，其格式为"小时：分钟：秒：帧"，如一个 PAL 制式的素材片段表示为 00:01:30:13,那么意思是它持续 1 分钟 30 秒零 13 帧，换算成帧单位就是 2263 帧，如果播放的帧速率为 25 帧／秒，那么这段素材可以播放约一分零三十点五秒。

电影、电视行业中使用的帧率各不相同，但它们都有各自对应的 SMPTE 标准。如 PAL 采用 25fps 或 24fps，NTSC 制式采用 30fps 或 29.97fps。早期的黑白电视采用 29.97fps 而非 30fps，这样就会产生一个问题，即在时码与实际播放之间产生 0.1% 的误差。为了解决这个问题，于是设计出帧同步技术,这样可以保证时码与实际播放时间一致。与帧同步格式对应的是帧不同步格式，它会忽略时码与实际播放帧之间的误差。

1.2　色　彩　模　式

1.2.1　RGB模式

RGB 是光的色彩模型，又称三原色（也就是 3 个颜色通道），即红、绿、蓝。每种颜色都有 256 个亮度级（0~255）。RGB 模型也称为加色模型，因为当增加红、绿、蓝色光的亮度级时，色彩变得更亮。所有显示器、投影仪和其他传递与滤光的设备，包括电视、电影放映机都依赖于加色模型。

任何一种色光都可以由 RGB 三原色混合得到，RGB 3 个值中任何一个发生变化都会导致合成出来的色彩发生变化。电视彩色显像管就是根据这个原理得来的，但是这种表示方法并不适合人的视觉特点，所以产生了其他的色彩模式。

1.2.2　CMYK模式

CMYK 由青色（C）、品红（M）、黄色（Y）和黑色（K）4 种颜色组成。这种色彩模式主要应用于图像的打印输出，所有商业打印机使用的都是减色模式。CMYK 色彩模型中色彩的混合正好和 RGB 色彩模式相反。

当使用 CMYK 模式编辑图像时，应当十分小心，因为通常都习惯于编辑 RGB 图像，在

CMYK 模式下编辑需要一些新的方法，尤其是编辑单个色彩通道时。在 RGB 模式中查看单色通道时，白色表示高亮度色，黑色表示低亮度色；在 CMYK 模式中正好相反，当查看单色通道时，黑色表示高亮度色，白色表示低亮度色。

1.2.3　HSB 模式

HSB 色彩空间是根据人的视觉特点，用色调（Hue）、饱和度（Saturation）和亮度（Brightness）来表达色彩。我们常把色调和饱和度统称为色度，用它来表示颜色的类别与深浅程度。由于人的视觉对亮度比对色彩浓淡更加敏感，为了便于色彩处理和识别，常采用 HSB 色彩空间。它能把色调、饱和度和亮度的变化情形表现得很清楚，比 RGB 空间更加适合人的视觉特点。在图像处理和计算机视觉中，大量的算法都可以在 HSB 色彩空间中方便使用，它们可以分开处理而且相互独立。因此 HSB 空间可以大大简化图像分析和处理的工作量。

1.2.4　YUV（Lab）模式

YUV 的重要性在于它的亮度信号 Y 和色度信号 UV 是分离的，彩色电视采用 YUV 空间正是为了用亮度信号 Y 解决彩色电视机与黑白电视机的兼容问题的。如果只有 Y 分量而没有 UV 分量，这样表示的图像为黑白灰度图。

RGB 并不是快速响应且提供丰富色彩范围的唯一模式。Photoshop 的 Lab 色彩模式包括来自 RGB 和 CMYK 下的所有色彩，并且和 RGB 一样快。许多高级用户更喜欢在这种模式下工作。

Lab 模型与设备无关，有 3 个色彩通道，一个用于照度（Luminosity），另两个用于色彩范围，简单地用字母 a 和 b 表示。a 通道包括的色彩从深绿色（低亮度值）到灰（中亮度值）再到粉红色（高亮度值）；b 通道包括的色彩从天蓝色（低亮度值）到灰色再到深黄色（高亮度值）；Lab 模型和 RGB 模型一样，这些色彩混在一起产生更鲜亮的色彩，只有照度的亮度值使色彩黯淡。所以，可以把 Lab 看作是带有亮度的两个通道的 RGB 模式。

1.2.5　灰度模式

灰度模式属于非色彩模式，它只包含 256 级不同的亮度级别，并且仅有一个 Black 通道。在图像中看到的各种色调都是由 256 种不同强度的黑色表示的。

1.3　色彩深度与图像分辨率

1.3.1　色彩深度

色彩深度是指存储每个像素色彩所需要的位数，它决定了色彩的丰富程度。常见的色彩深度有以下几种。

1. 真彩色

组成一幅彩色图像的每个像素值中，有 R、G、B 3 个基色分量，每个基色分量直接决定其基色的强度。这样合成产生的色彩就是真实的原始图像的色彩。平常所说的 32 位彩色，就是在 24

位之外还有一个 8 位的 Alpha 通道，表示每个像素的 256 种透明度等级。

2．增强色

用 16 位来表示一种颜色，它所能包含的色彩远多于人眼所能分辨的数量，共能表示 65536 种不同的颜色。因此大多数操作系统都采用 16 位增强色选项。这种色彩空间的建立根据人眼对绿色最敏感的特性，其中红色分量占 4 位，蓝色分量占 4 位，绿色分量就占 8 位。

3．索引色

用 8 位来表示一种颜色。一些较老的计算机硬件或文档格式只能处理 8 位的像素，8 位的显示设备通常会使用索引色来表现色彩。其图像的每个像素值不分 R、G、B 分量，而是把它作为索引进行色彩变幻，系统会根据每个像素的 8 位数值去查找颜色。8 位索引色能表示 256 种颜色。

1.3.2　图像分辨率

分辨率就是指在单位长度内含有的点（即像素）的多少。像素（pixel）是图形单元（picture element）的简称，是位图图像中最小的完整单位。像素有两个属性，一是位图图像中的每个像素都具有特定的位置，二是可以利用位进行度量的颜色深度。

除某些特殊标准外，像素都是正方形的，而且各个像素的尺寸也是完全相同的。在 Photoshop 中，像素是最小的度量单位。位图图像由大量像素以行和列的方式排列而成，因此位图图像通常表现为矩形外貌。需要注意的是，分辨率并不单指图像的分辨率，它有很多种，可以分为以下几种类型。

1．图像的分辨率

分辨率就是每英寸图像含有多少个点或者像素，分辨率的单位为 dpi，例如，72dpi 就表示该图像每英寸含有 72 个点或者像素。因此，当知道图像的尺寸和图像分辨率的情况下，就可以精确地计算得到该图像中全部像素的数目。

在 Photoshop 中也可以用厘米为单位来计算分辨率，不同的单位计算出来的分辨率是不同的，一般情况下，图像分辨率的大小以英寸为单位。

在数字化图像中，分辨率的大小直接影响图像的质量，分辨率越高，图像就越清晰，所产生的文件就越大，在工作中所需的内存和 CPU 处理时间就越长。所以在创作图像时，不同品质、不同用途的图像就应该设置不同的图像分辨率，这样才能最合理地制作生成图像作品。例如，要打印输出的图像分辨率就需要高一些，若仅在屏幕上显示使用就可以低一些。

另外，图像文件的大小与图像的尺寸和分辨率息息相关。当图像的分辨率相同时，图像的尺寸越大，图像文件的大小也就越大。当图像的尺寸相同时，图像的分辨率越大，图像文件的大小也就越大。

> **技巧**　利用 Photoshop 处理图像时，按住 Alt 键的同时单击状态栏中的"文档"区域，可以获取图像的分辨率及像素数目。

2．图像的位分辨率

图像的位分辨率又称作位深，用于衡量每个像素存储信息的位数。该分辨率决定可以标记为多少种色彩等级的可能性，通常有 8 位、16 位、24 位或 32 位色彩。有时，也会将位分辨率称为颜色深度。所谓"位"实际上就是指 2 的次方数，8 位就是 2 的 8 次方，也就是 8 个 2 的乘积即 256。因此，8 位颜色深度的图像所能表现的色彩等级只有 256 级。

3．设备分辨率

设备分辨率是指每单位输出长度所代表的点数和像素。它和图像分辨率的不同之处在于图像分辨率可以更改，而设备分辨率则不可更改。如显示器、扫描仪和数码相机这些硬件设备，各自都有一个固定的分辨率。

设备分辨率的单位是 ppi，即每英寸上所包含的像素数。图像的分辨率越高，图像上每英寸包含的像素点就越多，图像就越细腻，颜色过渡就越平滑。例如，72ppi 分辨率的 1×1 平方英寸的图像总共包含（72 像素宽 ×72 像素高）5184 个像素。如果用较低的分辨率扫描或创建的图像，只能单纯地扩大图像的分辨率，不会提高图像的品质。

显示器、打印机、扫描仪等硬件设备的分辨率用每英寸上可产生的点数 dpi 来表示。显示器的分辨率就是显示器上每单位长度显示的像素或点的数目，以点／英寸（dpi）为度量单位。打印机分辨率是激光照排机或打印机每英寸产生的油墨点数（dpi）。打印机的 dpi 是指每平方英寸上所印刷的网点数。网频是打印灰度图像或分色时，每英寸打印机点数或半调单元数。网频也称网线，即在半调网屏中每英寸的单元线数，单位是线／英寸（lpi）。

4．扫描分辨率

扫描分辨率指在扫描图像前所设置的分辨率，它将会直接影响到最终扫描得到的图像质量。如果扫描图像用于 640×480 的屏幕显示，那么扫描分辨率通常不必大于显示器屏幕的设备分辨率，即不超过 120dpi。

通常，扫描图像是为了在高分辨率的设备中输出。如果图像扫描分辨率过低，将会导致输出效果非常粗糙。反之，如果扫描分辨率过高，则数字图像中会产生超过打印所需要的信息，不但减慢打印速度，而且在打印输出时会使图像色调的细微过渡丢失。

5．网屏分辨率

专业印刷的分辨率也称为线屏或网屏，决定分辨率的主要因素是每英寸内网版点的数量。在商业印刷领域，分辨率以每英寸上等距离排列多少条网线表示，也就是常说的 lpi（lines per inch，每英寸线数）。

在传统商业印刷制版过程中，制版时要在原始图像前加一个网屏，该网屏由呈方格状透明与不透明部分相等的网线构成。这些网线就是光栅，其作用是切割光线解剖图像。网线越多，表现图像的层次越多，图像质量也就越好。因此商业印刷行业中采用了 lpi 表示分辨率。

1.4　镜头一般表现手法

镜头是影视创作的基本单位，一个完整的影视作品，是由一个一个的镜头完成的，离开独立的镜头，也就没有了影视作品。通过多个镜头的组合与设计的表现，完成整个影视作品镜头的制作，所以说，镜头的应用技巧也直接影响影视作品的最终效果。那么，在影视拍摄中，常用镜头是如何表现的呢？下面来详细讲解常用镜头的使用技巧。

1.4.1　推镜头

推镜头是拍摄中比较常用的一种拍摄手法，它主要利用摄像机前移或变焦来完成，逐渐靠近要表现的主体对象，使人感觉一步一步走进要观察的事物，近距离观看某个事物。它可以表现同一个对象从远到近变化，也可以表现一个对象到另一个对象的变化。这种镜头的运用，主要突出要拍摄的对象或是对象的某个部位，从而更清楚地看到细节的变化。如观察一个古董，从整体通过变焦看到局部特征，也是应用推镜头。

如图 1.6 所示为推镜头的应用效果。

图 1.6　推镜头的应用效果

1.4.2　移镜头

移镜头也叫移动拍摄，它是将摄像机固定在移动的物体上做各个方向的移动来拍摄不动的物体，使不动的物体产生运动效果。摄像时将拍摄画面逐步呈现，形成巡视或展示的视觉感受。它将一些对象连贯起来加以表现，形成动态效果而组成影视动画展现出来，可以表现出逐渐认识的效果，并能使主题逐渐明了。例如，我们坐在奔驰的车上，看窗外的景物，景物本来是不动的，但却感觉是景物在动，是同一个道理，这种拍摄手法多用于表现静物动态时的拍摄。

如图 1.7 所示为移镜头的应用效果。

图 1.7　移镜头的应用效果

1.4.3　跟镜头

跟镜头也称为跟拍，在拍摄过程中找到兴趣点，然后跟随目标进行拍摄。如在一个酒店，开始拍摄的只是整个酒店中的大场面，然后跟随拍摄一个服务员在桌子间走来走去的镜头。跟镜头一般要表现的对象在画面中的位置保持不变，只是跟随它所走过的画面有所变化，就如一个人跟着另一个人穿过大街小巷一样，周围的事物在变化，而本身的跟随是没有变化的。跟镜头也是影视拍摄中比较常见的一种方法，它可以很好地突出主体，表现主体的运动速度、方向及体态等信息，给人一种身临其境的感觉。

如图 1.8 所示为跟镜头的应用效果。

图 1.8　跟镜头的应用效果

1.4.4　摇镜头

摇镜头也称为摇拍，在拍摄时相机不动，只摇动镜头做左右、上下、移动或旋转等运动，使人感觉从对象的一个部位到另一个部位逐渐观看，就像一个人站立不动转动脖子来观看事物，我们常说的环视四周，其实就是这个道理。

摇镜头也是影视拍摄中经常用到的，如电影中出现一个洞穴，然后上下、左右或环周拍摄应用的就是摇镜头。摇镜头主要用来表现事物的逐渐呈现，一个又一个的画面从渐入镜头到渐出镜头来完成整个事物发展。

如图 1.9 所示为摇镜头的应用效果。

图 1.9　摇镜头的应用效果

1.4.5　旋转镜头

旋转镜头是指被拍摄对象呈旋转效果的画面，镜头沿镜头光轴或接近镜头光轴的角度旋转拍摄，摄像机快速做超过 360°的旋转拍摄，这种拍摄手法多表现人物的晕眩感觉，是影视拍摄中常用的一种拍摄手法。

如图 1.10 所示是旋转镜头的应用效果。

图 1.10　旋转镜头的应用效果

1.4.6　拉镜头

拉镜头与推镜头正好相反，它主要是利用摄像机后移或变焦来完成的，逐渐远离要表现的主体对象，使人感觉正一步一步远离要观察的事物，远距离观看某个事物的整体效果。它可以表现同一个对象从近到远的变化，也可以表现一个对象到另一个对象的变化。这种镜头的应用，主要突出要拍摄对象与整体的效果，把握全局，如常见影视中的峡谷内部到整个外部拍摄，应用的就是拉镜头。

如图 1.11 所示为拉镜头的应用效果。

图 1.11　拉镜头的应用效果

1.4.7　甩镜头

甩镜头是快速地将镜头摇动，极快地转移到另一个景物，从而将画面切换到另一个内容，而中间的过程则产生模糊一片的效果，这种拍摄可以表现一种内容的突然过渡。

例如，《冰河世纪》结尾部分松鼠撞到门上的一个镜头，通过甩镜头的应用，表现出人物撞到门而产生的撞击效果的程度和旋晕效果。

如图 1.12 所示为甩镜头的应用效果。

图 1.12　甩镜头的应用效果

1.4.8　晃镜头

相对于前面几种方式晃镜头的应用要少一些，它主要应用在特定的环境中，让画面产生上下、左右或前后等的摇摆效果，主要用于表现精神恍惚、头晕目眩、乘车船等摇晃效果，如表现一个喝醉酒的人物场景时，就要用到晃镜头，再如坐车在不平道路上所产生的颠簸效果。

如图 1.13 所示为晃镜头的应用效果。

图 1.13　晃镜头的应用效果

1.5　电影蒙太奇表现手法

蒙太奇是法语 Montage 的译音，原为建筑学用语，意为构成、装配。到了 20 世纪中期，电影艺术家将它引入到了电影艺术领域，意思转变为剪辑、组合剪接，即影视作品创作过程中的剪辑组合。在无声电影时代，蒙太奇表现技巧和理论的内容只局限于画面之间的剪接，在后来出现了有声电影之后，影片的蒙太奇表现技巧和理论又包括了声画蒙太奇和声音蒙太奇技巧与理论，含义便更加广泛了。"蒙太奇"的含义有广义和狭义之分。狭义的蒙太奇专指对镜头画面、声音、色彩诸元素编排组合的手段，其中最基本的意义是画面的组合。而广义的蒙太奇不仅指镜头画面的组接，也指影视剧作开始直到作品完成整个过程中艺术家的一种独特艺术思维方式。

1.5.1　蒙太奇技巧的作用

蒙太奇组接镜头与音效的技巧是决定一个影片成功与否的重要因素。在影片中，蒙太奇技巧主要有以下作用。

1．表达寓意，创造意境

镜头的分割与组合，声画的有机组合，相互作用，可以给观众在心理上产生新的含义。单个的镜头、单独的画面或者声音只能表达其本身的具体含义，而如果使用蒙太奇技巧和表现手法，就可以使得一系列没有任何关联的镜头或者画面产生特殊的含义，表达出创作者的寓意，甚至还可以产生特定的含义。

2．选择和取舍，概括与集中

一部几十分钟的影片，是从许多素材镜头中挑选出来的，这些素材镜头不仅内容、构图、场面调度均不相同，甚至连摄像机的运动速度都有很大的差异，有时还存在一些重复。编导就必须根据影片所要表现的主题和内容，认真对素材进行分析和研究，慎重大胆地进行取舍和筛选，重新进行镜头的组合，尽量增强画面的可视性。

3．引导观众注意力，激发联想

由于每一个单独的镜头都只能表现一定的具体内容，但组接后就有了一定的顺序，可以严格地规范和引导、影响观众的情绪和心理，启迪观众进行思考。

4．可以创造银幕（屏幕）上的时间概念

运用蒙太奇技巧可以对现实生活和空间进行裁剪、组织、加工和改造，使得影视时空在表现现实生活和影片内容的领域极为广阔，延伸了银幕（屏幕）的空间，达到了跨越时空的作用。

5．蒙太奇技巧使得影片的画面形成不同的节奏

蒙太奇可以把客观因素（信息量、人物和镜头的运动速度、色彩声音效果，音频效果以及特技处理等）和主观因素（观众的心理感受）综合研究，通过镜头之间的剪接，将内部节奏和外部节奏、视觉节奏和听觉节奏有机地结合在一起，使影片的节奏丰富多彩、生动自然而又和谐统一，产生强烈的艺术感染力。

1.5.2　镜头组接蒙太奇

这种镜头的组接不考虑音频效果和其他因素，根据其表现形式，我们将这种蒙太奇分为两大类，即叙述蒙太奇和表现蒙太奇。

1．叙述蒙太奇

在影视艺术中又被称为叙述性蒙太奇，它是按照情节的发展时间、空间、逻辑顺序以及因果关系来组接镜头、场景和段落，表现了事件的连贯性，推动情节的发展，引导观众理解内容，是

影视节目中最基本、最常用的叙述方法。其优点是脉络清晰、逻辑连贯。叙述蒙太奇的叙述方法在具体的操作中还分为连续蒙太奇、平行蒙太奇、交叉蒙太奇以及重复蒙太奇等几种具体方式。

● 连续蒙太奇

这种影视的叙述方法类似于小说叙述手法中的顺序方式。一般来讲它有一个明朗的主线，按照事件发展的逻辑顺序，有节奏地连续叙述。这种叙述方法比较简单，在线索上也比较明朗，能使所要叙述的事件通俗易懂。但同时也有自己的不足，一个影片中过多地使用连续蒙太奇手法会给人拖沓冗长的感觉。因此我们在进行非线性编辑时，需要考虑到这些方面的内容，最好与其他的叙述方式有机结合，互相配合使用。

● 平行蒙太奇

这是一种分叙式表达方法。将两个或者两个以上的情节线索分头叙述，但仍统一在一个完整的情节之中。这种方法有利于概括集中，节省篇幅，扩大影片的容量，由于平行表现，相互衬托，可以形成对比、呼应，产生多种艺术效果。

● 交叉蒙太奇

这种叙述手法与平行蒙太奇一样，平行蒙太奇手法只重视情节的统一和主题的一致，以及事件的内在联系和主线的明朗。而交叉蒙太奇强调的是并列的多个线索之间的交叉关系和事件的统一性和对比性，以及这些事件之间的相互影响和相互促进，最后将几条线索汇合为一。这种叙述手法能造成强烈的对比和激烈的气氛，加强矛盾冲突的尖锐性，引起悬念，是控制观众情绪的一个重要手段。

● 重复蒙太奇

这种叙述手法是让代表一定寓意的镜头或者场面在关键时刻反复出现，造成强调、对比、呼应、渲染等艺术效果，以达到加深寓意之效。

2．表现蒙太奇

这种蒙太奇表现在影视艺术中也被称作对称蒙太奇，它是以镜头序列为基础，通过相连或相叠镜头在形式或者内容上的相互对照，冲击，从而产生单独一个镜头本身不具有的或者更为丰富的涵义，以表达创作者的某种情感，也给观众在视觉上和心理上造成强烈的印象，增加感染力。激发观众的联想，启迪观众思考。这种蒙太奇技巧的目的不是叙述情节，而是表达情绪、表现寓意和揭示内在的含义。这种蒙太奇表现形式又有以下几种：

● 隐喻蒙太奇

这种叙述手法通过镜头（或者场面）的队列或交叉表现进行分类，含蓄而形象地表达创作者的某种寓意或者对某个事件的主观情绪。它往往是将不同的事物之间具有某种相似的特征表现出来，目的是引起观众的联想，让他们领会创作者的寓意，领略事件的主观情绪色彩。这种表现手法就是将巨大的概括力和简洁的表现手法相结合，具有强烈的感染力和形象表现力。在我们要制作的节目中，必须将要隐喻的因素与所要叙述的线索相结合，这样才能达到我们想要表达的艺术效果。用来隐喻的要素必须与所要表达的主题一致，并且能够在表现手法上补充说明主题，而不能脱离情节生硬插入，因而要求这一手法必须运用得贴切、自然、含蓄和新颖。

● 对比蒙太奇

这种蒙太奇表现手法就是在镜头的内容上或者形式上造成一种对比，给人一种反差感受。通过内容的相互协调和对比冲突，表达作者的某种寓意或者某些话所表现的内容、情绪和思想。

● 心理蒙太奇

这种表现技巧是通过镜头组接，直接而生动地表现人物的心理活动、精神状态，如人物的回忆、梦境、幻觉以及想象等心理，甚至是潜意识的活动，这种手法往往用在表现追忆的镜头中。心理蒙太奇表现手法的特点是形象的片断性、叙述的不连贯性。心理蒙太奇多用于交叉、队列以及穿插的手法表现，带有强烈的主观色彩。

1.5.3 声画组接蒙太奇

在 1927 年以前，电影都是无声的。画面上主要是以演员的表情和动作来引起观众的联想，达到声画的默契。后来又通过幕后语言配合或者人工声响，如钢琴、留声机、乐队的伴奏与屏幕结合，进一步提高了声画融合的艺术效果。为了真正达到声画一致，把声音作为影视艺术的表现元素，利用录音、声电光感应胶片技术和磁带录音技术，把声音作为影视艺术的一个有机组成部分合并到影视节目之中。

1. 影视语言

影视艺术是声画艺术的结合物，离开二者之中的任何一个都不能成为现代影视艺术。在声音元素中，包括了影视的语言因素。在影视艺术中，对语言的要求是不同于其他艺术形式的，它有着自己特殊的要求和规则。

我们将它归纳为以下几个方面：

● 语言的连贯性，声画和谐

在影视节目中，如果把语言分解开来，会发现它不像一篇完整的文章，段落之间也不一定有着严密的逻辑性。但如果我们将语言与画面相配合，就可以看出节目整体的不可分割性和严密的逻辑性，这种逻辑性表现在语言和画面是互相渗透，有机结合的。在声画组合中，有时是以画面为主，说明画面的抽象内涵；有时是以声音为主，画面只是作为形象的提示。根据以上分析，影视语言的特点和作用是：深化和升华主题，将形象的画面用语言表达出来；语言可以抽象概括画面，将具体的画面表现为抽象的概念；语言可以表现不同人物的性格和心态；语言还可以衔接画面，使镜头过渡流畅；语言还可以代替画面，将一些不必要的画面省略掉。

● 语言的口语化、通俗化

影视节目面对的观众是多层次化的，除了特定的一些影片外，都应该使用通俗语言。所谓的通俗语言，就是影片中使用的口头语、大白话。如果语言不通俗、费解、难懂，会让观众在观看时分心，这种听觉上的障碍会妨碍到视觉功能，也就会影响到观众对画面的感受和理解，当然也就不能取得良好的视听效果。

● 语言简练概括

影视艺术是以画面为基础的，所以，影视语言必须简明扼要，点明则止。剩下的时间和空间都要用画面来表达，让观众在有限的时空里自由想象。

解说词对画面也必须是亦步亦趋，如果充满节目，会使观众的听觉和视觉都处于紧张状态，顾此失彼，这样就会对听觉起干扰和掩蔽的作用。

● 语言准确、贴切

由于影视画面是展示在观众眼前的，任何细节对观众来说都是一览无余的，因此对于影视语言的要求是相当精确的，每句台词都必须经得起观众的考验。这就不同于广播的语言，即使不够准确还能够混淆听众的听觉。在视听画面的影视节目前，观众既看清画面，又听见声音效果，互相对照，稍有差错，就能够被观众轻易发现。

如果同一画面有不同的解说和说明，就要看认识是否正确和运用的词语是否妥帖。如果发生矛盾，则很有可能是语言的不准确表达造成的。

2. 语言录音

影视节目中的语言录音包括对白、解说、旁白、独白等。为了提高录音效果，必须注意解说员的声音素质、录音的技巧以及方式。

● 解说员的素质

一个合格的解说员必须充分理解剧本，对剧本内容的重点做到心中有数，对一些比较专业的词语必须理解，读的时候还要抓住主题，确定语音的基调，即总的气氛和情调。在台词对白上必须符合人物形象的性格，解说时语言要流利，不能含混不清，多听电台好的广播节目可以提高这方面的鉴赏力。

● 录音

录音在技术上要求尽量创造有利的物质条件，保证良好的音质音量，尽量在专业的录音棚进行录制。在进行解说录音时，需要对画面进行编辑，然后让配音员观看后配音。

● 解说的形式

在影视节目中，解说的形式多种多样，需要根据影片的内容而定，大致可以分为 3 类，即第一人称解说、第三人称解说以及第一人称解说与第三人称解说交替的自由形式等。

3. 影视音乐

在电影史上，默片电影一出现就与音乐有着密切的联系。早在 1896 年，卢米埃尔兄弟的影片就使用了钢琴伴奏的形式；后来逐渐完善，将音乐逐渐渗透到影片中，而不再是外部的伴奏形式；再到后来有声电影出现后，影视音乐更是发展到了一个更加丰富多彩的阶段。

● 影视音乐的特点和作用

一般音乐都是作为一种独特的听觉艺术形式来满足人们的艺术欣赏要求的。而一旦成为影视音乐，它将丧失自己的独立性，成为某一个节目的组成部分，服从影视节目的总要求，以影视的形式表现。

（1）影视音乐的目的性

影视节目的内容、对象、形式的不同，决定了各种影视节目音乐的结构和目的的表现形式各有特点，即使同一首歌或者同一段乐曲，在不同的影视节目中也会产生不同的作用和目的。

（2）影视音乐的融合性

融合性也就是影视音乐必须和其他影视因素结合，因为音乐本身在表达感情的程度上往往不够准确，但如果与语言、音响和画面融合，就可以突破这种局限性。

● 音乐的分类

按照影视节目的内容划分：故事片音乐、新闻片音乐、科教片音乐、美术片音乐以及广告片音乐。

按照音乐的性质划分：抒情音乐、描绘性音乐、说明性音乐、色彩性音乐、戏剧性音乐、幻想性音乐、气氛性音乐以及效果性音乐。

按照影视节目的段落划分：片头主体音乐、片尾音乐、片中插曲以及情节性音乐。

● 音乐与画面的结合形式

音乐与画面同步：表现为音乐与画面紧密结合，音乐情绪与画面情绪基本一致，音乐节奏与

画面节奏完全吻合。音乐强调画面提供的视觉内容，起到解释画面、烘托气氛的作用。

音乐与画面平行：音乐不是直接地追随或者解释画面内容，也不是与画面处于对立状态，而是以自身独特的表现方式从整体上揭示影片的内容。

音乐与画面的对立：音乐与画面之间在情绪、气氛、节奏以至在内容上的互相对立，使音乐具有寓意性，从而深化影片的主题。

● 音乐设计与制作

（1）音乐设计

专门谱曲：这是音乐创作者和导演充分交换对影片的构思创作后设计的。其中包括音乐的风格、主题音乐的特征、主题音乐的特征、主题音乐的性格特征、音乐的布局以及高潮的分布、音乐与语言、音响在影视中的有机安排、音乐的情绪等要素。

音乐资料改编：根据需要将现有的音乐进行改编，但所配的音乐要与画面的时间保持一致，有头有尾。改编的方法有很多，如将曲子中间一些不需要的段落舍去，去掉重复的段落，还可以将音乐的节奏进行调整，这在非线性编辑系统中是相当容易实现的。

（2）影视音乐的转换技巧

在非线性编辑中，画面需要转换技巧，音乐也需要转换技巧，并且很多画面转换技巧对于音乐同样是适用的。

切：音乐的切入点和切出点最好是选择在解说和音响之间，这样不容易引起注意，音乐的开始也最好选择这个时侯，这样会切得不露痕迹。

淡：在配乐时，如果找不到合适长度的音乐，可以取其中的一段，或者头部或者尾部。在录音时，可以对其进行淡入处理或者淡出处理。

1.6　非线性编辑操作流程

一般非线性编辑的操作流程可以简单地分为导入、编辑处理和输出影片3大部分。由于不同非线性编辑软件的不同，又可以细分为更多的操作步骤。以 After Effects CS6 来说，可以简单地分为5个步骤，具体说明如下：

1．总体规划和准备

在制作影视节目前，首先要清楚自己的创作意图和表达主题，应该有一个分镜头稿本，由此确定作品的风格。主要内容包括素材的取舍、各个片断持续的时间、片段之间的连接顺序和转换效果，以及片段需要的视频特效、抠像处理和运动处理等。

确定了自己创作的意图和表达的主题手法后，还要着手准备需要的各种素材，包括静态图片、动态视频、序列素材、音频文件等，并可以利用相关的软件对素材进行处理，达到需要的尺寸和效果，还要注意格式的转换，注意制作符合 After Effects CS6 所支持的格式，如使用 DV 拍摄的素材可以通过 1394 卡进行采集转换到电脑中，并按照类别放置在不同的文件夹目录下，以便于素材的查找和导入。

2．创建项目并导入素材

前期的工作做完以后，接下来制作影片，首先要创建新项目，并根据需要设置符合影片的参数，如编辑模式是使用 PAL 制或 NTSC 制的 DV、VCD 或 DVD；设置影片的帧速率，如编辑电影，设置时基数为 24，如果使用 PAL 制式来编辑视频，这时候时基数应设置为 25；设置视频画面的大小，如 PAL 制式的标准默认尺寸是 720×576 像素，NTSC 制式为 720×480 像素；指定音频的采样频率等参数设置，创建一个新项目。

新项目创建完成后，根据需要可以创建不同的文件夹，并根据文件夹的属性导入不同的素材，如静态素材、动态视频、序列素材、音频素材等；并进行前期的编辑，如素材入点和出点、持续时间等。

3．影片的特效制作

创建项目并导入素材后，就开始了最精彩的制作部分，根据分镜稿本将素材添加到时间线并进行剪辑编辑，添加相关的特效处理，如视频特效、运动特效、抠像特效、视频转场等特效，制作完美的影片效果，然后添加字幕效果和音频文件，完成整个影片的制作。

4．保存和预演

保存影片是将影片的源文件保存起来，默认的保存格式为 .aep 格式，同时保存了 After Effects CS6 当时所有窗口的状态，如窗口的位置、大小和参数，便于以后进行修改。

保存影片源文件后，可以对影片的效果进行预演，以此检查影片的各种实际效果是否达到设计的目的，以防在输出成最终影片时出现错误。

5．输出影片

预演只是查看效果，并不生成最后的文件，要制作出最终的影片效果，就需要将影片输出，将影片生成为一个可以单独播放的最终作品，或者转录到录像带、DV 机上。After Effects CS6 可以生成的影片格式有很多种，如静态素材 bmp、gif、tif、tga 等格式的文件，也可以输出如 Animated GIF、avi、QuickTime 等视频格式的文件，还可以输出如 Windows Waveform 音频格式的文件。常用的是 .avi 文件，它可以在很多多媒体软件中播放。

1.7　视频采集基础

视频采集卡又被称为视频卡或视频捕捉卡，根据不同的应用环境和不同的技术指标，目前可供选择的视频采集卡有很多种不同的规格。用它可以将视频信息数字化并将数字化的信息存储或播放出来。绝大部分的视频捕捉卡可以在捕捉视频信息的同时录制伴音，还可以保证同步保存、同步播放。另外，很多视频采集卡还提供了硬件压缩功能，采集速度快，可以实现每秒 30 帧的全屏幕视频采集。根据压缩格式的不同，有些经过这类采集卡压缩的视频文件在回放时，还需要相应的解压硬件才能实现。这些视频采集卡有时又称为压缩卡。利用视频采集卡可以将原来的录像带转换为计算机可以识别的数字化信息，然后制作成 VCD；还可以直接从摄像机、摄像头中获取视频信息，从而编辑、制作自己的视频节目。

视频采集卡有高低档次的区别，同时，采集的视频质量与采集卡的性能参数有很大关系，主要体现在采集图像的分辨率、图像的深度、帧率以及可提供的采集数据率和压缩算法等。这些性能参数是决定采集卡的性能和档次的主要因素。按其功能和用途可以分为广播级视频高档采集卡、专业级中档采集卡和民用级低档采集卡。

1．广播级视频高档采集卡

广播级视频高档采集卡可以采集 RGB 分量视频输入的信号，生成真彩全屏的数字视频，一

般采用专用的 SCSL 接口卡，因此不受 PC 总线速率的限制，这样就可以达到较高的数据采集率。最高采集分辨率为 720×576 的 PAL 制 25 帧／秒，或 640×480 或 720×480 的 NTSC 制 30 帧／秒的高分辨率的视频文件，这种卡的特点是采集的图像分辨率高，视频信噪比高，缺点是视频文件庞大，每分钟数据量至少为 200MB。广播级模拟信号采集卡都带分量输入／输出接口，用来连接 BetaCam 摄／录像机，一般多用于电视台或影视的制作。但是这种卡价格昂贵，一般普通用户很难接受。

2. 专业级中档采集卡

专业级中档采集卡适合要求中低质量的用户选择，价格都在 10000 元以下。专业级中档采集卡的级别比广播级视频高档采集卡的性能稍微低一些，两者分辨率是相同的，但压缩比稍大一些，其最小压缩比一般在 6:1 以内，输入／输出接口为 AV 复合端子与 S 端子，目前的专业级视频采集卡都增加了 IEEE 1394 输入接口，用于采集 DV 视频文件，此类产品适用于广告公司、多媒体公司制作节目及多媒体软件。

3. 民用级低档采集卡

民用级视频采集卡的动态分辨率一般最大为 384×288，PAL 制 25 帧／秒或是 320×240，NTSC 制 30 帧／秒，采集的图像分辨率和数据率都较低，颜色较少，也不支持 MPEG-1 压缩，但它们价格都较低，一般在 2000 元以下，是低端普通用户的首选。另外，有一类视频捕捉卡是比较特殊的，这就是 VCD 制作卡，从用途上来说它是应该算在专业级，而从图像指标上来说只能算民用级。用于 DV 采集的采集卡是一种 IEEE 1394 接口的采集卡，价格几十元到几百万不等，如图 1.14 所示为一款 IEEE 1394 采集卡。

图 1.14　IEEE 1394 卡

第 2 章

基础动画实例入门

 内容摘要

本章主要讲解利用 After Effects 基础属性制作基础动画的入门知识。After Effects 基础属性主要包括位置、旋转、不透明度、缩放等，这些属性是 After Effects 动画制作的基础，掌握本章内容，可以为以后复杂动画的制作打下坚实的基础。

教学目标

▶ 学习位置动画的制作
▶ 学习旋转动画的制作
▶ 学习不透明度动画的制作
▶ 学习缩放动画的制作
▶ 掌握 After Effects 基础属性的应用技巧

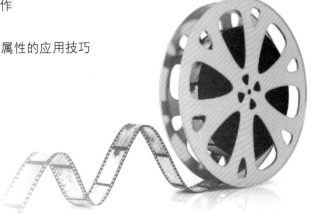

2.1 花瓣飘落

本例主要讲解通过修改素材的位置制作出位置动画效果，从而了解关键帧的使用。

1. 【位置】属性
2. 【旋转】属性

工程文件：第2章\花瓣飘落\花瓣飘落.aep
视频文件：movie\2.1 花瓣飘落.avi

01 执行菜单栏中的【合成】|【新建合成】命令，打开【合成设置】对话框，设置【合成名称】为"花瓣飘落"，【宽度】为720，【高度】为480，【帧速率】为25，并设置【持续时间】为 0:00:04:00，如图 2.1 所示。

02 执行菜单栏中的【文件】|【导入】|【文件】命令，打开【导入文件】对话框，选择配套光盘中的"工程文件\第 2 章\花瓣飘落\背景 .jpg 和花瓣 .png"素材，单击【导入】按钮，"背景 .jpg"和"花瓣 .png"素材将导入到【项目】面板中，如图 2.2 所示。

图 2.1 合成设置

图 2.2 【导入文件】对话框

03 在【项目】面板中，选择"背景 .jpg"和"花瓣 .png"素材，将其拖动到"花瓣飘落"合成的时间线面板中，如图 2.3 所示。

04 选中"花瓣"层，按 R 键打开【旋转】属性，设置【旋转】的值为 –15，如图 2.4 所示。

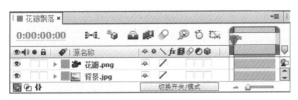

图 2.3 添加素材

图 2.4 旋转参数设置

05 将时间调整到 0:00:00:00 帧的位置,选中"花瓣"层,按 P 键打开【位置】属性,设置【位置】的值为(-180,-100),单击【位置】左侧的码表按钮 ⏱,在当前位置设置关键帧,将时间调整到 0:00:01:06 帧的位置,设置【位置】的值为(190,100),将时间调整到 0:00:02:00 帧的位置,设置【位置】的值为(275,275),将时间调整到 0:00:03:00 帧的位置,设置【位置】的值为(355,345),系统会自动添加关键帧,如图 2.5 所示。

06 这样就完成了"花瓣飘落"动画的整体制作,按小键盘上的 0 键,可在合成窗口中预览动画效果。

图 2.5 0:00:03:00 帧的位置参数设置

2.2 画 中 画

特效解析 ⤵

本例主要讲解通过对【不透明度】属性的设置,制作画中画动画。

知 识 点 ⤵

【不透明度】属性

工程文件:第2章\画中画\画中画.aep
视频文件:movie\2.2 画中画.avi

操作步骤 ⤵

01 执行菜单栏中的【合成】|【新建合成】命令,打开【合成设置】对话框,设置【合成名称】为"画中画",【宽度】为 720,【高度】为 480,【帧速率】为 25,并设置【持续时间】为 0:00:04:00,如图 2.6 所示。

02 执行菜单栏中的【文件】|【导入】|【文件】命令,打开【导入文件】对话框,选择配套光盘中的"工程文件\第 2 章\画中画\背景 1.jpg、背景 2.jpg 和背景 3.jpg"素材,单击

【导入】按钮,"背景 1.jpg"、"背景 2.jpg"和"背景 3.jpg"素材将导入到【项目】面板中,如图 2.7 所示。

图 2.6 合成设置

图 2.7 【导入文件】对话框

03 在【项目】面板中,选择"背景 1.jpg"、"背景 2.jpg"和"背景 3.jpg"素材,将其拖动到"画中画"合成的时间线面板中,如图 2.8 所示。

04 将时间调整到 0:00:00:00 帧的位置,选中"背景 3"层,按 T 键打开【不透明度】属性,单击【不透明度】左侧的码表按钮 🕐,在当前位置设置关键帧,将时间调整到 0:00:02:15 帧的位置,设置【不透明度】的值为 0,系统会自动添加关键帧,如图 2.9 所示。

图 2.8 添加素材

图 2.9 设置关键帧

05 将时间调整到 0:00:01:00 帧的位置,选中"背景 2"层,按 T 键打开【不透明度】属性,设置【不透明度】的值为 0,单击【不透明度】左侧的码表按钮 🕐,在当前位置设置关键帧,将时间调整到 0:00:02:15 帧的位置,设置【不透明度】的值为 100,系统会自动添加关键帧,如图 2.10 所示。

06 将时间调整到 0:00:02:15 帧的位置,选中"背景 1"层,按 T 键打开【不透明度】属性,设置【不透明度】的值为 0,单击【不透明度】左侧的码表按钮 🕐,在当前位置设置关键帧,将时间调整到 0:00:03:24 帧的位置,设置【不透明度】的值为 100,系统会自动添加关键帧,如图 2.11 所示。

图 2.10 设置关键帧

图 2.11 设置关键帧

07 这样就完成了"画中画"动画的整体制作,按小键盘上的 0 键,即可在合成窗口中预览动画效果。

2.3　时钟走动

特效解析

本例主要讲解通过对【旋转】属性的设置，制作旋转动画。

知识点

1.【旋转】属性
2.【向后平移锚点工具】

工程文件：第2章\时钟走动\时钟走动.aep
视频文件：movie\2.3　时钟走动.avi

操作步骤

01　执行菜单栏中的【合成】|【新建合成】命令，打开【合成设置】对话框，设置【合成名称】为"时钟走动"，【宽度】为720，【高度】为480，【帧速率】为25，并设置【持续时间】为0:00:05:00，如图2.12所示。

02　执行菜单栏中的【文件】|【导入】|【文件】命令，打开【导入文件】对话框，选择配套光盘中的"工程文件＼第2章＼时钟走动＼背景.jpg和时钟.png"素材，单击【导入】按钮，"背景.jpg"和"时钟.png"素材将导入到【项目】面板中，如图2.13所示。

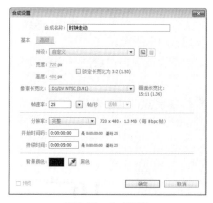

图2.12　合成设置

图2.13　【导入文件】对话框

03　在【项目】面板中，选择"背景.jpg"和"时钟.png"素材，将其拖动到"时钟走动"合成的时间线面板中，如图2.14所示。

04　执行菜单栏中的【图层】|【新建】|【纯色】命令，打开【纯色设置】对话框，设置【名称】为"时针"，【颜色】为黑色，如图2.15所示。

图 2.14 添加素材

图 2.15 纯色设置

05 单击工具栏中的【钢笔工具】按钮，选择钢笔工具，在合成窗口中绘制一个蒙版区域，如图 2.16 所示。

06 执行菜单栏中的【图层】|【新建】|【纯色】命令，打开【纯色设置】对话框，设置【名称】为"分针"，【颜色】为黑色，如图 2.17 所示。

07 单击工具栏中的【钢笔工具】按钮，选择钢笔工具，在合成窗口中绘制一个蒙版区域，如图 2.18 所示。

图 2.16 创建蒙版   图 2.17 纯色设置   图 2.18 创建蒙版

08 执行菜单栏中的【图层】|【新建】|【纯色】命令，打开【纯色设置】对话框，设置【名称】为"秒针"，【颜色】为红色（R:255；G:0；B:0），如图 2.19 所示。

09 单击工具栏中的【钢笔工具】按钮，选择钢笔工具，在合成窗口中绘制一个蒙版区域，如图 2.20 所示。

10 选择【向后平移锚点工具】，将秒针和分针锚点定位在底部，如图 2.21 所示。

图 2.19 纯色设置

图 2.20 创建蒙版

图 2.21 定位锚点

11 将时间调整到 0:00:00:00 帧的位置,选中"秒针"层,按 R 键打开【旋转】属性,单击【旋转】左侧的码表按钮 ⏱,在当前位置设置关键帧,将时间调整到 0:00:04:00 帧的位置,设置【旋转】的值为 180,系统会自动添加关键帧,如图 2.22 所示。

12 将时间调整到 0:00:00:00 帧的位置,选中"分针"层,按 R 键打开【旋转】属性,单击【旋转】左侧的码表按钮 ⏱,在当前位置设置关键帧,将时间调整到 0:00:04:00 帧的位置,设置【旋转】的值为 3,系统会自动添加关键帧,如图 2.23 所示。

图 2.22　参数设置

图 2.23　参数设置

13 这样就完成了"时钟走动"动画的整体制作,按小键盘上的 0 键,即可在合成窗口中预览动画效果。

2.4　缩 放 动 画

特效解析

本例主要讲解通过对【缩放】属性的设置,制作缩放动画。

知 识 点

1.【缩放】属性
2.【不透明度】属性

工程文件:第2章\缩放动画\缩放动画.aep
视频文件:movie\2.4　缩放动画.avi

操作步骤

01 执行菜单栏中的【合成】|【新建合成】命令,打开【合成设置】对话框,设置【合成名称】为"缩放动画",【宽度】为 720,【高度】为 480,【帧速率】为 25,并设置【持续时间】为 0:00:03:00,如图 2.24 所示。

02 执行菜单栏中的【文件】|【导入】|【文件】命令,打开【导入文件】对话框,选择配套光盘中的"工程文件 \ 第 2 章 \ 缩放动画 \ 背景 .jpg、文字 1.png 和文字 2.png"素材,单击【导入】按钮,"背景 .jpg"、"文字 1.png"和"文字 2.png"素材将导入到【项目】面板中,

如图 2.25 所示。

图 2.24　合成设置

图 2.25　【导入文件】对话框

03 在【项目】面板中,选择"背景 .jpg"、"文字 1.png"和"文字 2.png"素材,将其拖动到"缩放动画"合成的时间线面板中, 如图 2.26 所示。

04 选中"文字 1"和"文字 2"层,在合成窗口中调整"文字 1"和"文字 2"层的位置,如图 2.27 所示。

图 2.26　添加素材

图 2.27　调整位置

05 将时间调整到 0:00:00:00 帧的位置,选中"文字 1"层,按 S 键打开【缩放】属性,设置【缩放】的值为（0,0）,单击【缩放】左侧的码表按钮 ⏱,在当前位置设置关键帧,将时间调整到 0:00:01:20 帧的位置,设置【缩放】的值为（100,100）,系统会自动添加关键帧,如图 2.28 所示。

06 将时间调整到 0:00:01:20 帧的位置,选中"文字 2"层,按 S 键打开【缩放】属性,设置【缩放】的值为（800,800）,单击【缩放】左侧的码表按钮 ⏱,在当前位置设置关键帧,按 T 键打开【不透明度】属性,设置【不透明度】的值为 0,可为其设置关键帧,如图 2.29 所示。

图 2.28　关键帧设置

图 2.29　0:00:01:20 帧的位置关键帧设置

07 将时间调整到 0:00:02:15 帧的位置, 设置【缩放】的值为（100,100）,【不透明度】为

100，系统会自动添加关键帧，如图 2.30 所示。

图 2.30 0:00:02:15 帧的位置关键帧设置

08 这样就完成了"缩放动画"的整体制作，按小键盘上的 0 键，即可在合成窗口中预览动画效果。

2.5 文 字 滚 动

特效解析

本例主要讲解利用【位置】属性，制作文字滚动效果，通过使用【投影】特效制作阴影效果。

知 识 点

1.【横排文字工具】
2.【矩形工具】
3.【投影】特效

工程文件：第2章\文字滚动\文字滚动.aep
视频文件：movie\2.5 文字滚动.avi

操作步骤

01 执行菜单栏中的【合成】|【新建合成】命令，打开【合成设置】对话框，设置【合成名称】为"数字"，【宽度】为720，【高度】为480，【帧速率】为25，并设置【持续时间】为0:00:06:00，如图 2.31 所示。

02 单击工具栏中的【横排文字工具】按钮，选择文字工具，在合成窗口中单击并输入文字"01 02 03 04 05 06 07 08 09 10 11 12 "，在【字符】面板中，设置文字的字体为 Hobo Std，字符的大小为 120 像素，行距的值为 130 像素，字体的填充颜色为浅蓝色（R:179；G:194；B:221），如图 2.32 所示。

03 选中"01 02 03 04 05 06 07 08 09 10 11 12"层，按 Enter 键，将该图层重命名为"数字"，如图 2.33 所示。

04 选中"数字"层，在【效果和预设】特效面板中展开【透视】特效组，双击【投影】特效，如图 2.34 所示。

图 2.31 合成设置

图 2.32 文字设置

05 在【效果控件】面板中,设置【不透明度】的值为 70,【距离】的值为 6,【柔和度】的值为 3, 如图 2.35 所示。

图 2.33 重命名图层　　　　图 2.34 添加【投影】特效　　　　图 2.35 参数设置

06 将时间调整到 0:00:00:00 帧的位置,在时间线面板中选择"数字"层,按 P 键打开【位置】 属性,设置【位置】的值为(100,574),单击【位置】左侧的码表按钮🕙,设置关键帧, 如图 2.36 所示。

07 将时间调整到 0:00:05:00 帧的位置,设置【位置】的值为(100,-1515),系统会自动添加 关键帧,如图 2.37 所示。

图 2.36 关键帧设置　　　　　　　　　　图 2.37 关键帧设置

08 执行菜单栏中的【合成】|【新建合成】命令,打开【合成设置】对话框,设置【合成名称】 为"文字滚动",【宽度】为 720,【高度】为 480,【帧速率】为 25,并设置【持续时间】 为 0:00:06:00,如图 2.38 所示。

09 执行菜单栏中的【文件】|【导入】|【文件】命令,打开【导入文件】对话框,选择配套 光盘中的"工程文件＼第 2 章＼文字滚动＼背景 .jpg"素材,单击【导入】按钮,"背景

".jpg"素材将导入到【项目】面板中，如图 2.39 所示。

图 2.38 合成设置

图 2.39 【导入文件】对话框

10 在【项目】面板中，选择"数字"合成和"背景 .jpg"素材，将其拖动到"文字滚动"合成的时间线面板中，如图 2.40 所示。

11 选择"数字"层，单击工具栏中的【矩形工具】按钮▉，选择矩形工具，在合成窗口中拖动绘制一个矩形蒙版区域，如图 2.41 所示。

图 2.40 添加素材

图 2.41 创建矩形蒙版

12 选择"数字"层，按 Ctrl+D 组合键，将"数字"层复制一下，按 Enter 键，将该图层重命名为"数字倒影"，如图 2.42 所示。

13 选择"数字倒影"层，按 S 键打开【缩放】属性，单击【缩放】左侧的约束比例按钮▉，取消约束，设置【缩放】的值为（100,-100），按 T 键打开【不透明度】属性，设置【不透明度】的值为 10，如图 2.43 所示。

图 2.42 图层设置

图 2.43 参数设置

14 这样就完成了"文字滚动"的整体制作，按小键盘上的 0 键，即可在合成窗口中预览当前动画效果。

2.6 音频舞动

特效解析 ⬇

本例主要讲解利用【缩放】属性制作音频效果，通过使用【发光】特效制作出辉光的效果。

知 识 点 ⬇

1.【摇摆】属性
2.【发光】特效
3.【缩放】属性

工程文件：第2章\音频舞动\音频舞动.aep
视频文件：movie\2.6 音频舞动.avi

操作步骤 ⬇

`01` 执行菜单栏中的【合成】|【新建合成】命令，打开【合成设置】对话框，设置【合成名称】为"音频舞动"，【宽度】为720，【高度】为480，【帧速率】为25，并设置【持续时间】为0:00:06:00，如图2.44所示。

`02` 执行菜单栏中的【文件】|【导入】|【文件】命令，打开【导入文件】对话框，选择配套光盘中的"工程文件\第2章\音频舞动\背景.jpg"素材，单击【导入】按钮，"背景.jpg"素材将导入到【项目】面板中，如图2.45所示。

图2.44 合成设置

图2.45 【导入文件】对话框

`03` 在【项目】面板中，选择"背景.jpg"素材，将其拖动到"音频舞动"合成的时间线面板中，如图2.46所示。

04 单击工具栏中的【横排文字工具】按钮 T，选择文字工具，在合成窗口中单击并输入文字"IIIIIIIIIIIIIIIIIII"，在【字符】面板中，设置文字的字体为 Franklin Gothic Medium Cond，字符的大小为 80 像素，【垂直缩放】的值为 80，【水平缩放】的值为 72，字体的填充颜色为红色（R:153；G:44；B:19），如图 2.47 所示。

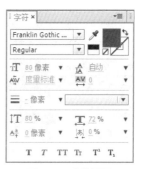

图 2.46　添加素材

图 2.47　参数设置

05 选中"IIIIIIIIIIIIIIIIIIIII"层，按 Enter 键，将该图层重命名为"文字"，如图 2.48 所示。

06 选中"文字"层，单击工具栏中的【矩形工具】按钮，选择矩形工具，在合成窗口中拖动绘制一个矩形蒙版区域，如图 2.49 所示。

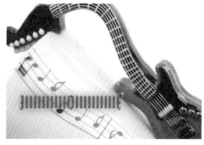

图 2.48　重命名图层

图 2.49　设置蒙版

07 展开"文字"层，单击【文本】右侧的三角形按钮，从菜单中选择【缩放】命令，单击【缩放】左侧的约束比例按钮，取消约束，设置【缩放】的值为（100,-200），单击【动画制作工具 1】右侧的三角形按钮，从菜单中选择【选择器】|【摆动】命令，如图 2.50 所示。

08 选中"文字"层，在【效果和预设】特效面板中展开【风格化】特效组，双击【发光】特效，如图 2.51 所示。

09 在【效果控件】面板中，设置【发光半径】的值为 45，如图 2.52 所示。

图 2.50　参数设置

图 2.51　添加【发光】特效

图 2.52　参数设置

29

10 在时间线面板中，选择"文字"层，按 Ctrl+D 组合键复制出一个新的图层"文字 2"，如
图 2.53 所示。

11 选中"文字 2"层，按 S 键打开【缩放】属性，单击【缩放】左侧的约束比例按钮 ，取消约束，
设置【缩放】的值为（100,-100），按 T 键打开【不透明度】属性，设置【不透明度】的值
为 20，如图 2.54 所示。

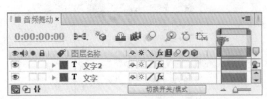

图 2.53　复制图层

图 2.54　参数设置

12 这样就完成了"音频舞动"动画的整体制作，按小键盘上的 0 键，即可在合成窗口中预览
动画效果。

第 **3** 章

内置特效进阶提高

内容摘要

After Effects 包括了几百种内置特效，这些强大的内置特效是动画制作的根本，本章挑选了一些比较实用的内置特效，结合实例详细讲解了它们的应用方法，希望读者举一反三，在学习这些特效的同时掌握更多特效的使用方法。

教学目标

- ▶ 学习【发光】特效的使用
- ▶ 学习【勾画】特效的使用
- ▶ 学习【梯度渐变】特效的使用
- ▶ 学习【分行杂色】特效的使用
- ▶ 掌握【音频波形】特效的使用
- ▶ 掌握不同特效的使用方法和技巧

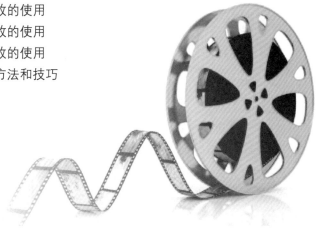

3.1 滚珠汇图

特效解析 ⊘

　　本例主要讲解利用CC Ball Action
（CC 滚珠操作）特效制作滚珠汇图效果。

知 识 点 ⊘

　　CC Ball Action（CC 滚珠操作）
特效

工程文件：第3章\滚珠汇图\滚珠汇图.aep
视频文件：movie\3.1　滚珠汇图.avi

操作步骤 ⊘

01　执行菜单栏中的【合成】|【新建合成】命令，打开【合成设置】对话框，设置【合成名称】
　　为"滚珠汇图"，【宽度】为720，【高度】为480，【帧速率】为25，并设置【持续时间】
　　为 0:00:03:00，如图 3.1 所示。

02　执行菜单栏中的【文件】|【导入】|【文件】命令，打开【导入文件】对话框，选择配套
　　光盘中的"工程文件＼第 3 章＼滚珠汇图＼背景 .jpg"素材，单击【导入】按钮，"背景
　　.jpg"素材将导入到【项目】面板中，如图 3.2 所示。

图 3.1　合成设置

图 3.2　【导入文件】对话框

03　在【项目】面板中，选择"背景 .jpg"素材，将其拖动到"滚珠汇图"合成的时间线面板中，
　　如图 3.3 所示。

04 选中"背景"层,在【效果和预设】特效面板中展开【模拟】特效组,双击 CC Ball Action（CC 滚珠操作）特效,如图 3.4 所示。

05 将时间调整到 0:00:00:00 帧的位置,在【效果控件】面板中,设置 Scatter（分散）的值为 1020,单击 Scatter（分散）左侧的码表按钮 ,在当前位置添加关键帧,Grid Spacing（网格间距）的值为 3,如图 3.5 所示。

图 3.3　添加素材　　　　　　　图 3.4　添加 CC Ball Action　　　　图 3.5　参数设置
　　　　　　　　　　　　　　　　　（CC 滚珠操作）特效

06 将时间调整到 0:00:01:00 帧的位置,设置 Scatter（分散）的值为 35,将时间调整到 0:00:01:20 帧的位置,设置 Scatter（分散）的值为 0,系统会自动添加关键帧,按 T 键打开【不透明度】属性,单击【不透明度】左侧的码表按钮 ,在当前位置添加关键帧,如图 3.6 所示。

07 将时间调整到 0:00:02:06 帧的位置,设置【不透明度】的值为 0,系统会自动添加关键帧,如图 3.7 所示。

图 3.6　0:00:01:20 帧的位置关键帧设置　　　　　图 3.7　0:00:02:06 帧的位置关键帧设置

08 在【项目】面板中,选择"背景 .jpg"素材,再次将其拖动到"滚珠汇图"合成的时间线面板中,并按 Enter 键,重命名该图层为"背景 1",如图 3.8 所示。

09 将时间调整到 0:00:01:20 帧的位置,选中"背景 1"层,按 Alt +[组合键,将"背景 1"层在 0:00:01:20 帧的位置打断,如图 3.9 所示。

图 3.8　添加素材　　　　　　　　　　　　　图 3.9　图层设置

10 这样就完成了"滚珠汇图"动画的整体制作,按小键盘上的 0 键,即可在合成窗口中预览动画效果。

3.2 万 花 筒

特效解析

本例主要讲解通过修改 CC Flo Motion（CC 液化流动）特效的位置制作出万花筒动画效果。

知识点

CC Flo Motion（CC 液化流动）特效

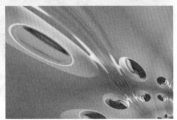

工程文件：第3章\万花筒\万花筒.aep
视频文件：movie\3.2　万花筒.avi

操作步骤

01　执行菜单栏中的【合成】|【新建合成】命令，打开【合成设置】对话框，设置【合成名称】为"万花筒"，【宽度】为720，【高度】为480，【帧速率】为25，并设置【持续时间】为0:00:05:00，如图3.10所示。

02　执行菜单栏中的【文件】|【导入】|【文件】命令，打开【导入文件】对话框，选择配套光盘中的"工程文件＼第3章＼万花筒＼万花筒素材.jpg"素材，如图3.11所示。单击【导入】按钮，"万花筒素材.jpg"素材将导入到【项目】面板中。

图 3.10　合成设置

图 3.11　【导入文件】对话框

03　在【项目】面板中，选择"万花筒素材.jpg"素材，将其拖动到"万花筒"合成的时间线面板中，如图3.12所示。

04 选择"万花筒素材"层,在【效果和预设】面板中展开【扭曲】特效组,双击 CC Flo Motion(CC 液化流动)特效,如图 3.13 所示。

05 在【效果控件】面板中,设置 Knot 1(控制点 1)的值为(240,200),Knot 2(控制点 2)的值为(866,576),如图 3.14 所示。

图 3.12　添加素材　　　图 3.13　双击 CC Flo Motion　　　图 3.14　设置参数

（CC 液化流动）特效

06 将时间调整到 0:00:00:00 帧的位置,在【效果控件】面板中,单击 Amount 1(数量 1)左侧的码表按钮 ○,在此位置设置关键帧,设置 Amount 1(数量 1)的值为 150,单击 Amount 2(数量 2)左侧的码表按钮 ○,在此位置设置关键帧,设置 Amount 2(数量 2)的值为 300,如图 3.15 所示。

07 将时间调整到 0:00:02:00 帧的位置,设置 Amount 1(数量 1)的值为 247,Amount 2(数量 2)的值为 450,如图 3.16 所示。

图 3.15　关键帧设置　　　　　　　　　　图 3.16　关键帧设置

08 将时间调整到 0:00:04:00 帧的位置,设置 Amount 1(数量 1)的值为 0,Amount 2(数量 2)的值为 580,如图 3.17 所示。

09 将时间调整到 0:00:04:24 帧的位置,设置 Amount 2(数量 2)的值为 600,如图 3.18 所示。

图 3.17　关键帧设置　　　　　　　　　　图 3.18　关键帧设置

10 这样"万花筒"就做完了,按小键盘上的 0 键,预览其中几帧的效果。

3.3 小 球 跳 动

特效解析

本例主要通过使用 CC Sphere（CC 球体）特效来完成球体的制作，并且通过对【位置】关键帧的设置来制作跳动过程。

知 识 点

1. CC Sphere（CC 球体）特效
2.【位置】属性

工程文件：第3章\小球跳动\小球跳动.aep
视频文件：movie\3.3　小球跳动.avi

操作步骤

01　执行菜单栏中的【合成】|【新建合成】命令，打开【合成设置】对话框，设置【合成名称】为"小球跳动"，【宽度】为 720，【高度】为 480，【帧速率】为 25，并设置【持续时间】为 0:00:05:00，如图 3.19 所示。

02　执行菜单栏中的【文件】|【导入】|【文件】命令，打开【导入文件】对话框，选择配套光盘中的"工程文件 \ 第 3 章 \ 小球跳动 \ 背景图片 .jpg"素材，单击【导入】按钮，"背景图片 .jpg"素材将导入到【项目】面板中，如图 3.20 所示。

图 3.19　合成设置

图 3.20　【导入文件】对话框

03　在【项目】面板中，选择"背景图片 .jpg"素材，将其拖动到"小球跳动"合成的时间线面板中，如图 3.21 所示。

04　执行菜单栏中的【图层】|【新建】|【纯色】命令，打开【纯色设置】对话框，设置【名称】为"球体"，【颜色】为蓝色（R:22；G:218；B:253），如图 3.22 所示。

05　选中"球体"层，在【效果和预设】特效面板中展开【透视】特效组，双击 CC Sphere（CC

36

球体）特效，如图 3.23 所示。

图 3.21 添加素材 　图 3.22 纯色设置　 图 3.23 添加 CC Sphere 特效

06 在【效果控件】面板中，设置 Radius（半径）的值为 60，Offset（偏移）的值为（573.8,410），
如图 3.24 所示，此时的图像效果如图 3.25 所示。

07 选中"球体"层，将时间调整到 0:00:00:00 帧的位置，按 P 键展开【位置】，设置【位置】
的值为（335,0），单击码表按钮 ⏱，在当前位置添加关键帧，将时间调整到 0:00:01:01 帧
的位置，设置【位置】的值为（335,180）；将时间调整到 0:00:02:00 帧的位置，设置【位置】
的值为（335,20），按 F9 键，将该关键帧转换为平滑关键帧；将时间调整到 0:00:03:01 帧
的位置，设置【位置】的值为（335,180）；将时间调整到 0:00:04:00 帧的位置，设置【位置】
的值为（335,80），按 F9 键，将该关键帧转换为平滑关键帧；将时间调整到 0:00:04:24 帧
的位置，设置【位置】的值为（335,180），如图 3.26 所示。

图 3.24 参数设置　　　 图 3.25 效果图　　　　 图 3.26 关键帧设置

08 这样"小球跳动"就做完了，按小键盘上的 0 键，预览其中几帧的效果。

3.4 电 光 线

特效解析 ⬇

本例主要讲解利用【音频波形】特效制
作电光线效果。

知 识 点 ⬇

1.【音频波形】特效
2.【发光】特效

工程文件：第3章\电光线\电光线.aep
视频文件：movie\3.4 电光线.avi

操作步骤

01 执行菜单栏中的【文件】|【打开项目】命令，选择配套光盘中的"工程文件＼第 3 章＼电光线＼电光线练习 .aep"文件，将"电光线练习 .aep"文件打开。

02 执行菜单栏中的【图层】|【新建】|【纯色】命令，打开【纯色设置】对话框，设置【名称】为"电光线"，【颜色】为黑色。

03 为"电光线"层添加【音频波形】特效。在【效果和预设】面板中展开【生成】特效组，然后双击【音频波形】特效。

04 在【效果控件】面板中，修改【音频波形】特效的参数，设置【音频层】为【音频 .mp3】，【起始点】的值为（96,106），【结束点】的值为（520,252），【显示的范例】的值为 80，【最大高度】的值为 300，【音频持续时间】的值为 900，【厚度】的值为 3，【内部颜色】为蓝色（R:138；G:234；B:255），【外部颜色】为白色，如图 3.27 所示，合成窗口效果如图 3.28 所示。

图 3.27 设置参数

图 3.28 设置后效果

05 为"电光线"层添加【发光】特效。在【效果和预设】面板中展开【风格化】特效组，然后双击【发光】特效。

06 在【效果控件】面板中，修改【发光】特效的参数，设置【发光阈值】的值为 49.8，【发光半径】的值为 28，【发光颜色】为【A 和 B 颜色】，【颜色 A】为蓝色（R:138；G:234；B:255），如图 3.29 所示，合成窗口效果如图 3.30 所示。

图 3.29 设置【发光】特效参数

图 3.30 设置发光参数后效果

07　这样就完成了"电光线"的整体制作,按小键盘上的 0 键,即可在合成窗口中预览动画效果。

3.5　节奏旋律

特效解析 ⬇

　　本例主要讲解利用【音频频谱】特效制作节奏旋律效果。

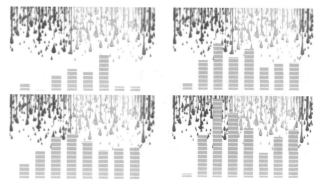

知 识 点 ⬇

1.【音频频谱】特效
2.【渐变】特效
3.【网格】特效

工程文件：第3章\节奏旋律\节奏旋律.aep
视频文件：movie\3.5　节奏旋律.avi

操作步骤 ⬇

01　执行菜单栏中的【文件】|【打开项目】命令,选择配套光盘中的"工程文件 \ 第 3 章 \ 节奏旋律 \ 节奏旋律练习 .aep"文件,将"节奏旋律练习 .aep"文件打开。

02　执行菜单栏中的【图层】|【新建】|【纯色】命令,打开【纯色设置】对话框,设置【名称】为"声谱",【颜色】为黑色。

03　为"声谱"层添加【音频频谱】特效。在【效果和预设】面板中展开【生成】特效组,然后双击【音频频谱】特效。

04　在【效果控件】面板中,修改【音频频谱】特效的参数,从【音频层】右侧的下拉列表框中选择"音频"图层,设置【起始点】的值为（74,416）,【结束点】的值为（622,412）,【起始频率】的值为 10,【结束频率】的值为 100,【频段】的值为 8,【最大高度】的值为 4500,【厚度】的值为 50, 如图 3.31 所示,合成窗口效果如图 3.32 所示。

图 3.31　设置声谱参数

05　在时间线面板中,在"声谱"层右侧的属性栏中单击【品质】按钮,【品质】按钮将会变为 按钮,如图 3.33 所示,合成窗口效果如图 3.34 所示。

图 3.32　设置声谱后效果

图 3.33　单击【品质】按钮

06 执行菜单栏中的【图层】|【新建】|【纯色】命令,打开【纯色设置】对话框,设置【名称】为 "渐变",【颜色】为黑色,将其拖动到"声谱"层下边。

07 为"渐变"层添加【梯度渐变】特效。在【效果和预设】面板中展开【生成】特效组,然后双击【梯度渐变】特效。

08 在【效果控件】面板中,修改【梯度渐变】特效的参数,设置【渐变起点】的值为(364,228),【起始颜色】为绿色(R:1;G:227;B:61),【渐变终点】的值为(372,376),【结束颜色】为蓝色(R:5;G:214;B:220),如图 3.35 所示,合成窗口效果如图 3.36 所示。

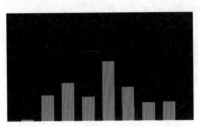

图 3.34 单击【品质】按钮后效果

图 3.35 设置渐变参数

图 3.36 设置渐变后效果

09 为"渐变"层添加【网格】特效。在【效果和预设】面板中展开【生成】特效组,然后双击【网格】特效。

10 在【效果控件】面板中,修改【网格】特效的参数,设置【锚点】的值为(-10,0),【边角】的值为(720,20),【边界】的值为 18,选中【反转网格】复选框,【颜色】为白色,从【混合模式】右侧的下拉列表框中选择【正常】选项,如图 3.37 所示,合成窗口效果如图 3.38 所示。

图 3.37 设置网格参数

图 3.38 网格参数设置后

11 在时间线面板中,设置"渐变"层的【轨道遮罩】为【Alpha 遮罩"[声谱]"】,如图 3.39 所示,合成窗口效果如图 3.40 所示。

图 3.39 遮罩设置

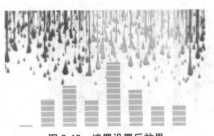

图 3.40 遮罩设置后效果

12 这样就完成了"节奏旋律"的整体制作,按小键盘上的 0 键,即可在合成窗口中预览动画效果。

3.6 文 字 渐 现

 特效解析

本例主要讲解利用【照明】特效制作文字渐现效果。

 知 识 点

1.【照明】属性
2.【位置】属性

工程文件: 第3章\文字渐现\文字渐现.aep
视频文件: movie\3.6 文字渐现.avi

 操作步骤

01 执行菜单栏中的【文件】|【打开项目】命令,选择配套光盘中的"工程文件\第3章\文字渐现\文字渐现练习 .aep"文件,将"文字渐现练习 .aep"文件打开。

02 执行菜单栏中的【图层】|【新建】|【文本】命令,新建文字层,此时,合成窗口中将出现一个光标效果,在时间线面板中将出现一个文字层,输入"BEOWULF"。在【字符】面板中,设置文字字体为 Arial,字号为 72 像素,字体颜色为咖啡色(R:218;G:143;B:0)。

03 执行菜单栏中的【图层】|【新建】|【灯光】命令,打开【灯光设置】对话框,设置【名称】为"照明 1",【灯光类型】为【聚光】,【颜色】为白色,【强度】的值为 100,【锥形角度】的值为 90,【锥形羽化】的值为 50。

04 打开 BEOWULF 三维图层查看效果,选中"照明 1"层,按 A 键打开【目标点】的值为(516,156,0),将时间调整到 0:00:00:00 帧的位置,按 P 键打开【位置】属性,设置【位置】的值为(524,163,12),单击【位置】左侧的码表按钮,在当前位置设置关键帧。

05 将时间调整到 0:00:02:00 帧的位置,设置【位置】的值为(524,163,-341),系统会自动设置关键帧,如图 3.41 所示。

图 3.41 设置灯光关键帧

06 这样就完成了"文字渐现"的整体制作,按小键盘上的 0 键,即可在合成窗口中预览动画效果。

3.7　玻　璃　球

特效解析

本例主要讲解利用 CC Radial Scale Wipe（CC 放射状缩放擦除）特效和【发光】特效制作玻璃球效果。

知识点

1. CC Radial Scale Wipe（CC 放射状缩放擦除）特效
2. 【发光】特效

工程文件：第3章\玻璃球\玻璃球.aep
视频文件：movie\3.7　玻璃球.avi

操作步骤

01　执行菜单栏中的【合成】|【新建合成】命令，打开【合成设置】对话框，设置【合成名称】为"背景"，【宽度】为720，【高度】为480，【帧速率】为25，并设置【持续时间】为0:00:03:00，如图 3.42 所示。

02　执行菜单栏中的【文件】|【导入】|【文件】命令，打开【导入文件】对话框，选择"工程文件\第3章\玻璃球\背景.jpg"素材，如图 3.43 所示。单击【导入】按钮，"背景.jpg"素材将导入到【项目】面板中。

图 3.42　合成设置

图 3.43　【导入文件】对话框

03　将"背景.jpg"拖动到时间线面板中，选中"背景.jpg"层，按 Ctrl+D 组合键复制"背景.jpg"层，重命名为"玻璃球"，如图 3.44 所示。

04　在【效果和预设】特效面板中展开【过渡】特效组，双击 CC Radial ScaleWipe（CC 放射状缩放擦除）特效，如图 3.45 所示。

05 将时间调整到 0:00:00:00 帧的位置，在【效果控件】面板中，设置 Completion（完成）的值为 90%，Center（中心）的值为（-70,74），单击 Center（中心）左侧的码表按钮 🕐，设置一个关键帧，选中 Reverse Transition（反转变换）复选框，如图 3.46 所示。

图 3.44　时间线面板　　　　图 3.45　添加 CC Radial　　　　图 3.46　0:00:00:00 帧参数设置
　　　　　　　　　　　　　　ScaleWipe 特效

06 将时间调整到 0:00:01:00 帧的位置，修改 Center（中心）为（192,466），将时间调整到 0:00:02:00 帧的位置，修改 Center（中心）为（494,46），将时间调整到 0:00:02:24 帧的位置，修改 Center（中心）为（814,556），系统会自动设置关键帧，如图 3.47 所示。

07 在【效果和预设】特效面板中展开【风格化】特效组，双击【发光】特效，如图 3.48 所示。

08 在【效果控件】面板中，设置【发光阈值】的值为 50,【发光半径】的值为 30，如图 3.49 所示。

图 3.47　0:00:02:24 帧参数设置　　　图 3.48　【发光】特效　　　图 3.49　参数设置

09 这样就完成了"玻璃球"效果的整体制作，按小键盘上的 0 键，即可在合成窗口中预览动画效果。

3.8　勾画话筒

特效解析

　　本例主要讲解通过【钢笔工具】绘制动画路径，通过【勾画】特效、【发光】特效的应用，制作出勾画话筒的动画。

知识点

1.【钢笔工具】 🖊
2.【发光】特效
3.【勾画】特效

工程文件：第3章\勾画话筒\勾画话筒.aep
视频文件：movie\3.8　勾画话筒.avi

操作步骤 ⬇

3.8.1 绘制路径

01 执行菜单栏中的【合成】|【新建合成】命令，打开【合成设置】对话框，设置【合成名称】为 "勾画话筒"，【宽度】为 720，【高度】为 480，【帧速率】为 25，并设置【持续时间】为 0:00:06:00，如图 3.50 所示。

02 执行菜单栏中的【文件】|【导入】|【文件】命令，打开【导入文件】对话框，选择配套光盘中的 "工程文件＼第 3 章＼勾画话筒＼背景 .jpg" 素材，单击【导入】按钮，"背景 .jpg" 素材将导入到【项目】面板中，如图 3.51 所示。

图 3.50 合成设置

图 3.51 【导入文件】对话框

03 在【项目】面板中，选择 "背景 .jpg" 素材，将其拖动到 "勾画话筒" 合成的时间线面板中，如图 3.52 所示。

04 执行菜单栏中的【图层】|【新建】|【纯色】命令，打开【纯色设置】对话框，设置【名称】为 "描边"，【颜色】为黑色，如图 3.53 所示。

图 3.52 添加素材

05 单击工具栏中的【钢笔工具】按钮 🖊，选择钢笔工具，在合成窗口中绘制一个路径，如图 3.54 所示。

图 3.53 纯色设置

图 3.54 绘制路径

3.8.2 制作描边动画

01 选中"描边"层，在【效果和预设】特效面板中展开【生成】特效组，双击【勾画】特效，如图 3.55 所示。

02 在【效果控件】面板中，从【描边】右侧的下拉列表框中选择【蒙版/路径】选项，展开【正在渲染】选项组，从【混合模式】右侧的下拉列表框中选择【透明】选项，设置【颜色】为黄色（R:255；G:145；B:0），【宽度】的值为 5，【硬度】的值为 0.2，【起始点不透明度】的值为 0，【结束点不透明度】的值为 1，如图 3.56 所示。

03 将时间调整到 0:00:00:00 帧的位置，展开【片段】选项组，设置【片段】的值为 1，【长度】的值为 0.2，单击【旋转】左侧的码表按钮，在当前位置添加关键帧，如图 3.57 所示。

图 3.55 添加【勾画】特效

图 3.56 参数设置

图 3.57 0:00:00:00 帧的位置参数设置

04 将时间调整到 0:00:04:00 帧的位置，单击【长度】左侧的码表按钮，在当前位置添加关键帧，设置【旋转】的值为 2x，系统会自动添加关键帧，如图 3.58 所示。

05 将时间调整到 0:00:05:24 帧的位置，设置【长度】的值为 1，系统会自动添加关键帧，如图 3.59 所示。

图 3.58 为【长度】关键帧设置

图 3.59 关键帧设置

06 选中"描边"层，在【效果和预设】特效面板中展开【风格化】特效组，双击【发光】特效，如图 3.60 所示。

07 在【效果控件】面板中，从【发光颜色】右侧的下拉列表框中选择【A 和 B 颜色】选项，如图 3.61 所示。

08 这样就完成了"勾画话筒"的整体制作，按小键盘上的 0 键，即可在合成窗口中预览当前动画效果。

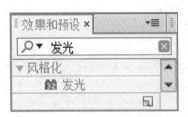

图 3.60　添加【发光】特效

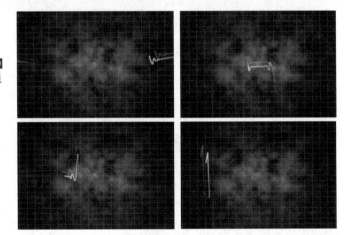

图 3.61　参数设置

3.9　声波效果

特效解析 ⬇

　　本例主要通过讲解利用【梯度渐变】特效和【网格】特效制作绚丽的背景，通过【勾画】特效的应用，制作出声波效果。

知识点 ⬇

1.【梯度渐变】特效
2.【分行杂色】特效
3.【网格】特效
4.【勾画】特效

工程文件：第3章\声波效果\声波效果.aep
视频文件：movie\3.9　声波效果.avi

操作步骤 ⬇

3.9.1　新建合成

01 执行菜单栏中的【合成】|【新建合成】命令，打开【合成设置】对话框，设置【合成名称】为"声波"，【宽度】为720，【高度】为480，【帧速率】为25，并设置【持续时间】为0:00:06:00，如图3.62所示。

02 执行菜单栏中的【图层】|【新建】|【纯色】命令，打开【纯色设置】对话框，设置【名称】为"渐变"，【颜色】为黑色，如图3.63所示。

03 选中"渐变"层，在【效果和预设】特效面板中展开【生成】特效组，双击【梯度渐变】特效，如图3.64所示。

04 在【效果控件】面板中，设置【渐变起点】的值为（360,240），【起始颜色】为绿色（R:0；G:153；B:32），【渐变终点】的值为（600,490），【结束颜色】为黑色，从【渐变形状】右侧的下拉列表框中选择"径向渐变",如图 3.65 所示。

05　选中"渐变"层,按 Ctrl+D 组合键,将"渐变"层复制出"渐变 2"层,如图 3.66 所示。

图 3.62　合成设置

图 3.63　纯色设置

图 3.64　添加【梯度渐变】特效

图 3.65　参数设置

图 3.66　复制图层

06　选中"渐变 2"层,在【效果和预设】特效面板中展开【杂色和颗粒】特效组,双击【分形杂色】
　　特效,如图 3.67 所示。

07　在【效果控件】面板中,设置【对比度】的值为 144,【演化】的值为 100,如图 3.68 所示。

08　设置"渐变 2"层的【模式】为【相乘】,如图 3.69 所示。

图 3.67　添加【分形杂色】特效

图 3.68　参数设置

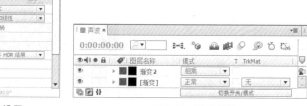

图 3.69　图层设置

3.9.2　制作网格效果

01　执行菜单栏中的【图层】|【新建】|【纯色】命令,打开【纯色设置】对话框,设置【名称】
　　为"网格",【颜色】为黑色,如图 3.70 所示。

02　选中"网格"层,在【效果和预设】特效面板中展开【生成】特效组,双击【网格】特效,
　　如图 3.71 所示。

03　在【效果控件】面板中,从【大小依据】右侧的下拉列表框中选择【宽度和高度滑块】选项,
　　设置【边界】的值为 3,【颜色】为绿色（R:78；G:158；B:12),【不透明度】的值为 30,

如图 3.72 所示。

图 3.70　纯色设置

图 3.71　添加【网格】特效

图 3.72　参数设置

3.9.3　制作描边动画

01 执行菜单栏中的【图层】|【新建】|【纯色】命令,打开【纯色设置】对话框,设置【名称】为"描边",【颜色】为黑色,如图 3.73 所示。

02 单击工具栏中的【钢笔工具】按钮 ,选择钢笔工具,在合成窗口中绘制一个路径,如图 3.74 所示。

03 选中"描边"层,在【效果和预设】特效面板中展开【生成】特效组,双击【勾画】特效,如图 3.75 所示。

图 3.73　纯色设置

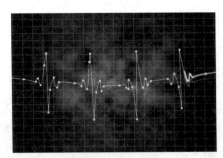

图 3.74　绘制路径

图 3.75　添加【勾画】特效

04 在【效果控件】面板中,从【描边】右侧的下拉列表框中选择【蒙版／路径】选项,展开【片段】选项组,设置【片段】的值为 1,【长度】的值为 0.5,选中【随机相位】复选框,如图 3.76 所示。

05 展开【正在渲染】选项组,从【混合模式】右侧的下拉列表框选择【透明】选项,设置【颜色】为绿色(R:161;G:238;B:18),【宽度】的值为 4,【起始点不透明度】的值为 0,【中点不透明度】的值为 -1,【结束点不透明度】的值为 1,如图 3.77 所示。

06 将时间调整到 0:00:00:00 帧的位置,单击【旋转】码表按钮 ,在当前位置添加关键帧,将时间调整到 0:00:05:24 帧的位置,设置【旋转】的值为 1x,如图 3.78 所示。

07 在时间线面板中选择"描边"层,按 Ctrl+D 组合键,将"描边"层复制,并将复制后的文字层重命名为"描边背影",然后按 P 键打开【位置】属性,设置【位置】的值为(360,220),

按 T 键打开【不透明度】属性，设置【不透明度】的值为 30，如图 3.79 所示。

图 3.76　参数设置

图 3.77　【正在渲染】参数设置

图 3.78　关键帧设置

图 3.79　参数设置

08 这样就完成了"声波效果"的整体制作，按小键盘上的 0 键，即可在合成窗口中预览当前动画效果。

3.10　网 格 空 间

特效解析

本例主要通过讲解【网格】特效制作网格，利用【空对象】属性制作动态效果。

知识点

1.【网格】特效
2.【父级】属性
3.【空对象】属性

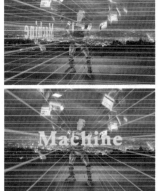

工程文件：第3章\网格空间\网格空间.aep
视频文件：movie\3.10　网格空间.avi

操作步骤

3.10.1　制作网格

01 执行菜单栏中的【合成】|【新建合成】命令,打开【合成设置】对话框,设置【合成名称】为"网格",【宽度】为1900,【高度】为480,【帧速率】为25,并设置【持续时间】为0:00:08:00,如图3.80所示。

02 执行菜单栏中的【图层】|【新建】|【纯色】命令,打开【纯色设置】对话框,设置【名称】为"网格",【颜色】为黑色,如图3.81所示。

03 选中"网格"层,在【效果和预设】特效面板中展开【生成】特效组,双击【网格】特效,如图3.82所示。

04 在【效果控件】面板中,设置【锚点】的值为(0,160),【边角】的值为(1600,195),【边界】的值为3,【不透明度】的值为50,如图3.83所示。

图3.80　合成设置

图3.81　纯色设置

图3.82　添加【网格】特效

图3.83　参数设置

3.10.2　制作网格空间

01 执行菜单栏中的【合成】|【新建合成】命令,打开【合成设置】对话框,设置【合成名称】为"网格空间",【宽度】为720,【高度】为480,【帧速率】为25,并设置【持续时间】为0:00:08:00,如图3.84所示。

02 执行菜单栏中的【文件】|【导入】|【文件】命令,打开【导入文件】对话框,选择配套光盘中的"工程文件\第3章\网格空间\背景.jpg"素材,单击【导入】按钮,"背景.jpg"素材将导入到【项目】面板中,如图3.85所示。

03 在【项目】面板中,选择"网格"合成和"背景.jpg"素材,将其拖动到"网格背景"合成的时间线面板中,单击"网格"层右侧的三维图层按钮,打开三维图层开关,如图3.86所示。

04 选中"网格"层,按P键打开【位置】属性,设置【位置】的值为(265,90,0),按R键打开【旋转】属性,设置【Y轴旋转】的值为90,如图3.87所示。

图 3.84 合成设置

图 3.85 【导入文件】对话框

图 3.86 添加素材

图 3.87 修改位置和旋转参数

05 在时间线面板中选择"网格"层,按 Ctrl+D 组合键,将"网格"层复制,并将复制后的图层重命名为"网格 2",按 P 键打开【位置】属性,修改【位置】的值为(73,90,0),如图 3.88 所示。

06 在时间线面板中选择"网格 2"层,按 Ctrl+D 组合键,将"网格 2"层复制,系统会自动重命名为"网格 3",按 P 键打开【位置】属性,修改【位置】的值为(162,90,-115),按 R 键打开【旋转】属性,设置【Y 轴旋转】的值为 0,如图 3.89 所示。

图 3.88 复制并修改位置参数

图 3.89 修改位置和旋转参数

07 在时间线面板中选择"网格 3"层,按 Ctrl+D 组合键,将"网格 3"层复制,系统会自动重命名为"网格 4",按 P 键打开【位置】属性,修改【位置】的值为(73,90,170),如图 3.90 所示。

图 3.90 修改位置参数

3.10.3 制作动态效果

01 单击工具栏中的【横排文字工具】按钮,选择文字工具,在合成窗口中单击并输入文字

Machine，在【字符】面板中，设置文字的字体为"华康俪金黑 W8(P)"，字符的大小为 118 像素，字体的填充颜色为蓝色（R:138；G:206；B:248），如图 3.91 所示。

02 选中 Machine 层，在合成窗口中调整文字的位置，如图 3.92 所示。

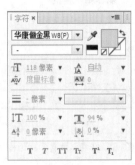

图 3.91 文字设置

图 3.92 效果图

03 执行菜单栏中的【图层】|【新建】|【空对象】命令，单击"[空 1]"层右侧的三维图层按钮，打开三维图层开关，如图 3.93 所示。

04 选中"网格"、"网格 2"、"网格 3"、"网格 4"和 Machine 层，在右侧的【父级】属性栏中选择"[空 1]"，如图 3.94 所示。

图 3.93 新建空物体并打开三维空间

图 3.94 设置父子关系

05 将时间调整到 0:00:00:00 帧的位置，选中"[空 1]"层，按 P 键打开【位置】属性，设置【位置】的值为（187,150,-903），单击【位置】左侧的码表按钮，在当前位置添加关键帧，按 R 键打开【方向】属性，单击【Y 轴旋转】左侧的码表按钮，在当前位置添加关键帧，如图 3.95 所示。

06 将时间调整到 0:00:01:21 帧的位置，设置【位置】的值为（187,150,195），系统会自动添加关键帧，如图 3.96 所示。

图 3.95 0:00:00:00 帧的位置关键帧设置

图 3.96 0:00:01:21 帧的位置关键帧设置

07 将时间调整到 0:00:05:24 帧的位置，设置【位置】的值为（220,150,0），设置【Y 轴旋转】的值为 1x，系统会自动添加关键帧，如图 3.97 所示。

08 将时间调整到 0:00:07:20 帧的位置，设置【位置】的值为（220,150,98），单击"[空 1]"左侧的眼睛按钮，隐藏"[空 1]"层，如图 3.98 所示。

图 3.97　0:00:05:24 帧的位置关键帧设置　　　　　　图 3.98　0:00:07:20 帧的位置关键帧设置

09 这样就完成了"网格空间"的整体制作，按小键盘上的 0 键，即可在合成窗口中预览当前动画效果。

3.11　卡 片 拼 图

特效解析

　　本例主要讲解利用【卡片动画】特效制作卡片拼图效果，通过【摄像机】完成卡片飞舞的动画。

知 识 点

1.【卡片动画】特效
2.【分形杂色】特效
3.【梯度渐变】特效

工程文件：第3章\卡片拼图\卡片拼图.aep
视频文件：movie\3.11　卡片拼图.avi

操作步骤

3.11.1　创建噪波

01 执行菜单栏中的【合成】|【新建合成】命令，打开【合成设置】对话框，设置【合成名称】为"噪波"，【宽度】为 720，【高度】为 480，【帧速率】为 25，并设置【持续时间】为 0:00:06:00，如图 3.99 所示。

02 执行菜单栏中的【图层】|【新建】|【纯色】命令，打开【纯色设置】对话框，设置【名称】为"噪波"，【颜色】为黑色，如图 3.100 所示。

03 选中"噪波"层，在【效果和预设】特效面板中展开【杂色和颗粒】特效组，双击【分形杂色】特效，如图 3.101 所示。

04 在【效果控件】面板中，设置【对比度】的值为 200，【亮度】的值为 −10，展开【变换】选项组，设置【缩放】的值为 20，如图 3.102 所示。

图 3.99　合成设置

图 3.100　纯色设置

图 3.101　添加【分形杂色】特效

05　执行菜单栏中的【图层】|【新建】|【纯色】命令,打开【纯色设置】对话框,设置【名称】为"渐变",【颜色】为黑色,如图 3.103 所示。

06　选中"渐变"层,在【效果和预设】特效面板中展开【生成】特效组,双击【梯度渐变】特效,如图 3.104 所示。

图 3.102　参数设置

图 3.103　纯色设置

图 3.104　添加【梯度渐变】特效

07　在【效果控件】面板中,设置【渐变起点】的值为(360,240),【渐变终点】的值为(850,570),从【渐变形状】右侧的下拉列表框中选择【径向渐变】选项,如图 3.105 所示。

08　选中"渐变"层,设置其【模式】为"叠加",如图 3.106 所示。

图 3.105　参数设置

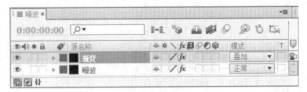

图 3.106　图层设置

3.11.2　制作拼图效果

01　执行菜单栏中的【合成】|【新建合成】命令,打开【合成设置】对话框,设置【合成名称】

为"卡片拼图",【宽度】为720,【高度】为480,【帧速率】为25,并设置【持续时间】
为 0:00:06:00,如图 3.107 所示。

02 执行菜单栏中的【文件】|【导入】|【文件】命令,打开【导入文件】对话框,选择配套
光盘中的"工程文件\第3章\卡片拼图\背景 .jpg"素材,单击【导入】按钮,"背景
.jpg"素材将导入到【项目】面板中,如图 3.108 所示。

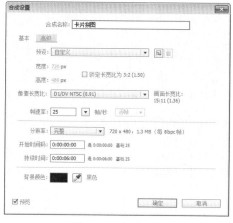

图 3.107　合成设置　　　　　　　　　　图 3.108　【导入文件】对话框

03 执行菜单栏中的【图层】|【新建】|【纯色】命令,打开【纯色设置】对话框,设置【名称】
为"渐变",【颜色】为黑色,如图 3.109 所示。

04 选中"渐变"层,在【效果和预设】特效面板中展开【生成】特效组,双击【梯度渐变】特效,
如图 3.110 所示。

05 在【效果控件】面板中,设置【渐变起点】的值为(724,97),【起始颜色】为深红色(R:109;
G:0;B:0),【渐变终点】的值为(43,534),【结束颜色】为黑色,从【渐变形状】右侧的
下拉列表框中选择【径向渐变】选项,如图 3.111 所示。

图 3.109　纯色设置　　　图 3.110　添加【梯度渐变】特效　　　图 3.111　参数设置

06 在【项目】面板中,选择"背景 .jpg"素材和"噪波"合成,将其拖动到"卡片拼图"合
成的时间线面板中,如图 3.112 所示。

07 选中"背景"层,执行菜单栏中的【图层】|【预合成】命令,设置【新合成名称】为"背

景"，如图 3.113 所示。

08 选中"背景"层，在【效果和预设】特效面板中展开【模拟】特效组，双击【卡片动画】特效，如图 3.114 所示。

图 3.112　添加素材

图 3.113　预合成设置

图 3.114　添加【卡片动画】特效

09 在【效果控件】面板中，设置【行数】的值为 80，【列数】的值为 100，从【渐变图层 1】右侧的下拉列表框中选择"3. 噪波"，从【摄像机系统】右侧的下拉列表框中选择【合成摄像机】选项，如图 3.115 所示。

10 将时间调整到 0:00:00:00 帧的位置，展开【X 位置】选项栏，单击【乘数】左侧的码表按钮，在当前位置添加关键帧，展开【Y 位置】选项组，单击【乘数】左侧的码表按钮，在当前位置添加关键帧；展开【Z 位置】选项组，单击【乘数】左侧的码表按钮，在当前位置添加关键帧，展开【X 轴缩放】选项栏，单击【乘数】左侧的码表按钮，在当前位置添加关键帧，展开【Y 轴缩放】选项栏，单击【乘

图 3.115　参数设置

数】左侧的码表按钮，在当前位置添加关键帧，如图 3.116 所示。设置这些选项中的【源】为"强度 1"。

11 将时间调整到 0:00:05:00 帧的位置，设置所有关键帧的【乘数】的值为 0，系统会自动添加关键帧，如图 3.117 所示。

图 3.116　关键帧设置

图 3.117　关键帧设置

12 单击"噪波"层左侧开关按钮，将"噪波"层隐藏，如图 3.118 所示。

13 执行菜单栏中的【图层】|【新建】|【摄像机】命令,打开【摄像机设置】对话框,设置【预设】为 24 毫米,如图 3.119 所示。

图 3.118　图层设置

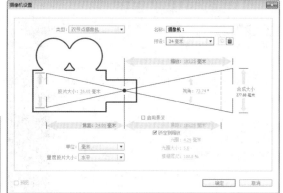

图 3.119　【摄像机设置】对话框

14 将时间调整到 0:00:00:00 帧的位置,选中"摄像机"层,按 A 键打开【目标点】属性,设置【目标点】的值为（360,240,540）,单击【目标点】左侧的码表按钮,在当前位置添加关键帧,按 P 键打开【位置】属性,设置【位置】的值为（150,400,0）,单击【位置】左侧的码表按钮,在当前位置添加关键帧,如图 3.120 所示。

15 将时间调整到 0:00:03:00 帧的位置,设置【目标点】的值为（360,240,540）,【位置】的值为（630,330,-40）,系统会自动添加关键帧,如图 3.121 所示。

图 3.120　0:00:00:00 帧的位置关键帧设置

图 3.121　0:00:03:00 帧的位置关键帧设置

16 将时间调整到 0:00:04:10 帧的位置,设置【目标点】的值为（360,240,-150）,【位置】的值为（360,240,-700）,系统会自动添加关键帧,如图 3.122 所示。

17 将时间调整到 0:00:05:00 帧的位置,设置【目标点】的值为（360,240,-150）,【位置】的值为（360,240,-430）,系统会自动添加关键帧,如图 3.123 所示。

图 3.122　0:00:04:10 帧的位置关键帧设置

图 3.123　0:00:05:00 帧的位置关键帧设置

18 这样就完成了"卡片拼图"动画的整体制作,按小键盘上的 0 键,即可在合成窗口中预览动画效果。

After Effects CC 影视特效与电视栏目包装案例解析

3.12 梦幻飞散精灵

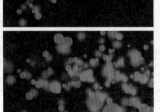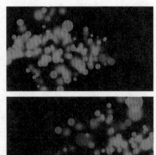

特效解析

本例主要讲解利用 CC Particle World（CC 粒子仿真世界）特效制作梦幻飞散精灵效果。

知识点

1. CC Particle World（CC 粒子仿真世界）特效
2. 【快速模糊】特效

工程文件：第3章\梦幻飞散精灵\梦幻飞散精灵.aep
视频文件：movie\3.12　梦幻飞散精灵.avi

操作步骤

3.12.1　制作粒子

01　执行菜单栏中的【合成】|【新建合成】命令，打开【合成设置】对话框，设置【合成名称】为"梦幻飞散精灵"，【宽度】为720，【高度】为405，【帧速率】为25，并设置【持续时间】为 0:00:05:00。

02　执行菜单栏中的【图层】|【新建】|【纯色】命令，打开【纯色设置】对话框，设置【名称】为"粒子"，【颜色】为紫色（R:253；G:86；B:255）。

03　为"粒子"层添加【CC 粒子仿真世界】特效。在【效果和预设】面板中展开【模拟】特效组，然后双击 CC Particle World（CC 粒子仿真世界）特效。

04　在【效果控件】面板中，修改 CC Particle World（CC 粒子仿真世界）特效的参数，设置 Birth Rate（生长速率）的值为 0.6，Longevity(sec)（寿命）的值为 2.09，展开 Producer（产生点）选项组，设置 Radius Z（Z 轴半径）的值为 0.435，将时间调整到 0:00:00:00 帧的位置，设置 Position X（X 轴位置）的值为 −0.53，Position Y（Y 轴位置）的值为 0.03，同时单击 Position X（X 轴位置）和 Position Y（Y 轴位置）左侧的码表按钮，在当前位置设置关键帧。

05　将时间调整到 0:00:03:00 帧的位置，设置 Position X（X 轴位置）的值为 0.78，Position Y（Y 轴位置）的值为 0.01，系统会自动设置关键帧，如图 3.124 所示，合成窗口效果如图 3.125 所示。

06　展开 Physics（物理性）选项组，从 Animation（动画）下拉菜单中选择 Viscouse（粘性）选项，设置 Velocity（速率）

图 3.124　设置【产生点】参数

58

的值为 1.06，Gravity（重力）的值为 0，展开 Particle（粒子）选项组，从 Particle Type（粒子类型）下拉列表框中选择 Lens Convex（凸透镜）选项，设置 Birth Size（生长大小）的值为 0.357，Death Size（消逝大小）的值为 0.587，如图 3.126 所示，合成窗口效果如图 3.127 所示。

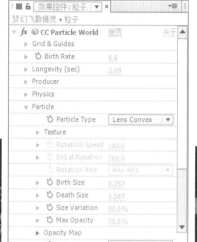

图 3.125　设置【产生点】参数后效果　　　　图 3.126　设置参数　　　　图 3.127　设置粒子仿真世界后效果

3.12.2　制作粒子2

01 选中"粒子"层，按 Ctrl+D 组合键复制出另一个图层，将该图层更改为"粒子 2"，为"粒子 2"文字层添加【快速模糊】特效。在【效果和预设】面板中展开【模糊和锐化】特效组，然后双击【快速模糊】特效。

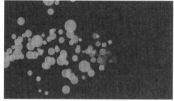

02 在【效果控件】面板中，修改【快速模糊】特效的参数，设置【模糊度】的值为 15，如图 3.128 所示，合成窗口效果如图 3.129 所示。

图 3.128　设置【快速模糊】参数

03 展开【物理性】选项组，设置【速率】的值为 0.84，【重力】的值为 0，如图 3.130 所示，合成窗口效果如图 3.131 所示。

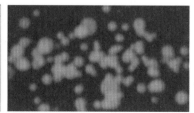

图 3.129　设置【快速模糊】后效果　　　图 3.130　设置物理性参数　　　图 3.131　设置"粒子 2"参数后效果

04 这样就完成了"梦幻飞散精灵"效果的整体制作，按小键盘上的 0 键，即可在合成窗口中预览动画效果。

读书笔记

第 *4* 章

精彩文字特效

 内容摘要

本章主要讲解精彩文字特效表现。文字是一个动画的灵魂，一段动画中有了文字的出现能够使动画的主题更为突出，对文字进行编辑，为文字添加特效制作绚丽的动画能够给整体动画添加上点睛之笔。通过本章的学习，可以让读者在了解文字基本设置的同时，掌握更高级的文字动画制作。

教学目标

▶ 多种文字的应用
▶ 文字属性的设置
▶ 飞舞旋转文字的处理
▶ 录入、水波、螺旋、光效等文字动画的制作

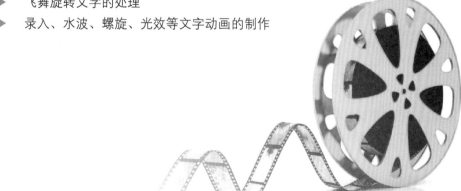

4.1　文字输入

特效解析 ⬇

本例主要讲解利用【不透明度】属性制作文字输入效果。

知识点 ⬇

1. 【不透明度】属性
2. 【偏移】属性

工程文件：第4章\文字输入\文字输入.aep
视频文件：movie\4.1　文字输入.avi

操作步骤 ⬇

| 01 | 执行菜单栏中的【合成】|【新建合成】命令，打开【合成设置】对话框，设置【合成名称】为"文字输入"，【宽度】为720，【高度】为480，【帧速率】为25，并设置【持续时间】为 0:00:05:00，如图 4.1 所示。 |

| 02 | 执行菜单栏中的【文件】|【导入】|【文件】命令，打开【导入文件】对话框，选择配套光盘中的"工程文件\第4章\文字输入\背景.jpg"素材。单击【导入】按钮，"背景.jpg"素材将导入到【项目】面板中，如图 4.2 所示。 |

图 4.1　合成设置

图 4.2　【导入文件】对话框

| 03 | 在【项目】面板中，选择"背景.jpg"素材，将其拖动到合成的时间线面板中，如图 4.3 所示。 |

| 04 | 单击工具栏中的【直排文字工具】按钮，选择文字工具，在合成窗口中单击并输入文字"那是因为歌中没有你的渴望而我们总是要一唱再唱像那草原千里闪着金光像那风沙呼啸过大漠像那黄河岸阴山旁英雄骑马壮骑马荣归故乡"，在【字符】面板中，设置文字的字体为"创 |

艺简仿宋",字符的大小为36像素,字体的填充颜色为黑色,如图4.4所示。

图4.3 添加素材　　　　　　　　　　　　　图4.4 参数设置

05 在时间线面板中,选择"那是因为歌中没有你的渴望而我们总是要一唱再唱像那草原千里闪
着金光像那风沙呼啸过大漠像那黄河岸阴山旁英
雄骑马壮骑马荣归故乡"层,按Enter键,重命
名该图层为"文字"层,如图4.5所示。

06 将时间调整到0:00:00:00帧的位置,展开"文字"
层,单击【文本】右侧的三角形按钮▶,从菜单

图4.5 重命名图层

中选择【不透明度】命令,设置【不透明度】的值为0,单击【偏移】左侧的码表按钮⏱,
设置关键帧,如图4.6所示。

07 将时间调整到0:00:04:00帧的位置,设置【偏移】的值为100,系统会自动设置关键帧,
如图4.7所示。

图4.6 0:00:00:00帧的位置参数设置　　　　图4.7 0:00:04:00帧的位置参数设置

08 这样就完成了"文字输入"动画的整体制作,按小键盘上的0键,即可在合成窗口中预览
动画效果。

4.2 路径文字动画

特效解析

　　本例讲解路径文字动画,【路径】选项
中【末字位置】的应用,利用这两个选项制
作出路径文字动画。

知识点

1.【钢笔工具】
2.【路径】选项

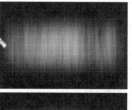

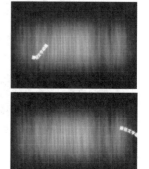

工程文件:第4章\路径文字动画.aep
视频文件:movie\4.2 路径文字动画.avi

操作步骤 ⬇

01　执行菜单栏中的【合成】|【新建合成】命令，打开【合成设置】对话框，设置【合成名称】为"路径动画"，【宽度】为720，【高度】为480，【帧速率】为25，并设置【持续时间】为 0:00:02:00，如图 4.8 所示。

02　执行菜单栏中的【文件】|【导入】|【文件】命令，打开【导入文件】对话框，选择配套光盘中的"工程文件 \ 第 4 章 \ 路径动画 \ 背景 .png"素材，单击【导入】按钮，如图 4.9 所示，素材将导入到【项目】面板中。

图 4.8　合成设置

图 4.9　导入素材

03　在【项目】面板中选择所有素材，将其拖动到时间线面板中，如图 4.10 所示。

04　执行菜单栏中的【图层】|【新建】|【文本】命令，或者单击工具栏中的【横排文字工具】按钮 T，输入文字"路径文字动画"，设置文字的字体为"Adobe 黑体 Std"，字号为20 像素，填充的颜色为白色，如图 4.11 所示。

图 4.10　添加素材

05　确认选择"文字"层，然后单击工具栏中的【钢笔工具】按钮，在合成窗口中绘制一条曲线，如图 4.12 所示。

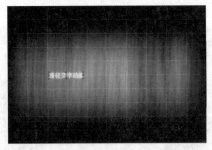

图 4.11　在合成窗口中输入的文字效果

图 4.12　绘制曲线路经

06　绘制曲线后，在"文字"层列表中将出现一个"蒙版"选项；在"文字"层中展开【路径选项】列表，单击【路径】右侧的 [无] 按钮，在弹出的下拉列表框中选择【蒙版 1】选项，将文字与路径相关联，如图 4.13 所示。

07 确认时间在 0:00:00:00，展开【路径选项】列表，单击【末字边距】左侧的码表按钮，建立关键帧并修改【末字边距】的值为 −620，如图 4.14 所示，此时在合成窗口中的效果如图 4.15 所示。

图 4.13　选择【蒙版 1】

图 4.14　设置【末字位置】的值

08 在时间线面板中，调整时间到 0:00:01:05 帧的位置，设置【末字边距】的值为 570，系统将自动在该处创建一个关键帧，如图 4.16 所示。

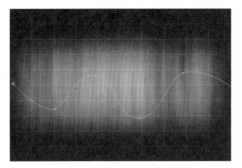

图 4.15　设置末字位置的效果

图 4.16　修改参数

09 这样，就完成了"路径文字动画"的制作。按空格键或小键盘上的 0 键，即可在合成窗口中预览动画的效果。

4.3　粉　笔　字

 特效解析

本例主要讲解通过修改素材的位置制作出位置动画效果，从而了解关键帧的使用。

知识点

1.【从文字创建蒙版】命令
2.【涂写】特效

工程文件：第4章\粉笔字\粉笔字.aep
视频文件：movie\4.3　粉笔字.avi

操作步骤 ↓

01 执行菜单栏中的【合成】|【新建合成】命令，打开【合成设置】对话框，设置【合成名称】为"粉笔字"，【宽度】为720，【高度】为480，【帧速率】为25，并设置【持续时间】为0:00:05:00，如图4.17所示。

02 执行菜单栏中的【文件】|【导入】|【文件】命令，打开【导入文件】对话框，选择配套光盘中的"工程文件\第4章\粉笔字\背景.jpg"素材，单击【导入】按钮，"背景.jpg"素材将导入到【项目】面板中，如图4.18所示。

图4.17 合成设置

图4.18 【导入文件】对话框

03 在【项目】面板中，选择"背景.jpg"素材，将其拖动到"粉笔字"合成的时间线面板中，如图4.19所示。

04 单击工具栏中的【横排文字工具】按钮 **T**，选择文本工具，在合成窗口中单击并输入文字"粉笔"，在【字符】面板中，设置文字的字体为"华康海报体W12(P)"，字符的大小为175像素，字体的填充颜色为白色，如图4.20所示。

05 选中"粉笔"层，执行菜单栏中的【图层】|【从文字创建蒙版】命令，在时间线面板中，系统会自动创建一个"文字轮廓"层，单击"粉笔"层前面隐藏与关闭按钮 👁，隐藏该层，如图4.21所示。

图4.19 添加素材

图4.20 文字参数设置

图4.21 效果图

06 选中"文字轮廓"层，在【效果和预设】特效面板中展开【生成】特效组，双击【涂写】特效，如图4.22所示。

07 在【效果控制】面板中，从【涂抹】右侧的下拉列表框中选择【所有蒙版】选项，设置【角度】的值为 30,【描边宽度】的值为 4,如图 4.23 所示。

08 将时间调整到 0:00:00:00 帧的位置,设置【结束】的值为 0,单击码表按钮,在当前位置添加关键帧,将时间调整到 0:00:04:00 帧的位置,设置【结束】的值为 100,系统会自动添加关键帧,如图 4.24 所示。

图 4.22 添加【涂写】特效　　图 4.23 参数设置　　　　图 4.24 关键帧设置

09 这样就完成了"粉笔字"动画的整体制作,按小键盘上的 0 键,即可在合成窗口中预览动画效果。

4.4 文字动画

特效解析

本例主要讲解利用【偏移】属性制作文字动画效果。

知识点

1.【启用逐字 3D 化】命令
2.【偏移】属性

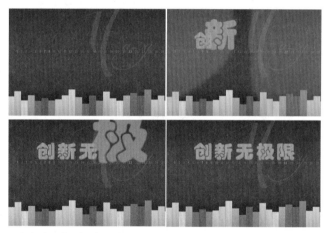

工程文件:第4章\文字动画\文字动画.aep
视频文件:movie\4.4 文字动画.avi

操作步骤

01 执行菜单栏中的【合成】|【新建合成】命令,打开【合成设置】对话框,设置【合成名称】为"文字动画",【宽度】为 720,【高度】为 480,【帧速率】为 25,并设置【持续时间】为 0:00:04:00,如图 4.25 所示。

02 执行菜单栏中的【文件】|【导入】|【文件】命令,打开【导入文件】对话框,选择配套光盘中的"工程文件\第 4 章\文字动画\背景 .jpg"素材,单击【导入】按钮,"背景.jpg"素材将导入到【项目】面板中,如图 4.26 所示。

图 4.25 合成设置

图 4.26 【导入文件】对话框

03 在【项目】面板中，选择"背景 .jpg"素材，将其拖动到"文字动画"合成的时间线面板中，如图 4.27 所示。

图 4.27 添加素材

04 单击工具栏中的【横排文字工具】按钮 **T**，选择文字工具，在合成窗口中单击并输入文字"创新无极限"，在【字符】面板中，设置文字的字体为"华文琥珀"，字符的大小为 80 像素，字体的填充颜色为蓝色（R:29；G:139；B:216），如图 4.28 所示。

05 在时间线面板中，选择"创新无极限"层，按 Enter 键，重命名该图层为"文字"层，如图 4.29 所示。

图 4.28 文字参数设置

图 4.29 重命名图层

06 展开"文字"层，单击【文本】右侧的三角形按钮 ⬤，从下拉列表框中选择【启用逐字 3D 化】选项，再次单击文本右侧的三角形按钮 ⬤，从下拉列表框中选择【锚点】选项，设置【锚点】的值为（0,-24,0），单击【动画制作工具 1】右侧的三角形按钮 ⬤，从下拉列表框中选择【属性】|【位置】选项，设置【位置】的值为（0,0,-1000），再次单击【动画制作工具 1】右侧的三角形按钮 ⬤，从下拉列表框中选择【属性】|【缩放】选项，设置【缩放】的值为（500,500,500），再次单击【动画制作工具 1】右侧的三角形按钮 ⬤，从下拉列表框中选择【属性】|【不透明度】选项，设置【不透明度】的值为 0，再次单击【动画制作工具 1】右侧的三角形按钮 ⬤，从下拉列表框中选择【属性】|【模糊】选项，设置【模糊】的值为（5,5），

如图 4.30 所示。

07 将时间调整到 0:00:00:00 帧的位置，展开【范围选择器 1】选项栏，设置【偏移】的值为 0，单击【偏移】左侧的码表按钮🕐，在当前位置添加关键帧，将时间调整到 0:00:03:00 帧的位置，设置【偏移】的值为 100%，系统会自动添加关键帧，如图 4.31 所示。

图 4.30 参数设置

图 4.31 关键帧设置

08 这样就完成了"文字动画"动画的整体制作，按小键盘上的 0 键，即可在合成窗口中预览动画效果。

4.5 纷飞散落文字

特效解析 ⊙

本例主要讲解利用 CC Particle World（粒子仿真世界）特效制作纷飞散落的文字效果。

知识点 ⊙

1. CC Particle World（粒子仿真世界）特效
2.【摄像机】命令

工程文件：第3章\纷飞散落文字\纷飞散落文字.aep
视频文件：movie\4.5 纷飞散落文字.avi

操作步骤 ⊙

01 执行菜单栏中的【合成】|【新建合成】命令，打开【合成设置】对话框，设置【合成名称】为"纷飞散落文字"，【宽度】为 720，【高度】为 405，【帧速率】为 25，并设置【持续时间】为 0:00:05:00。

02 执行菜单栏中的【图层】|【新建】|【文本】命令，新建文字层，此时，合成窗口中将出现一个光标效果，在时间线面板中将出现一个文字层，输入"Struggle"。在【字符】面板中，设置文字字体为 Impact，字号为 43 像素，字体颜色为浅蓝色（R:0；G:255；B:252），打开文字层的三维开关🧊，如图 4.32 所示。

03 执行菜单栏中的【图层】|【新建】|【纯色】命令，打开【纯色设置】对话框，设置【名称】
为"粒子"，【颜色】为黑色。

04 为"粒子"层添加 CC Particle World（CC 粒子仿真世界）特效。在【效果和预设】面板
中展开【模拟】特效组，然后双击 CC Particle World（粒子仿真世界）特效，如图 4.33 所示。

05 在【效果控件】面板中，修改特效的参数，设置 Longevity(sec)（寿命）的值为 1.29，将
时间调整到 0:00:00:00 帧的位置，设置 Birth Rate（生长速率）的值为 3.9，单击 Birth
Rate（生长速率）左侧的码表按钮，在当前位置设置关键帧。

06 将时间调整到 0:00:04:24 帧的位置，设置 Birth Rate（生长速率）的值为 0，系统会自动设
置关键帧，如图 4.34 所示。

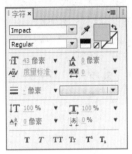

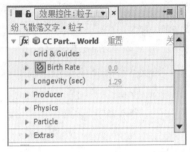

图 4.32　设置字体　　　　　　图 4.33　添加特效　　　　　　图 4.34　设置生长速率关键帧

07 展开 Producer（产生点）选项组，设置 Radius X（X 轴半径）的值为 0.625，Radius Y（Y
轴半径）的值为 0.485，Radius Z（Z 轴半径）的值为 7.215；展开 Physics（物理性）选项
组，设置 Gravity（重力）的值为 0，如图 4.35 所示。

08 展开 Particle（粒子）选项组，从 Particle Type（粒子类型）下拉列表框中选择 Textured
Quadploygon（纹理放行）选项；展开 Texture（材质）选项组，从 Texture Layer（材质层）
下拉列表框中选择 Struggle 选项，设置 Birth Size（生长大小）的值为 11.36，Death Size（消
逝大小）的值为 9.76，如图 4.36 所示，合成窗口效果如图 4.37 所示。

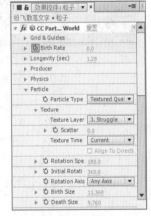

图 4.35　设置 Producer 和 Physics 参数　　图 4.36　设置粒子参数　　　　图 4.37　设置粒子仿真世界后效果

09 为"粒子"层添加【发光】特效。在【效果和预设】面板中展开【风格化】特效组，然后双击【发
光】特效。

10 执行菜单栏中的【图层】|【新建】|【摄像机】命令,新建摄像机,打开【摄像机设置】对话框,设置【名称】为 Camera 1,如图 4.38 所示,调整摄像机参数,合成窗口效果如图 4.39 所示。

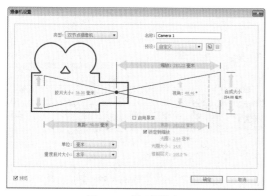

图 4.38　设置摄像机

图 4.39　设置摄像机后效果

11 这样就完成了"纷飞散落文字"的整体制作,按小键盘上的 0 键,即可在合成窗口中预览动画效果。

4.6　弹　簧　字

特效解析 ↓

本例主要讲解利用 CC Bend It(CC 弯曲)特效制作弹簧字效果。

知识点 ↓

1. CC Bend It(CC 弯曲)特效
2. CC Force Motion Blur(CC 强制动态模糊)特效

工程文件:第4章\弹簧字\弹簧字.aep
视频文件:movie\4.6　弹簧字.avi

操作步骤 ↓

01 执行菜单栏中的【文件】|【打开项目】命令,选择配套光盘中的"工程文件 \ 第 4 章 \ 弹簧字 \ 弹簧字练习 .aep"文件,将"弹簧字练习 .aep"文件打开。

02 执行菜单栏中的【图层】|【新建】|【文本】命令,新建文字层,此时,合成窗口中将出现一个光标效果,在时间线面板中将出现一个文字层,输入"Saw VI"。在【字符】面板中,设置文字字体为 Impact,字号为 150 像素,字体颜色为红色(R:170;G:0;B:0),参数如图 4.40 所示,合成窗口效果如图 4.41 所示。

03 为 Saw VI 层添加 CC Bend It（CC 弯曲）特效。在【效果和预设】面板中展开【扭曲】特效组，然后双击 CC Bend It（CC 弯曲）特效，如图 4.42 所示，合成窗口效果如图 4.43 所示。

图 4.40　设置字体

图 4.41　设置字体后效果

图 4.42　添加特效

04 在【效果控件】面板中，修改 CC Bend It（CC 弯曲）特效的参数，设置 Start（头）的值为（690,303），End（尾）的值为（69,101），将时间调整到 0:00:00:00 帧的位置，设置 Bend（弯曲）的值为 0，单击 Bend（弯曲）左侧的码表按钮，在当前位置设置关键帧，如图 4.44 所示，合成窗口效果如图 4.45 所示。

图 4.43　添加特效后效果

图 4.44　设置弯曲参数

图 4.45　设置弯曲参数后效果

05 将时间调整到 0:00:01:08 帧的位置，设置 Bend（弯曲）的值为 −130，系统会自动设置关键帧；将时间调整到 0:00:01:10 帧的位置，设置 Bend（弯曲）的值为 147；将时间调整到 0:00:01:13 帧的位置，设置 Bend（弯曲）的值为 −60；将时间调整到 0:00:01:18 帧的位置，设置 Bend（弯曲）的值为 36；将时间调整到 0:00:02:00 帧的位置，设置 Bend（弯曲）的值为 −25；将时间调整到 0:00:02:08 帧的位置，设置 Bend（弯曲）的值为 16。

06 将时间调整到 0:00:02:18 帧的位置，设置 Bend（弯曲）的值为 −10；将时间调整到 0:00:03:02 帧的位置，设置 Bend（弯曲）的值为 14；将时间调整到 0:00:03:08 帧的位置，设置 Bend（弯曲）的值为 −2；将时间调整到 0:00:03:13 帧的位置，设置 Bend（弯曲）的值为 3；将时间调整到 0:00:03:17 帧的位置，设置 bend(弯曲)的值为 0，如图 4.46 所示。

07 执行菜单栏中的【图层】|【新建】|【调整图层】命令，为"调整图层"层添加 CC Force Motion Blur（CC 强制动态模糊）特效。

图 4.46　设置关键帧参数

在【效果和预设】面板中展开【时间】特效组，然后双击 CC Force Motion Blur（CC 强制动态模糊）特效。

08 在【效果控件】面板中，修改特效的参数，将时间调整到 0:00:01:08 帧的位置，设置 Motion Blur Samples（动态模糊取样）的值为 8,单击 Motion Blur Samples（动态模糊取样）左侧的码表按钮，在当前位置设置关键帧，如图 4.47 所示，合成窗口效果如图 4.48 所示。

图 4.47 设置动态模糊取样参数

图 4.48 设置动态模糊取样后效果

09 将时间调整到 0:00:03:17 帧的位置，设置 Motion Blur Samples（动态模糊取样）的值为 5, 系统会自动设置关键帧，如图 4.49 所示，合成窗口效果如图 4.50 所示。

图 4.49 设置关键帧

图 4.50 设置关键帧后效果

10 这样就完成了"弹簧字"的整体制作，按小键盘上的 0 键,即可在合成窗口中预览动画效果。

4.7 小 清 新 字

特效解析

本例主要讲解利用【投影】特效和【斜面和浮雕】属性使字体有立体感。

知 识 点 ⬇

1.【斜面和浮雕】属性
2.【投影】特效

工程文件：第4章\小清新字\小清新字.aep
视频文件：movie\4.7 小清新字.avi

操作步骤

4.7.1　新建总合成

01　执行菜单栏中的【合成】|【新建合成】命令，打开【合成设置】对话框，设置【合成名称】为"背景"，【高度】为 720，【宽度】为 480，【帧速率】为 25，并设置【持续时间】为 0:00:05:00，如图 4.51 所示。

02　执行菜单栏中的【文件】|【导入】|【文件】命令，打开【导入文件】对话框，选择"工程文件\第 4 章\小清新字\背景图 .jpg"素材，如图 4.52 所示。单击【导入】按钮，"背景图 .jpg"素材将导入到【项目】面板中。

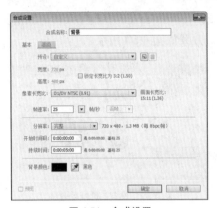
图 4.51　合成设置

图 4.52　【导入文件】对话框

03　将"背景图 .jpg"拖动到时间线面板中，单击工具栏中的【横排文字工具】按钮，在【字符】面板中设置颜色为浅绿色（R:207；G:217；B:192），字体大小为 65 像素，字间距为 30，字体为加粗和倾斜，如图 4.53 所示。

04　在合成窗口中输入文字"I say what I believe"，如图 4.54 所示。

图 4.53　【字符】面板参数

图 4.54　文字效果

4.7.2　制作立体字效果

01　单击文字层，在【效果和预设】特效面板中展开【透视】特效组，双击【投影】特效，如图 4.55 所示。

02 在【效果控件】面板中，设置【柔和度】的值为 6，如图 4.56 所示。

03 在时间线面板中，选择文字层，单击鼠标右键，在弹出的快捷菜单中选择【图层样式】|【斜面和浮雕】命令。

图 4.55 【投影】特效　　图 4.56 参数值

04 将时间调整到 0:00:00:00 帧的位置，展开文本层，单击【文本】右侧的三角形按钮

，选择【倾斜】选项，设置【倾斜】的值为 70,【倾斜轴】的值为 150，展开【文本】|【动画制作工具 1】|【范围选择器 1】选项组，设置【起始】的值为 0%，单击【起始】左侧的码表按钮🕐，在当前位置设置关键帧，如图 4.57 所示。

05 将时间调整到 0:00:04:24 帧的位置，设置【起始】的值为 100%，系统自动设置关键帧，如图 4.58 所示。

图 4.57 设置【起始】的数值

图 4.58 设置【起始】的数值

06 这样就完成了"小清新字"的整体制作，按小键盘上的 0 键，即可在合成窗口中预览动画效果。

4.8 录 入 文 字

特效解析

本例主要通过对【路径文本】特效的应用，制作出正在录入文字的过程，通过添加【投影】特效，制作出文字阴影的效果。

知识点

1.【纯色】命令
2.【路径文本】特效

工程文件：第4章\录入文字\录入文字.aep
视频文件：movie\4.8　录入文字.avi

操作步骤 ⬇

4.8.1 添加文字

01 执行菜单栏中的【合成】|【新建合成】命令，打开【合成设置】对话框，设置【合成名称】为"录入文字"，【宽度】为 720，【高度】为 480，【帧速率】为 25，并设置【持续时间】为 0:00:06:00，如图 4.59 所示。

02 执行菜单栏中的【文件】|【导入】|【文件】命令，打开【导入文件】对话框，选择配套光盘中的"工程文件\第 4 章\录入文字\背景 .jpg"素材，单击【导入】按钮，"背景 .jpg"素材将导入到【项目】面板中，如图 4.60 所示。

图 4.59 合成设置

图 4.60 【导入文件】对话框

03 在【项目】面板中，选择"背景 .jpg"素材，将其拖动到"录入文字"合成的时间线面板中，如图 4.61 所示。

04 执行菜单栏中的【图层】|【新建】|【纯色】命令，打开【纯色设置】对话框，设置【名称】为"文字"，【颜色】为黑色，如图 4.62 所示。

图 4.61 添加素材

05 选中"文字"层，在【效果和预设】特效面板中展开【过时】特效组，双击【路径文本】特效，如图 4.63 所示。

06 双击【路径文字】特效后，将打开【路径文字】对话框，在对话框中输入文字，设置字体为 HYXueJunJ，单击【确定】按钮，完成文字的输入，如图 4.64 所示。

07 在【效果控件】面板中，展开【路径选项】选项组，从【形状类型】右侧的下拉列表框中选择【线】选项；展开【填充和描边】选项组，设置【填充颜色】为黄色（R:253；G:246；B:202）；展开【字符】选项组，设置【大小】的值为 40，如图 4.65 所示。

08 将时间调整到 0:00:01:00 帧的位置，在【效果控件】面板中，展开【高级】选项组，设置【可视字符】的值为 0，单击【可视字符】左侧的码表按钮 ⓞ，在当前位置添加关键帧，如图 4.66 所示。

09 将时间调整到 0:00:05:00 帧的位置，设置【可视字符】的值为 100，如图 4.67 所示。

图 4.62　纯色设置　　　　图 4.63　添加【路径文本】特效　　　图 4.64　【路径文字】对话框

图 4.65　参数设置　　　　图 4.66　关键帧设置　　　　图 4.67　关键帧设置

4.8.2　添加阴影

01 选中"文字"层，然后按 P 键展开【位置】属性，设置【位置】的值为（530,124），如图 4.68 所示。

02 选中"文字"层，在【效果和预设】特效面板中展开【透视】特效组，双击【投影】特效，如图 4.69 所示。

03 在【效果控件】面板中，设置【不透明度】的值为 70,【距离】的值为 4,【柔和度】的值为 3，如图 4.70 所示。

图 4.68　图层设置　　　　图 4.69　添加【投影】特效　　　图 4.70　关键帧设置

04 这样就完成了"录入文字"动画的整体制作，按小键盘上的 0 键，即可在合成窗口中预览动画效果。

4.9 水波文字

特效解析

本例主要讲解利用【波纹】特效制作水波文字。

知识点

1.【横排文字工具】
2.【波纹】特效

工程文件：第4章\水波文字\水波文字.aep
视频文件：movie\4.9　水波文字.avi

操作步骤

4.9.1 创建文字

01 执行菜单栏中的【合成】|【新建合成】命令，打开【合成设置】对话框，设置【合成名称】为"水波文字"，【宽度】为 720，【高度】为 480，【帧速率】为 25，并设置【持续时间】为 0:00:05:00，如图 4.71 所示。

02 执行菜单栏中的【文件】|【导入】|【文件】命令，打开【导入文件】对话框，选择配套光盘中的"工程文件\第 4 章\水波文字\背景 .jpg"素材，单击【导入】按钮，"背景 .jpg"素材将导入到【项目】面板中，如图 4.72 所示。

图 4.71 合成设置

图 4.72 【导入文件】对话框

03 在【项目】面板中，选择"背景 .jpg"素材，将其拖动到"水波文字"合成的时间线面板中，如图 4.73 所示。

04 单击工具栏中的【横排文字工具】按钮 **T**，选择文字工具，在合成窗口中单击并输入文字 "Believe"，在【字符】面板中，设置文字的字体为 Arial Black，字符的大小为 118 像素，字体的填充颜色为蓝色（R:169；G:210；B:224），如图 4.74 所示。

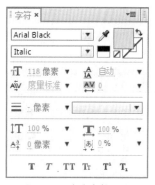

图 4.73　添加素材图

图 4.74　文字参数设置

05 选中 Believe 层，单击 Believe 右侧三维层按钮 ，打开三维图层属性，如图 4.75 所示。

06 将时间调整到 0:00:00:00 帧的位置，选中 Believe 层，按 P 键打开【位置】属性，设置【位置】的值为（960,176,-18），单击码表按钮 ，在当前位置添加关键帧，如图 4.76 所示。

图 4.75　图层设置

图 4.76　0:00:00:00 帧的位置关键帧设置

07 将时间调整到 0:00:04:24 帧的位置，选中 Believe 层，设置【位置】的值为（-258,176,-18），系统会自动添加关键帧，如图 4.77 所示。

08 在时间线面板中选择 Believe 层，按 Ctrl+D 组合键，将 Believe 层复制出 Believe 2 层，如图 4.78 所示。

图 4.77　0:00:04:24 帧的位置关键帧设置

图 4.78　图层设置

09 选中 Believe 2 层，在【效果和预设】特效面板中展开【扭曲】特效组，双击【波纹】特效，如图 4.79 所示。

10 在【效果控件】面板中，设置【半径】的值为 100，从【转换类型】右侧的下拉列表框中选择【对称】选项，设置【波形宽度】的值为 25，【波形高度】的值为 40，如图 4.80 所示。

11 选中 Believe 2 层，按 R 键打开【方向】属性，设置【X 轴旋转】的值为 180，按 T 键打开【不透明度】属性，设置【不透明度】的值为 30，如图 4.81 所示。

图 4.79 添加【波纹】特效　　　图 4.80 波纹参数设置　　　图 4.81 旋转及不透明度参数设置

4.9.2 创建抠图

01 在【项目】面板中选择"背景 .jpg"素材，再次将其拖动到"水波文字"合成的时间线面板中，并将其重命名为"背景 2.jpg"层，如图 4.82 所示。

02 选中"背景 2.jpg"层，单击工具栏中的【钢笔工具】按钮，选择钢笔工具，在合成窗口中绘制蒙版区域，如图 4.83 所示。

图 4.82 图层重命名

图 4.83 创建蒙版

03 这样就完成了"水波文字"动画的整体制作，按小键盘上的 0 键，即可在合成窗口中预览动画效果。

4.10　飞　舞　文　字

特效解析

　　本例主要讲解飞舞文字动画的制作。本例利用文字自带的动画功能制作飞舞的文字，并配合【斜面 Alpha】特效及【阴影】特效使文字产生立体效果。

知识点

　　1.【梯度渐变】特效
　　2.【锚点】、【位置】、【缩放】、【旋转】和【填充颜色】属性
　　3.【斜面 Alpha】特效

工程文件：第4章\飞舞文字.aep
视频文件：movie\4.10 飞舞文字.avi

操作步骤

4.10.1　建立文字层

01　执行菜单栏中的【合成】|【新建合成】命令，打开【合成设置】对话框，设置【合成名称】为 "文字"，【宽度】为 720，【高度】为 576，【帧速率】为 25，并设置【持续时间】为 0:00:07:00，如图 4.84 所示。

02　按 Ctrl+Y 组合键，此时将打开【纯色设置】对话框，修改【名称】为 "背景"，设置【颜色】为白色，如图 4.85 所示。

03　在【效果和预设】特效面板中展开【生成】特效组，然后双击【梯度渐变】特效，如图 4.86 所示。

图 4.84　建立合成　　　　图 4.85　纯色设置　　　　图 4.86　添加特效

04　在【效果控件】面板中，展开【梯度渐变】特效组，修改【渐变起点】为（360,288），【起始颜色】为白色，【渐变终点】为（360,1400），【结束颜色】为黑色，【渐变形状】为【径向渐变】，如图 4.87 所示。

05　单击工具栏中的【横排文字工具】按钮，设置文字的颜色为蓝色（R:44；G:154；B:217），字体大小为 75，行间距为 94，如图 4.88 所示。在合成窗口中输入文字 "SINCERE FOR GOLD STONE"，注意排列文字的换行，如图 4.89 所示。

图 4.87　设置属性

06　展开【文字】选项组，单击【文本】右侧的【动画】三角形按钮 ，从弹出的下拉列表框中选择【锚点】选项，设置【锚点】为（0,–30），如图 4.90 所示。

图 4.88　设置属性

图 4.89　文字的排列方法

图 4.90　设置动画 1

07　再次单击【文本】右侧的【动画】三角形按钮 ，从弹出的下拉列表框中分别选择【锚点】、【位置】、【缩放】、【旋转】、【填充颜色】和【色相】选项，建立【动画制作工具 2】，如图 4.91 所示。

08 调整时间到 0:00:01:00 帧的位置，单击【动画制作工具 2】右侧的【添加】三角形按钮 ⊙，从弹出的下拉列表框中选择【选择器】|【摆动】选项；然后展开【摇摆选择器 1】选项组，单击【时间相位】和【空间相位】左侧的码表按钮 ⊙，修改【时间相位】的值为 2x，【空间相位】的值为 2x，【位置】的值为（400,400），【缩放】的值为（600,600），【旋转】的值为 1x+115，修改【填充色相】的值为 60 ，如图 4.92 所示。此时的画面效果如图 4.93 所示。

图 4.91　建立动画 2

图 4.92　设置关键帧

09 调整时间到 0:00:02:00 帧的位置，修改【时间相位】的值为 2x+200，【空间相位】的值为 2x+150，如图 4.94 所示。此时的画面效果如图 4.95 所示。

10 调整时间到 0:00:03:00 帧的位置，修改【时间相位】的值为 4x+160，【空间相位】的值为 4x+125 ，如图 4.96 所示。此时的画面效果如图 4.97 所示。

图 4.93　画面效果

图 4.94　设置关键帧

图 4.95　画面效果

图 4.96　设置关键帧

图 4.97　画面效果

11 调整时间到 0:00:04:00 帧的位置，单击【位置】、【缩放】、【旋转】、【填充色相】左侧的码表按钮 ⊙，在当前位置建立关键帧，如图 4.98 所示。此时的画面效果如图 4.99 所示。

12 调整时间到 0:00:06:00 帧的位置，修改【时间相位】的值为 8x+160，【空间相位】的值为 8x+125，【位置】的值为（1,1），【缩放】的值为（100,100），【旋转】的值为 0，【填充色相】的值为 0，如图 4.100 所示。此时的画面效果如图 4.101 所示。

图 4.98　设置关键帧

图 4.99　画面效果

图 4.100　设置关键帧

图 4.101　画面效果

4.10.2　添加特效

01 在【效果和预设】面板中展开【透视】特效组，然后双击【斜面 Alpha】特效，如图 4.102 所示，添加特效后的效果如图 4.103 所示。

02 在【透视】特效组中双击【投影】特效，如图 4.104 所示，添加特效后的效果如图 4.105 所示。

图 4.102　添加特效

图 4.103　添加特效后的效果

图 4.104　添加特效

图 4.105　添加特效后的效果

03 单击时间线面板文字层名称右侧的运动模糊开关，开启运动模糊，如图 4.106 所示。

04 这样就完成了"飞舞文字"动画的制作，按空格键或小键盘上的 0 键，可以在合成窗口中看到动画的预览效果，如图 4.107 所示。

图 4.106　开启运动模糊属性

图 4.107　"飞舞文字"动画效果

4.11　螺旋飞入文字

特效解析

　　本例主要讲解螺旋飞入文字动画的制作。首先利用蒙版制作亮光背景，通过为文字层添加文本属性制作出文字的螺旋飞入效果，通过添加 Shine（光）特效制作出文字的扫光。

知 识 点

1.【动画文本】属性
2.【径向阴影】特效
3. Shine（光）特效

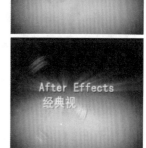

工程文件：第4章\螺旋飞入文字.aep
视频文件：movie\4.11　螺旋飞入文字.avi

操作步骤 ⓥ

4.11.1　新建合成

01 执行菜单栏中的【合成】|【新建合成】命令，打开【合成设置】对话框，设置【合成名称】为"螺旋飞入的文字"，【宽度】为720，【高度】为576，【帧速率】为25，并设置【持续时间】为 0:00:04:00，如图 4.108 所示。

02 按 Ctrl+Y 组合键，打开【纯色设置】对话框，设置【名称】为"背景层"，【颜色】为蓝色（R:0；G:192；B:255），如图 4.109 所示。

图 4.108　合成设置

图 4.109　纯色设置

03 单击工具栏中的【椭圆工具】按钮○，在合成窗口中绘制椭圆蒙版，如图 4.110 所示。

04 在时间线面板中，按 F 键，打开【蒙版羽化】选项，设置【蒙版羽化】的值为（200,200），如图 4.111 所示。

图 4.110　绘制椭圆形蒙版

图 4.111　设置属性

4.11.2　添加文字层及特效

01 单击工具栏中的【横排文字工具】按钮 T，输入文字"After Effects 经典视频特效"，设置字体为"黑体"，【填充颜色】为黄色（R:255；G:210；B:0），大小为 65 像素，并单击【粗体】按钮 T，如图 4.112 所示；此时合成窗口中的文字效果如图 4.113 所示。

02 选择"After Effects 经典视频特效"文字层，在【效果和预设】面板中展开【透视】特效组，双击【径向阴影】特效，如图 4.114 所示。

03 在【效果控件】面板中，修改【径向阴影】特效的参数，设置【柔和度】的值为 4，如图 4.115

所示。

图 4.112　设置属性

图 4.113　合成窗口中效果

图 4.114　添加特效

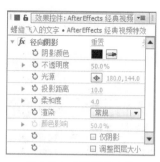

图 4.115　设置特效参数

04 在【效果和预设】面板中展开 Trapcode 特效组，双击 Shine（光）特效，如图 4.116 所示。

05 将时间调整到 0:00:00:00 帧的位置，在【效果控件】面板中修改 Shine 特效的参数，单击 Source Point（源点）左侧的码表按钮 🕐，在当前位置设置关键帧，并修改 Source Point（源点）的值为（60,288）；展开 Colorize（着色）选项组，在 Colorize（着色）下拉列表框中选择 None（无）选项；然后在 Transfer Mode（转换模式）下拉列表框中选择 Add（相加）选项，如图 4.117 所示。

图 4.116　添加特效

06 将时间调整到 0:00:03:24 帧的位置，修改 Source Point（源点）的值为（360,288），如图 4.118 所示。

图 4.117　设置参数

图 4.118　设置光属性的关键帧动画

4.11.3　建立文字动画

01 分别执行菜单栏中的【动画】|【动画文本】|【旋转】和【不透明度】命令，为文字添加旋转和不透明度参数，如图 4.119 所示。

02 将时间调整到 0:00:00:00 帧的位置，展开 "After Effects 经典视频特效" 层的【更多选项】选项组，从【锚点分组】下拉列表框中选择【行】选项，设置【分组对齐】的值为（-46,0）；

展开【动画制作工具1】|【范围选择器1】选项组，设置【结束】的值为68%，【偏移】的值为 –55%，【旋转】的值为4x，【不透明度】为0%，单击【偏移】左侧的码表按钮，在当前位置设置关键帧，如图4.120所示。

图 4.119　添加文字动画

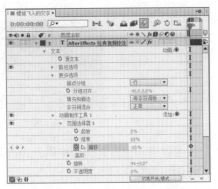

图 4.120　设置文字动画的关键帧

03　将时间调整到0:00:03:10帧的位置，修改【偏移】的值为100%；展开【高级】选项组，从【形状】下拉列表框中选择【上斜坡】选项，如图4.121所示。此时拖动时间滑块可看到动画，效果如图4.122所示。

图 4.121　设置文字属性

图 4.122　螺旋飞入效果

04　在时间线面板中，首先单击"After Effects经典视频特效"右侧属性区的运动模糊图标，打开运动模糊选项，然后再打开时间线面板中间部分的运动模糊开关按钮，如图4.123所示；设置动态模糊后的效果如图4.124所示。

图 4.123　开启动态模糊

图 4.124　画面效果

05　这样就完成了"螺旋飞入文字"的整体制作，按小键盘上的0键，即可在合成窗口中预览动画效果。

4.12　光 效 闪 字

特效解析

　　本例主要讲解利用文字模糊完成文字动画的制作，通过【镜头光晕】特效产生光效效果，从而制作出光效闪字的效果。

知 识 点

1.【模糊】命令
2.【镜头光晕】特效
3.【色相/饱和度】特效

工程文件：第4章\光效闪字\光效闪字.aep
视频文件：movie\4.12　光效闪字.avi

操作步骤

4.12.1　添加文字

01 执行菜单栏中的【合成】|【新建合成】命令，打开【合成设置】对话框，设置【合成名称】为"光效闪字"，【宽度】为 720，【高度】为 480，【帧速率】为 25，并设置【持续时间】为 0:00:02:00，如图 4.125 所示。

02 执行菜单栏中的【文件】|【导入】|【文件】命令，打开【导入文件】对话框，选择配套光盘中的"工程文件\第 4 章\光效闪字\背景.jpg"素材，单击【导入】按钮，"背景.jpg"素材将导入到【项目】面板中，如图 4.126 所示。

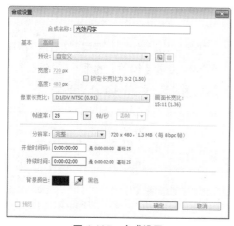

图 4.125　合成设置

图 4.126　【导入文件】对话框

03 在【项目】面板中选择"背景.jpg"素材，将其拖动到合成的时间线面板中，如图 4.127 所示。

图 4.127　添加素材

04 单击工具栏中的【横排文字工具】按钮**T**，选择文字工具，在合成窗口中单击并输入文字 "SANCTUM"，在【字符】面板中，设置文字的字体为 Futura Md BT，字符的大小为 70 像素，字体的填充颜色为白色（R:255；G:255；B:255），如图 4.128 所示。

05 将时间调整到 0:00:00:00 帧的位置，展开 SANCTUM 层，单击【文本】右侧的三角形按钮 ，从下拉列表框中选择【模糊】选项，设置【模糊】的值为（100,100），单击【动画制作工具 1】右侧的三角形按钮 ，从下拉列表框中选择【属性】|【缩放】和【不透明度】选项，设置【缩放】的值为（500,500），【不透明度】的值为 0，展开【范围选择器 1】选项组，设置【起始】的值为 100，【结束】的值为 0，【偏移】的值为 100，单击【偏移】左侧的码表按钮 ，在当前位置添加关键帧，如图 4.129 所示。

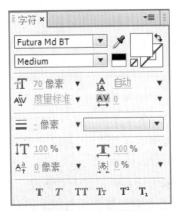

图 4.128　文字参数设置

图 4.129　参数设置

06 将时间调整到 0:00:01:00 帧的位置，设置【偏移】的值为 –100，系统会自动设置关键帧，如图 4.130 所示。

07 在时间线面板中，选择SANCTUM层，按Ctrl+D组合键复制出一个新的图层，按S键打开【缩放】属性，单击【缩放】右侧的约束比例按钮 ，取消约束，设置【缩放】的值为（100,–100），按T键打开【不透明度】属性，设置【不透明度】的值为 15，如图 4.131 所示。

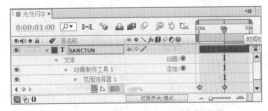

图 4.130　0:00:01:00 帧的位置参数设置

图 4.131　缩放和不透明度参数设置

4.12.2　添加光晕效果

01　执行菜单栏中的【图层】|【新建】|【纯色】命
令，打开【纯色设置】对话框，设置【名称】为
"光晕"，【颜色】为黑色，如图 4.132 所示。

02　选中"光晕"层，在【效果和预设】特效面板中
展开【生成】特效组，双击【镜头光晕】特效，
如图 4.133 所示。

03　在【效果控件】面板中，从【镜头类型】右侧的
下拉列表框中选择【105 毫米定焦】选项，将时
间调整到 0:00:00:00 帧的位置，设置【光晕中心】
的值为（734,368），单击【光晕中心】左侧的码
表按钮 ᷃，在当前位置添加关键帧，如图 4.134
所示。

图 4.132　纯色设置

04　将时间调整到 0:00:00:11 帧的位置，设置【光晕中心】的值为（190,382），系统会自动设
置关键帧，如图 4.135 所示。

图 4.133　添加【镜头光晕】特效　　　　图 4.134　参数设置　　　　　　　图 4.135　关键帧设置

05　将时间调整到 0:00:00:22 帧的位置，设置【光晕中心】的值为（738,378），系统会自动设
置关键帧，如图 4.136 所示。

06　选中"光晕"层，在【效果和预设】特效面板中展开【颜色校正】特效组，双击【色相／饱和度】
特效，如图 4.137 所示。

07　在【效果控件】面板中，选中【彩色化】复选框，设置【着色色相】的值为 200，【着色饱和度】
的值为 45，如图 4.138 所示。

图 4.136　关键帧设置　　　　图 4.137　添加【色相／饱和度】特效　　　图 4.138　参数设置

08 在时间线面板中，修改"光晕"层的模式为【屏幕】，这样就完成了"光效闪字"动画的整体制作，按小键盘上的 0 键，即可在合成窗口中预览动画效果。

4.13 破碎文字

特效解析

本例主要通过【碎片】特效使文字产生爆炸分散碎片，从而制作出文字破碎的效果。

知 识 点

1.【位置】属性
2.【碎片】特效

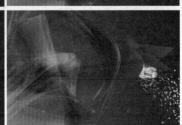

工程文件：第4章\破碎文字\文字破碎.aep
视频文件：movie\4.13 破碎文字.avi

操作步骤

4.13.1 添加文字

01 执行菜单栏中的【合成】|【新建合成】命令，打开【合成设置】对话框，设置【合成名称】为"文字破碎"，【宽度】为 720，【高度】为 480，【帧速率】为 25，并设置【持续时间】为 0:00:04:00，如图 4.139 所示。

02 执行菜单栏中的【文件】|【导入】|【文件】命令，打开【导入文件】对话框，选择配套光盘中的"工程文件＼第 4 章＼破碎文字＼背景 .jpg"素材，单击【导入】按钮，"背景 .jpg"素材将导入到【项目】面板中，如图 4.140 所示。

03 在【项目】面板中选择"背景 .jpg"素材，将其拖动到合成的时间线面板中，如图 4.141 所示。

04 单击工具栏中的【横排文字工具】按钮 **T**，选择文字工具，在合成窗口中单击并输入文字"After Effects"，选中"文字"层，按 Enter 键，将其重命名为"文字"，如图 4.142 所示。

05 在【字符】面板中，设置文字的字体为 Arial Black，字符的大小为 76 像素，填充颜色为黄色（R:255；G:246；B:0），描边颜色为土黄色（R:250；G;178；B:0），描边的粗细为 5 像素，如图 4.143 所示。

06 选中"文字"层，然后按 P 键展开【位置】属性，设置【位置】的值为（110,272)，如图 4.144 所示。

图 4.139 合成设置

图 4.140 【导入文件】对话框

图 4.141 添加素材

图 4.142 图层设置

图 4.143 文字参数

图 4.144 图层设置

4.13.2 制作破碎动画

01 选中"文字"层,在【效果和预设】特效面板中展开【模拟】特效组,双击【碎片】特效,如图 4.145 所示。

02 在【效果控件】面板中,从【视图】右侧的下拉列表框中选择【已渲染】选项,展开【形状】选项组,设置【重复】的值为 120,如图 4.146 所示。

图 4.145 添加【碎片】特效

图 4.146 参数设置

03 将时间调整到 0:00:00:00 帧的位置，展开【作用力 1】选项组，设置【半径】的值为 0.2，
【强度】的值为 10，【位置】的值为（4,250），单击【位置】左侧的码表按钮 ⏱，在当前位
置添加关键帧；展开【渐变】选项组，设置【碎片阈值】的值为 0，单击【碎片阈值】左
侧的码表按钮 ⏱，在当前位置添加关键帧，如图 4.147 所示。

04 将时间调整到 0:00:03:00 帧的位置，设置【位置】的值为（580,180），【碎片阈值】的值为
100，如图 4.148 所示。

图 4.147　0:00:00:00 帧的位置关键帧设置

图 4.148　0:00:03:00 帧的位置关键帧设置

05 这样就完成了"破碎文字"动画的整体制作，按小键盘上的 0 键，即可在合成窗口中预览
动画效果。

第 **5** 章

蒙版动画操作

 内容摘要

本章主要讲解蒙版动画的操作，包括矩形、椭圆形和自由形状蒙版的创建，蒙版形状的修改，节点的选择、调整、转换操作，蒙版属性的设置及修改，蒙版的模式、形状、羽化、透明和扩展的修改及设置，蒙版动画的制作。

教学目标

▶ 学习蒙版的创建方法
▶ 掌握蒙版节点的调整方法
▶ 掌握蒙版的属性设置方法
▶ 掌握蒙版动画的制作技巧

5.1 蒙版动画

特效解析

本例讲解蒙版动画，利用纯色层的【跟踪蒙版】，制作出图层蒙版的过光效果。

知识点

1. 【矩形工具】
2. 【蒙版】属性
3. 【轨道遮罩】属性

工程文件：第5章\蒙版动画\蒙版动画.aep
视频文件：movie\5.1 蒙版动画.avi

操作步骤

01 执行菜单栏中的【合成】|【新建合成】命令，打开【合成设置】对话框，设置【合成名称】为"蒙版动画"，【宽度】为720，【高度】为480，【帧速率】为25，并设置【持续时间】为 0:00:05:00，如图 5.1 所示。

02 执行菜单栏中的【文件】|【导入】|【文件】命令，打开【导入文件】对话框，选择配套光盘中的"工程文件 \ 第 5 章 \ 蒙版动画 \ 背景 .png、中秋圆月 .png"素材，单击【导入】按钮，如图 5.2 所示，素材将导入到【项目】面板中。

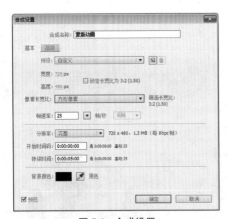

图 5.1 合成设置

图 5.2 导入素材

03 在【项目】面板中选择所有素材，将其拖动到时间线面板中，排列顺序如图 5.3 所示。

04 执行菜单栏中的【图层】|【新建】|【纯色】命令，打开【纯色设置】对话框，设置【名称】为"光线"，【颜色】为白色，如图 5.4 所示。

图 5.3 添加素材

05 单击工具栏中的【矩形工具】按钮▢，选择矩形工具，在新创建的纯色层上绘制一个矩形蒙版区域，如图 5.5 所示。

图 5.4　纯色设置

图 5.5　在固态层上画蒙版

06 修改蒙版羽化值。在时间线面板中展开"光线"层下的【蒙版】选项，设置【蒙版羽化】的值为（18,18），将矩形边缘柔化。并将【变换】选项组下的【旋转】参数修改为 -25，将矩形选择合适的角度，如图 5.6 所示，此时合成面板的效果如图 5.7 所示。

图 5.6　蒙版羽化和旋转的参数设置

图 5.7　合成窗口的效果

07 将时间调整到 0:00:00:00 的位置,在时间线面板中选择"光线"层,然后按 P 键展开【位置】属性,单击【位置】左侧的码表按钮🕓,将参数调整为（592,7）,在当前时间设置一个关键帧,如图 5.8 所示。

08 将时间线调整到 0:00:04:15 帧的位置，修改【位置】的值为（592,420），系统会自动添加关键帧，如图 5.9 所示。修改完关键帧位置后，素材的位置也将随之变化，此时，合成窗口中可以看到素材效果，如图 5.10 所示。

图 5.8　设置位置属性并建立关键帧

图 5.9　设置 0:00:04:15 帧时位置属性的值

09 在时间线面板中单击选择"中秋圆月 .png"层，然后按 Ctrl＋D 组合键复制该层的一个副本"中秋圆月 .png"，并将复制的副本层移动到"光线"层的上方。单击时间线面板左下角的按钮▦，打开层模式属性栏，单击"光线"层右侧【轨道遮罩】下方的 None 按钮，在弹出的下拉列表框中选择【Alpha 遮罩 "[中秋圆月 .png]"】选项，如图 5.11 所示。

图 5.10　建立关键帧后的画面效果

图 5.11　选择蒙版通道模式

10　这样，就完成了"蒙版动画"的制作。按空格键或小键盘上的 0 键，可以在合成窗口中预览动画的效果。

5.2　生长动画

特效解析 ⊙

本例主要讲解利用形状图层制作生长动画效果。

知识点 ⊙

1.【椭圆工具】⬤

2. 形状图层

工程文件：第5章\生长动画\生长动画.aep
视频文件：movie\5.2　生长动画.avi

操作步骤 ⊙

01　执行菜单栏中的【合成】|【新建合成】命令，打开【合成设置】对话框，设置【合成名称】为"生长动画"，【宽度】为 720，【高度】为 405，【帧速率】为 25，并设置【持续时间】为 0:00:05:00。

02　在工具栏中选择【椭圆工具】⬤，在合成窗口中绘制一个椭圆，选中"形状图层 1"层，按 A 键打开【锚点】属性，设置【锚点】的值为 (-57,-10)，按 P 键打开【位置】属性，设置【位置】的值为（344,202），按 R 键打开【旋转】属性，设置【旋转】的值为 -90，如图 5.12 所示，合

图 5.12　设置参数

成窗口效果如图 5.13 所示。

03　在时间线面板中,展开【形状图层 1】|【内容】|【椭圆 1】|【椭圆路径 1】选项组,单击【大小】左侧的【约束比例】按钮，取消约束,设置【大小】的值为（60,172),展开【变换:椭圆 1】选项组, 设置【位置】的值为（-58,-96), 如图 5.14 所示, 合成窗口效果如图 5.15 所示。

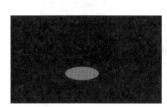

图 5.13　设置参数后效果　　　　图 5.14　设置形状图层参数　　　　图 5.15　设置参数后效果

04　在时间线面板中, 展开【形状图层 1】|【内容】选项组, 展开【中继器 1】选项组, 设置【副本】的值为 150, 从【合成】下拉列表框中选择【之上】选项, 将时间调整到 0:00:00:00 帧的位置, 设置【偏移】的值为 150, 单击【偏移】左侧的码表按钮，在当前位置设置关键帧, 如图 5.16 所示。

图 5.16　0:00:00:00 帧的位置设置关键帧

05　将时间调整到 0:00:03:00 帧的位置, 设置【偏移】的值为 0,系统会自动设置关键帧,如图 5.17 所示,合成窗口效果如图 5.18 所示。

图 5.17　0:00:03:00 帧的位置设置关键帧

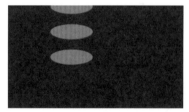

图 5.18　设置偏移后效果

06　展开【变换:中继器 1】选项组,设置【位置】的值为（-4,0),【比例】的值为（-98,-98),【旋转】的值为 12,【起始点不透明度】的值为 75%,如图 5.19 所示,合成窗口效果如图 5.20 所示。

图 5.19　设置【变换: 中继器 1】选项组

图 5.20　设置形状层参数后效果

07　选中 "形状图层 1" 层, 单击工具栏中的 填充 ■ 按钮, 打开【填充选项】对话框, 选择【径向渐变】选项▭，单击【确定】按钮，如图 5.21 所示，单击【填充颜色】按钮▮▮，设置从蓝色（R:0；G:255；B:252）到深蓝色（R:2；G:133；B:255）的渐变，单击【确定】按钮，合成窗口效果如图 5.22 所示。

图 5.21　填充径向

图 5.22　填充颜色

08　选中"形状图层 1"层，按 Ctrl+D 组合键复制出另外两个新的"形状图层"层，将两个图层分别重命名为"形状图层 2"和"形状图层 3"，修改图层【位置】、【缩放】和【旋转】的参数，如图 5.23 所示，合成窗口效果如图 5.24 所示。

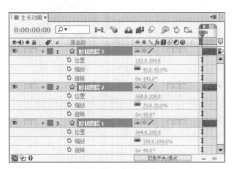

图 5.23　设置参数

图 5.24　设置参数后效果

09　这样就完成了"生长动画"的整体制作，按小键盘上的 0 键，即可在合成窗口中预览动画效果。

5.3　童话般的夏日

特效解析 ⊙

　　本例主要讲解利用 Particular（粒子）特效、Starglow（星光）特效、发光特效，制作童话般的夏日效果。

知 识 点 ⊙

1.【横排文字工具】Ｔ
2. Starglow（星光）特效
3. Particular（粒子）特效

工程文件：第5章\童话般的夏日\童话般的夏日.aep
视频文件：movie\5.3　童话般的夏日.avi

操作步骤

01 执行菜单栏中的【合成】|【新建合成】命令，打开【合成设置】对话框，设置【合成名称】为"童话般的夏日"，【宽度】为720，【高度】为480，【帧速率】为25，并设置【持续时间】为0:00:03:00，如图5.25所示。

02 单击工具栏中的【横排文字工具】按钮 T，在合成窗口中输入"童话般的夏日"文字，设置字体为"华康少女文字W5(P)"，字体大小为88，字体颜色为白色，如图5.26所示。

03 选择文字层，在【效果和预设】特效面板中展开 Trapcode 特效组，双击 Starglow（星光）特效，如图5.27所示。

图5.25　合成设置

图5.26　字体设置

图5.27　【Starglow（星光）】特效

04 在【效果控件】面板中，设置 Streak Length（光线长度）的值为4，Boost Light（光线强度）的值为0.2，展开 Colormap A 选项组，Midtones（中间色）为绿色（R:186；G:255；B:212），Shadows（阴影）的颜色为淡黄色（R:254；G:255；B:238）；展开 Colormap B 选项组，Midtones（中间色）为绿色（R:221；G:255；B:216），Shadows（阴影）的颜色为粉红色（R:255；G:219；B:219），参数设置如图5.28所示。

05 单击工具栏中的【矩形工具】按钮，在合成窗口中绘制一个矩形蒙版，将文字框选中。

06 将时间调整到0:00:02:10帧的位置，在时间线面板中展开【蒙版1】选项组，修改【蒙版羽化】的值为（20,20），并单击【蒙版路径】左侧的码表按钮，在此位置设置关键帧，如图5.29所示。

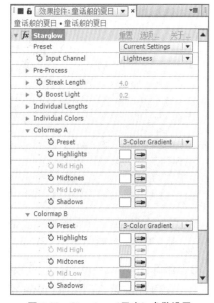

图5.28　Starglow（星光）参数设置

07 将时间调整到0:00:00:06帧的位置，选择文字层蒙版，框选右边的两个蒙版锚点，向左拖动，效果如图5.30所示，系统将自动记录蒙版路径关键帧。

08 按 Ctrl+Y 组合键，打开【纯色设置】对话框，设置【名称】为"粒子"，【颜色】为白色，如图 5.31 所示。

图 5.29　时间线面板参数　　　图 5.30　合成窗口　　　图 5.31　【纯色设置】对话框

09 在时间线面板中选择"粒子"层，在【效果和预设】特效面板中展开 Trapcode 特效组，双击 Particular（粒子）特效，如图 5.32 所示。

10 将时间调整到 0:00:00:00 帧的位置，在【效果控件】面板中展开 Emitter（发射器）选项组，设置 Particles/sec（每秒发射粒子数）的值为 5000，在 Emitter Type（发射器类型）右侧的下拉列表框中选择 Sphere（球体）选项，Position XY（XY 轴位置）的值为（–26,215），单击 Position XY（XY 轴位置）左侧的码表按钮，在此位置设置关键帧，设置 Velocity（速率）的值为 200，Velocity Random（速率随机）的值为 100，如图 5.33 所示。

11 将时间调整到 0:00:02:14 帧的位置，设置 Position XY（XY 轴位置）的值为（828,214），系统将自动记录关键帧。

12 展开 Particle（粒子）选项组，设置 Life（生命）的值为 1，Size（大小）的值为 2，Color（颜色）为白色，如图 5.34 所示。

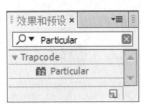

图 5.32　粒子特效　　　图 5.33　设置 Emitter（发射器）选项组　　　图 5.34　设置 Particle（粒子）选项组

13 展开 Physics（物理学）选项组，设置 Gravity（重力）的值为 –100，展开 Air（空气）选项组，设置 Air Resistance 的值为 5，Spin Amplitude 的值为 50，Spin Frequency 的值为 2，Fade-in Spin 的值为 0.2，展开 Turbulence Field（扰乱场）选项组，设置 Affect Size（影响力大小）的值为 8，Affect Position（影响力位置）的值为 30，Fade-in Time 的值为 0.3，Scale（缩放）的值为 8，Complexity（复杂性）的值为 3，如图 5.35 所示。在 Rendering（渲

染）|Motion Blur（运动模糊）右侧的下拉列表框中选择 On 选项，如图 5.36 所示。

14 在【效果和预设】特效面板中展开【风格化】特效组，双击【发光】特效，如图 5.37 所示。

图 5.35 设置 Physics（物理学）选项组

图 5.36 设置 Rendering（渲染）

图 5.37 【发光】特效

15 在【效果控件】面板中，设置【发光强度】的值为 3，【发光颜色】为【A 和 B 颜色】，【颜色 A】为绿色（R:0；G:255；B:90），【颜色 B】为黄色（R:255；G:180；B:0），如图 5.38 所示。

16 执行菜单栏中的【文件】|【导入】|【文件】命令，打开【导入文件】对话框，选择"工程文件 \ 第 5 章 \ 童话般的夏日 \ 童话背景 .jpg"素材，如图 5.39 所示。单击【导入】按钮，"童话背景 .jpg"素材将导入到【项目】面板中。

图 5.38 发光参数设置

图 5.39 导入素材

17 将"童话背景 .jpg"拖动到时间线面板中，层级顺序如图 5.40 所示。

18 这样就完成了"童话般的夏日"效果的整体制作，按小键盘上的 0 键，即可在合成窗口中预览动画效果。

图 5.40 时间线面板

5.4 海报拼图

特效解析

本例主要讲解利用蒙版属性制作海报拼图效果。

知 识 点

1.【纯色】命令
2.【摇摆器】命令

工程文件：第5章\海报拼图\海报拼图.aep
视频文件：movie\5.4　海报拼图.avi

操作步骤

5.4.1　创建蒙版

01 执行菜单栏中的【合成】|【新建合成】命令，打开【合成设置】对话框，设置【合成名称】为"白条"，【宽度】为720，【高度】为480，【帧速率】为25，并设置【持续时间】为0:00:03:00，如图5.41所示。

02 执行菜单栏中的【图层】|【新建】|【纯色】命令，打开【纯色设置】对话框，设置【名称】为"白条1"，【颜色】为白色，如图5.42所示。

图 5.41　合成设置

图 5.42　纯色设置

03 在时间线面板中，选中"白条1"层，按Ctrl+D组合键复制出两个新的图层，将这两个图

层分别重命名为"白条2"和"白条3",选中"白条1"、"白条2"和"白条3"层,按S
键打开【缩放】属性,分别单击各图层中【缩放】左侧的 ━━ 按钮,取消约束,设置"白条1"
的值为(11,100),"白条2"的值为(16,100),"白条3"的值为(22,100),如图5.43所示。

04 选中"白条1"、"白条2"和"白条3"层,按P键打开【位置】属性,设置"白条1"【位置】
的值为(347,240),"白条2"【位置】的值为(173,240),"白条3"【位置】的值为(563,240),
如图5.44所示。

图5.43　缩放参数设置

图5.44　位置参数设置

5.4.2　制作动画

01 执行菜单栏中的【合成】|【新建合成】命令,打开【合成设置】对话框,设置【合成名称】
为"海报拼图",【宽度】为720,【高度】为480,【帧速率】为25,并设置【持续时间】
为0:00:03:00,如图5.45所示。

02 执行菜单栏中的【文件】|【导入】|【文件】命令,打开【导入文件】对话框,选择配套
光盘中的"工程文件\第5章\海报拼图\背景1.jpg和背景2.jpg"素材,单击【导入】
按钮,"背景1.jpg和背景2.jpg"素材将导入到【项目】面板中,如图5.46所示。

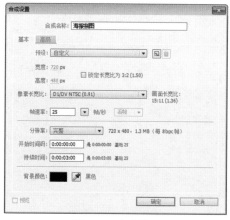

图5.45　合成设置

图5.46　【导入文件】对话框

03 在【项目】面板中,选择"背景1.jpg和背景2.jpg"素材和"白条"合成,将其拖动到"海
报拼图"合成的时间线面板中,如图5.47所示。

04 将时间调整到0:00:00:00帧的位置,选中"白条"合成,按P键打开【位置】属性,单击【位置】
左侧的码表按钮 ⏱ ,在当前位置设置关键帧,将时间调整到0:00:02:24帧的位置,设置【位置】
的值为(360,241),系统会自动添加关键帧,如图5.48所示,此时的图像效果如图5.49所示。

图 5.47　添加素材

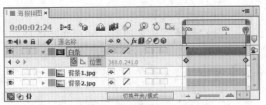

图 5.48　关键帧设置

05 选中"白条"合成，按 U 键打开关键帧，选中所有关键帧，执行菜单栏中的【窗口】|【摇摆器】命令，打开【摇摆器】面板，从【维数】右侧的下拉列表框中选择【X】选项，设置【数量级】的值为 200，单击【应用】按钮，如图 5.50 所示。

06 在时间线面板中，选中"背景 1"层，设置"背景 1"层的轨道遮罩为【Alpha 遮罩"白条"】，如图 5.51 所示。

图 5.49　效果图

图 5.50　参数设置

图 5.51　图层设置

07 这样就完成了"海报拼图"动画的整体制作，按小键盘上的 0 键，即可在合成窗口中预览动画效果。

第6章

键控抠图

 内容摘要

本章主要讲解键控抠图。抠图是栏目或影视后期必用的功能，通常我们所说的抠图、抠像或键控，讲的是一个意思，键控抠图是合成图像中不可缺少的部分，它可以通过前期的拍摄和后期的处理，使影片的合成更加真实，所以本章的学习显得更加重要。通过本章学习，希望读者能够掌握基本素材的抠图技巧。

教学目标

- ▶ 学习键控抠图特效的使用方法
- ▶ 掌握抠图特效与工具配合的使用

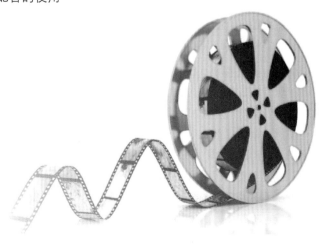

6.1 水 墨 画

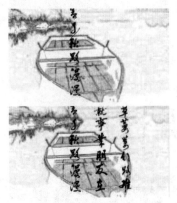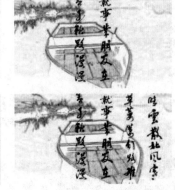

工程文件：第6章\水墨画\水墨画.aep
视频文件：movie\6.1 水墨画.avi

操作步骤

01 执行菜单栏中的【文件】|【打开项目】命令，选择配套光盘中的"工程文件\第6章\水墨画\水墨画练习.aep"文件，将文件打开。

02 在时间线面板中选择"字"层，在工具栏中选择【矩形工具】▢，在文字层上绘制一个矩形路径，按F键，设置【蒙版羽化】的值为（50,50），将时间调整到0:00:00:00帧的位置，按M键打开【蒙版路径】属性，单击【蒙版路径】左侧的码表按钮🕑，在当前位置设置关键帧，如图6.1所示，合成窗口效果如图6.2所示。

图 6.1 设置蒙版形状

图 6.2 绘制路径

03 将时间调整到0:00:01:14帧的位置，双击【蒙版1】从左往右拖动，系统会自动设置关键帧，如图6.3所示，合成窗口效果如图6.4所示。

04 为"素材"层添加【黑色和白色】特效。在【效果和预设】面板中展开【颜色校正】特效组，然后双击【黑色和白色】特效，如图6.5所示。合成窗口效果如图6.6所示。

05 为"素材"层添加【亮度和对比度】特效。在【效果和预设】面板中展开【颜色校正】特效组，然后双击【亮度和对比度】特效，如图6.7所示。

06 在【效果控件】面板中，修改【亮度和对比度】特效的参数,设置【亮度】的值为8,【对比度】

的值为 52，如图 6.8 所示，合成窗口效果如图 6.9 所示。

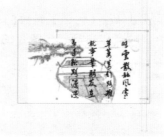

图 6.3 设置遮罩关键帧　　　　　图 6.4 设置遮罩关键帧后效果　　　　图 6.5 添加特效

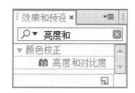

图 6.6 添加黑白后效果　　图 6.7 双击【亮度和对比度】特效　图 6.8 设置【亮度和对比度】参数

07 为"素材"层添加【查找边缘】特效。在【效果和预设】面板中展开【风格化】特效组，然后双击【查找边缘】特效，如图 6.10 所示，合成窗口效果如图 6.11 所示。

图 6.9 设置参数后效果　　图 6.10 添加【查找边缘】特效　　图 6.11 添加查找边缘后效果

08 为"素材"层添加【复合模糊】特效。在【效果和预设】面板中展开【模糊和锐化】特效组，然后双击【复合模糊】特效，如图 6.12 所示。

09 在【效果控件】面板中，修改【复合模糊】特效的参数，从【模糊图层】右侧的下拉列表框中选择【素材】选项，设置【最大模糊】的值为 2，如图 6.13 所示，合成窗口效果如图 6.14 所示。

图 6.12 双击【复合模糊】特效　　图 6.13 设置【复合模糊】参数　　图 6.14 设置模糊后效果

10　为"素材"层添加【色调】特效。在【效果和预设】面板中展开【颜色校正】特效组，然后双击【色调】特效。

11　在【效果控件】面板中修改【色调】特效的参数，设置【将黑色映射】为棕色（R:61；G;28；B:28），【着色数量】为77%，如图6.15所示，合成窗口效果如图6.16所示。

图6.15　设置浅色调参数

图6.16　设置浅色调参数后效果

12　选中"素材"层，将时间调整到0:00:00:00帧的位置，按P键打开【位置】属性,设置【位置】的值为（289,143），单击【位置】左侧的码表按钮 ，在当前位置设置关键帧。

13　将时间调整到0:00:03:00帧的位置，设置【位置】的值为（430,143），系统会自动设置关键帧，如图6.17所示。

图6.17　设置位置关键帧

14　这样就完成了"水墨画"的整体制作，按小键盘上的0键，即可在合成窗口中预览动画效果。

6.2　抠像效果

特效解析 ⤵

本例主要讲解利用Keylight（抠像1.2）特效制作抠像效果。

知识点 ⤵

Keylight（抠像1.2）特效

工程文件：第6章\抠像效果\抠像效果.aep
视频文件：movie\6.2　抠像效果.avi

操作步骤 ⤵

01　执行菜单栏中的【文件】|【打开项目】命令，选择配套光盘中的"工程文件 \ 第6章 \ 抠

像效果＼抠像效果练习 .aep"文件,将"抠像效果练习 .aep"文件打开。

02　选中"人物"层,按 S 键打开【缩放】属性,设置【缩放】的值为(98,98),为"人物"层添加 Keylight (1.2)(抠像 1.2)特效。在【效果和预设】面板中展开【键控】特效组,然后双击 Keylight (1.2)(抠像 1.2)特效。

03　在【效果控件】面板中,修改 Keylight (1.2)(抠像 1.2)特效的参数,设置 Screen Colour(屏幕颜色)为绿色(R:135;G:225;B:94),如图 6.18 所示,合成窗口效果如图 6.19 所示。

图 6.18　设置抠像参数

图 6.19　设置参数后效果

04　这样就完成了"抠像效果"的整体制作,按小键盘上的 0 键,即可在合成窗口中预览动画效果。

6.3　影视抠像

特效解析 ⬇

　　本例主要讲解利用 Keylight (1.2)(抠像 1.2)特效制作影视抠像效果。

知 识 点 ⬇

　　1.【钢笔工具】
　　2. Keylight(抠像 1.2)特效

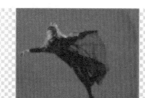
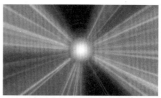

工程文件:　第6章＼影视抠像＼影视抠像.aep
视频文件:　movie＼6.3　影视抠像.avi

操作步骤 ⬇

01　执行菜单栏中的【文件】|【打开项目】命令,选择配套光盘中的"工程文件＼第 6 章＼影

视抠像\影视抠像练习.aep"文件,将"影视抠像练习.aep"文件打开。

02 选中"人物"层,按 S 键打开【缩放】属性,设置【缩放】的值为(140,140),在工具栏中单击【钢笔工具】按钮 ✦,在图层上绘制路径,合成窗口效果如图 6.20 所示。

图 6.20 合成效果

03 为"人物"层添加 Keylight (1.2)(抠像 1.2)特效。在【效果和预设】面板中展开【键控】特效组,然后双击 Keylight (1.2)(抠像 1.2)特效,如图 6.21 所示。

04 在【效果控件】面板中,修改 Keylight (1.2)(抠像 1.2)特效的参数,设置 Screen Colour(屏幕颜色)为蓝色(R:28;G:75;B:252),如图 6.22 所示,合成窗口效果如图 6.23 所示。

图 6.21 添加特效

图 6.22 设置抠像参数

图 6.23 设置参数后效果

05 这样就完成了"影视抠像"的整体制作,按小键盘上的 0 键,即可在合成窗口中预览动画效果。

6.4 国画诗词

特效解析 ⬇

本例主要讲解利用【线性颜色键】特效和【矩形工具】制作国画诗词中水墨字效果。

知识点 ⬇

1.【钢笔工具】 ✦
2.【线性颜色键】特效
3.【矩形工具】

工程文件:第6章\国画诗词\国画诗词.aep
视频文件:movie\6.4 国画诗词.avi

操作步骤 ⊘

6.4.1 钢笔抠图

01 执行菜单栏中的【合成】|【新建合成】命令,打开【合成设置】对话框,设置【合成名称】为"字",【宽度】为 720,【高度】为 480,【帧速率】为 25,并设置【持续时间】为 0:00:15:00,如图 6.24 所示。

02 执行菜单栏中的【文件】|【导入】|【文件】命令,打开【导入文件】对话框,选择"工程文件＼第 6 章＼国画诗词＼背景 .jpg 和国画 .jpg"素材,如图 6.25 所示。单击【导入】按钮,"背景 .jpg"和"国画 .jpg"素材将导入到【项目】面板中。

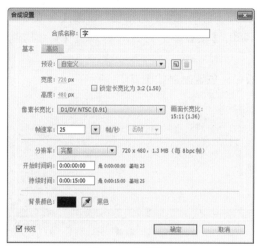

图 6.24 合成设置

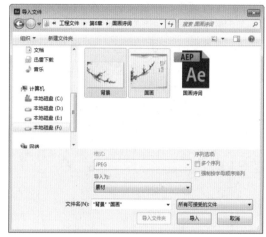

图 6.25 【导入文件】对话框

03 将"国画 .jpg"拖动到时间线面板中,选中"国画 .jpg"层,按 P 键打开【位置】属性,修改【位置】的值为(80,327),如图 6.26 所示。

04 在工具栏中选择【钢笔工具】 ✎,在合成窗口勾画出文字轮廓,如图 6.27 所示。

图 6.26 【位置】的参数

图 6.27 合成窗口

05 选中"国画 .jpg"层,在【效果和预设】特效面板中展开【键控】特效组,双击【线性颜色键】特效,如图 6.28 所示。

06 在【效果控件】面板中,选择吸管 ✐在合成窗口白色区域单击,将文字之外的部分抠图,如图 6.29 所示。

图 6.28　添加【线性颜色键】特效

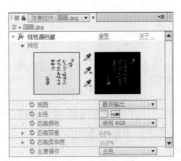

图 6.29　参考图

6.4.2　制作文字蒙版动画

01 执行菜单栏中的【合成】|【新建合成】命令，打开【合成设置】对话框，设置【合成名称】为 "国画诗词",,【宽度】为 720,【高度】为 480,【帧速率】为 25, 并设置【持续时间】为 0:00:15:00, 如图 6.30 所示。

02 将 "背景 .jpg" 和 "字" 合成拖动到时间线面板中, 位置顺序如图 6.31 所示。

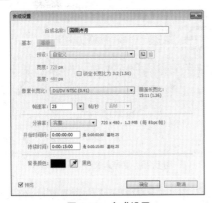

图 6.30　合成设置

图 6.31　时间线面板

03 将时间调整到 0:00:14:24 帧的位置, 选中 "字" 合成, 单击工具栏中的【矩形工具】按钮█, 在合成窗口中从右向左拖动绘制 5 个矩形蒙版区域, 如图 6.32 所示。

04 在时间线面板中展开 "字" 合成层下的蒙版 1 到蒙版 5 的选项组, 单击蒙版路径左侧的码表按钮⏱, 设置一个关键帧。将时间调整到 0:00:00:00 帧的位置, 在合成窗口中修改 5 个矩形蒙版大小, 系统会自动设置关键帧, 如图 6.33 所示。

图 6.32　绘制矩形

图 6.33　设置矩形蒙版

05 选中"字"合成，按 U 键，将时间调整到 0:00:02:09 帧的位置，将蒙版 5 的第 2 个关键帧和蒙版 4 的第 1 个关键帧拖动到当前时间帧所在位置，将时间调整到 0:00:06:00 帧的位置，将蒙版 4 的第 2 个关键帧和蒙版 3 的第 1 个关键帧拖动到当前时间帧所在位置，将时间调整到 0:00:09:20 帧的位置，将蒙版 3 的第 2 个关键帧和蒙版 2 的第 1 个关键帧拖动到当前时间帧所在位置，将时间调整到 0:00:12:05 帧的位置，将蒙版 2 的第 2 个关键帧和蒙版 1 的第 1 个关键帧拖动到当前时间帧所在位置，如图 6.34 所示。

06 按 F 键，取消蒙版 1 到蒙版 5 的选项组中的等比缩放，设置蒙版 1 到蒙版 5 的选项组中的【蒙版羽化】的值为（0,8），如图 6.35 所示。

图 6.34　关键帧参考

图 6.35　【蒙版羽化】的参数

07 这样就完成了"国画诗词"效果的整体制作，按小键盘上的 0 键，即可在合成窗口中预览动画效果。

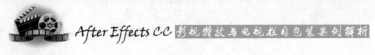

第 7 章

常见插件应用

内容摘要

After Effects 除了内置了非常丰富的特效外，还支持相当多的第三方特效插件，通过对第三方插件的应用，可以使动画的制作更为简便，动画的效果也更为绚丽。本章主要讲解外挂插件的应用方法，详细讲解了 Particular（粒子）、Shine（光）等常见外挂插件的使用及实战案例。通过本章的制作，使读者能够掌握常见外挂插件的动画运用技巧。

教学目标

▶ 了解 Particular（粒子）的功能
▶ 学习 Particular（粒子）参数设置
▶ 掌握 Particular（粒子）的替代动画设置
▶ 掌握利用 Shine（光）特效制作扫光文字的方法和技巧

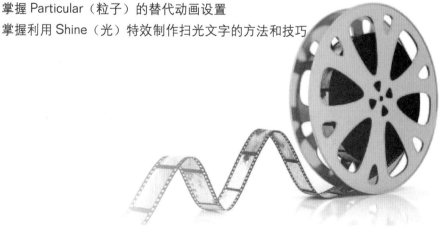

7.1　幽灵通告

特效解析

　　本例主要讲解利用【基本文字】特效和 Shine（光）特效，制作幽灵通告效果。

知识点

1.【基本文字】特效
2. Shine（光）特效

工程文件：第7章\幽灵通告\幽灵通告.aep
视频文件：movie\7.1　幽灵通告.avi

操作步骤

01　执行菜单栏中的【合成】|【新建合成】命令，打开【合成设置】对话框，设置【合成名称】为"幽灵通告"，【宽度】为 720，【高度】为 480，【帧速率】为 25，并设置【持续时间】为 0:00:05:00，如图 7.1 所示。

02　执行菜单栏中的【图层】|【新建】|【纯色】命令，新建一个名为"文字"的固态层。

03　选中"文字"层，在【效果和预设】特效面板中展开【过时】特效组，双击【基本文字】特效，如图 7.2 所示。

04　在【基本文字】对话框中输入"幽灵通告"，并设置合适的字体和字形，如图 7.3 所示。

图 7.1　合成设置

05　在【效果控件】面板中，【填充颜色】为白色，【大小】为 133，如图 7.4 所示。

06　将时间调整到 0:00:00:00 帧的位置，在【效果和预设】面板中展开 Trapcode 特效组，双击 Shine（光）特效，如图 7.5 所示。

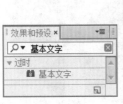

图 7.2　【基本文字】特效　　图 7.3　【基础文字】对话框　　图 7.4　基本文字参数　　图 7.5　Shine（光）特效

07 在【效果控件】面板中，展开 Pre-Process（预处理）选项组，选中 Use Mask（应用蒙版）复选框，并设置 Mask Radius（蒙版半径）的值为 150，单击 Source Point（源点）左侧的码表按钮 🕙，在当前位置建立关键帧。设置 Source Point（源点）的值为（-200,300），Ray Length（光线长度）为 4；展开 Shimmer（淡光）选项组，设置 Amount（总额）的值为 700，Boost Light（光线强度）为 1；展开 Colorize（着色）选项组，在 Colorize（着色）右侧的下拉列表框中选择 Electric（电光）选项，如图 7.6 所示。

08 将时间调整到 0:00:04:24 帧的位置，修改 Source Point（源点）的值为（700,300）。

09 执行菜单栏中的【文件】|【导入】|【文件】命令，打开【导入文件】对话框，选择"工程文件 \ 第 7 章 \ 幽灵通告 \ 幽灵 .jpg"素材，如图 7.7 所示。单击【导入】按钮，"幽灵 .jpg"素材将导入到【项目】面板中。

图 7.6　Shine（光）特效参数

图 7.7　【导入文件】对话框

10 将"幽灵 .jpg"拖入到时间线面板中。这样就完成了"幽灵通告"效果的整体制作，按小键盘上的 0 键，即可在合成窗口中预览动画效果。

7.2　花　瓣　雨

特效解析 ⬇

　　本例主要讲解利用 Particular（粒子）特效制作花瓣雨效果。

知 识 点 ⬇

　　Particular（粒子）特效

工程文件：第7章\花瓣雨\花瓣雨.aep
视频文件：movie\7.2　花瓣雨.avi

操作步骤

01 执行菜单栏中的【文件】|【打开项目】命令，选择配套光盘中的"工程文件＼第7章＼花瓣雨＼花瓣雨练习.aep"文件，将"花瓣雨练习.aep"文件打开。

02 执行菜单栏中的【图层】|【新建】|【纯色】命令，打开【纯色设置】对话框，设置【名称】为"粒子"，【颜色】为黑色。

03 为"粒子"层添加 Particular（粒子）特效。在【效果和预设】面板中展开 Trapcode 特效组，然后双击 Particular（粒子）特效，如图 7.8 所示，合成窗口效果如图 7.9 所示。

04 在【效果控件】面板中，修改 Particular（粒子）特效的参数，展开 Emitter（发射器）选项组，设置 Particles/sec（每秒发射粒子数）的值为 40，从 Emitter Type（发射器类型）右侧的下拉列表框中选择 Box（盒）选项，Position XY（XY 轴位置）的值为（-52,-239），Position Z（Z 轴位置）的值为 100，Velocity（速度）的值 0，Emitter Size X（X 轴发射器大小）的值为 701，Emitter Size Y（Y 轴发射器大小）的值为 50，Emitter Size Z（Z 轴发射器大小）的值为 1192，如图 7.10 所示。

05 展开 Particular（粒子）选项组，设置 Life（生命）的值为 10，从 Particular Type（粒子类型）右侧的下拉列表框中选择 Sprite 幽灵选项；展开 Texture（纹理）选项组，从 Layer（图层）右侧的下拉列表框中选择【花瓣】选项，从 Time Sampling 右侧的下拉列表框中选择 Random-Still Frame 选项；展开 Rotation（旋转）选项组，从 Orient to Motion 右侧的下拉列表框中选择 On（开）选项，Size（大小）的值为 8，如图 7.11 所示。

图 7.8　添加特效

图 7.9　添加粒子后效果

图 7.10　设置发射器参数

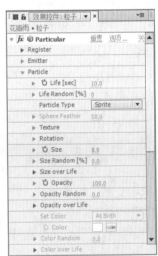

图 7.11　设置粒子参数

06 展开 Physics（物理学）选项组，设置 Gravity（重力）的值为 150；展开 Air（空气）选项组，设置 Air Resistance（空气阻力）的值为 1，选中 Air Resistance Rotation（空气阻力旋转）复选框，Spin Amplitude（旋转幅度）的值为 29，Spin Frequency（旋转频率）的值为 2.8，Wind X（X 轴风）的值为 89，Wind Y（Y 轴风）的值为 -21，Wind Z（Z 轴风）的值为 -89；展开 Turbulence Field（湍流场）选项组，设置 Affect Position（影响位置）的值为 57，如图 7.12 所示，合成窗口效果如图 7.13 所示。

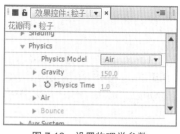

图7.12　设置物理学参数

图7.13　设置粒子后效果

07 这样就完成了"花瓣雨"的整体制作,按小键盘上的0键,即可在合成窗口中预览动画效果。

7.3　绚丽多彩空间

特效解析

　　本例主要讲解利用 Particular（粒子）特效制作绚丽多彩空间效果。

知识点

1. Particular（粒子）特效
2. 【曲线】特效

工程文件：第7章\绚丽多彩空间\绚丽多彩空间.aep
视频文件：movie\7.3　绚丽多彩空间.avi

操作步骤

01 执行菜单栏中的【合成】|【新建合成】命令,打开【合成设置】对话框,设置【合成名称】为"绚丽多彩空间",【宽度】为720,【高度】为405,【帧速率】为25,并设置【持续时间】为0:00:04:00。

02 执行菜单栏中的【图层】|【新建】|【纯色】命令,打开【纯色设置】对话框,设置【名称】为"粒子",【颜色】为白色,如图7.14所示。

03 为"粒子"层添加 Particular（粒子）特效。在【效果和预设】面板中展开 Trapcode 特效组,然后双击 Particular（粒子）特效,如图7.15所示。

04 在【效果控件】面板中,修改 Particular（粒子）特效的参数,展开 Aux System（辅助系统）选项组,从 Emit（发射器）右侧的下拉列表框中选择 Continuously（连续）选项,设置 Particles/sec（每秒发射粒子数）的

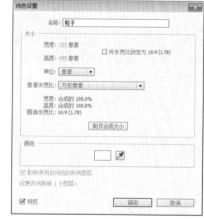

图7.14　纯色设置

值为 235，Life（生命）的值为 1.3，Size（大小）的值为 1.5，Opacity（不透明度）的值为 30，如图 7.16 所示。

05 展开 Physics（物理学）选项组，将时间调整到 0:00:01:00 帧的位置，展开 Air（空气）| Turbulence Field（混乱场）选项组，设置 Affect Position（影响位置）的值为 1200，Physics Time Factor（物理时间因素）的值为 1，单击 Physics Time Factor（物理时间因素）左侧的码表按钮，在当前位置设置关键帧。

06 将时间调整到 0:00:01:10 帧的位置，设置 Physics Time Factor（物理时间因素）的值为 0，系统会自动设置关键帧，如图 7.17 所示。

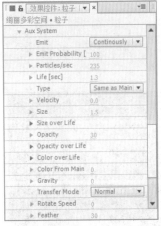

图 7.15　添加特效　　　　　　图 7.16　设置辅助系统参数　　　　　　图 7.17　设置物理学参数

07 展开 Particle（粒子）选项组，设置 Size（大小）的值为 0，将时间调整到 0:00:00:00 帧的位置；展开 Emitter（发射器）选项组，设置 Velocity（速度）的值为 160，Velocity Random（速度随机）的值为 40，Particles/sec（每秒发射粒子数）的值为 1800，单击 Particles/sec（每秒发射粒子数）左侧的码表按钮，在当前位置设置关键帧。

08 将时间调整到 0:00:01:00 帧的位置，设置 Particles/sec（每秒发射粒子数）的值为 0，系统会自动设置关键帧，如图 7.18 所示，合成窗口效果如图 7.19 所示。

图 7.18　设置发射器参数　　　　　　　　　图 7.19　设置粒子参数后效果

09 执行菜单栏中的【图层】|【新建】|【摄像机】命令，打开【摄像机设置】对话框，设置【名称】为"摄像机 1"，如图 7.20 所示，合成窗口效果如图 7.21 所示。

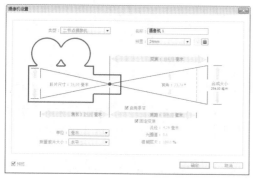

图 7.20　设置摄像机参数

图 7.21　设置摄像机后效果

10　执行菜单栏中的【图层】|【新建】|【调整图层】命令,如图 7.22 所示,为"调整层"添加【曲线】特效。在【效果和预设】面板中展开【颜色校正】特效组,然后双击【曲线】特效,如图 7.23 所示。

图 7.22　排列图层

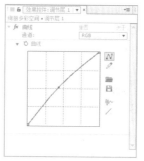

图 7.23　调整曲线

11　这样就完成了"绚丽多彩空间"的整体制作,按小键盘上的 0 键,即可在合成窗口中预览动画效果。

7.4　数字风暴

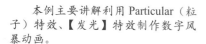
特效解析

　　本例主要讲解利用 Particular(粒子)特效、【发光】特效制作数字风暴动画。

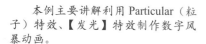
知识点

1. Particular(粒子)特效
2.【发光】特效
3.【投影】特效

工程文件:第7章\数字风暴\数字风暴.aep
视频文件:movie\7.4　数字风暴.avi

121

操作步骤

7.4.1 添加文字

01 执行菜单栏中的【合成】|【新建合成】命令，打开【合成设置】对话框，设置【合成名称】为"数字"，【宽度】为720，【高度】为480，【帧速率】为25，并设置【持续时间】为0:00:02:00，如图7.24所示。

02 利用文本工具在合成窗口中输入数字"6"，设置文字的字体为"方正粗倩简体"，文字的颜色为白色，文字的大小为60像素，如图7.25所示。

图 7.24　合成设置

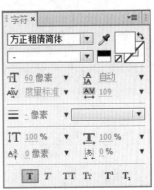

图 7.25　设置文字参数

7.4.2 创建粒子特效

01 执行菜单栏中的【合成】|【新建合成】命令，打开【合成设置】对话框，设置【合成名称】为"粒子"，【宽度】为720，【高度】为480，【帧速率】为25，并设置【持续时间】为0:00:02:00，如图7.26所示。

02 将"数字"拖动到"粒子"合成，并将"数字"合成左侧的显示开关关闭。按 Ctrl+Y 组合键打开【纯色设置】对话框，修改【名称】为"粒子"，设置【颜色】为黑色，如图7.27所示。

03 在【效果和预设】特效面板中展开 Trapcode 特效组，双击 Particular（粒子）特效，如图7.28所示。

图 7.26　合成设置

图 7.27　纯色设置

图 7.28　添加 Particular（粒子）特效

04 在【效果控件】面板中展开 Emitter（发射器）选项组，设置 Particles/sec（每秒发射粒子数）的值为 500，Velocity Random（随机速度）的值为 82，Velocity from Motion 的值为 10，如图 7.29 所示。

05 展开 Particle（粒子）选项组，设置 Life（生命）的值为 1，Life Random（生命随机）的值为 50，在 Particle Type（粒子类型）右侧的下拉列表框中选择 Sprite（幽灵）选项，设置 Layer（层）为【2. 数字】，Size（大小）的值为 10，Size Random（大小随机）的值为 100，如图 7.30 所示。

06 将时间调整到 0:00:00:00 帧的位置，在【效果控件】面板中单击 Position XY（XY 轴位置）左侧的码表按钮 ，建立关键帧，修改 Position XY（XY 轴位置）的值为（-136,288），如图 7.31 所示。

图 7.29　Emitter（发射器）选项组参数

图 7.30　Particle（粒子）选项组参数

图 7.31　修改参数

07 将时间调整到 0:00:01:24 帧的位置，修改 Position XY（XY 轴位置）的值为（1396,288）。

7.4.3　制作文字动画

01 执行菜单栏中的【合成】|【新建合成】命令，打开【合成设置】对话框，设置【合成名称】为 "数字风暴"，并设置【持续时间】为 0:00:02:00，如图 7.32 所示。

02 单击工具栏中的【横排文字工具】按钮，在【字符】面板中设置颜色为白色，设置字体大小为 60 像素，字符间距为 109，字体为加粗，如图 7.33 所示。

图 7.32　合成参数

图 7.33　【字符】面板参数

03 在合成窗口输入文字 "CONTR ABANO"，如图 7.34 所示。

04 单击文字层，在【效果和预设】特效面板中展开【透视】特效组，双击【投影】特效，如图 7.35 所示。

05 在【效果控件】面板中，设置【柔和度】的值为 6，如图 7.36 所示。

图 7.34　合成窗口

图 7.35　【投影】特效

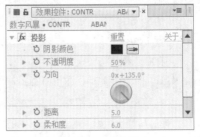
图 7.36　参数值

06 在时间线面板中，选择文字层，单击鼠标右键，在弹出的快捷菜单中选择【图层样式】|【斜面和浮雕】命令。

7.4.4　添加发光特效

01 执行菜单栏中的【文件】|【导入】|【文件】命令，打开【导入文件】对话框，选择"工程文件 \ 第 7 章 \ 数字风暴 \ 背景 .jpg"素材，如图 7.37 所示。单击【导入】按钮，"背景 .jpg"素材将导入到【项目】面板中。

02 将"背景 .jpg"和"粒子"素材拖入到时间线面板中，选中"粒子"层，在【效果和预设】特效面板中展开【风格化】特效组，双击【发光】特效，如图 7.38 所示。

03 在【效果控件】面板中，设置【发光阈值】的值为 40%，【发光半径】的值为 15，【发光强度】的值为 2，【发光颜色】为【A 和 B 颜色】，【颜色 A】为橙色（R:255；G:138；B:0），【颜色 B】为黄色（R:255；G:211；B:0），如图 7.39 所示。

图 7.37　添加素材

图 7.38　【发光】特效

图 7.39　发光参数设置

04 选中"粒子"层，按 S 键，取消等比缩放，设置【缩放】的值为（100,70），按 Shift＋P 组合键，设置【位置】的值为（353,334），如图 7.40 所示。

05 将时间调整到 0:00:01:24 帧的位置，单击文本层，单击工具栏中的【矩形工具】按钮 ，在合成窗口中拖动绘制一个矩形蒙版区域，如图 7.41 所示。

图 7.40 "粒子"层参数

图 7.41 绘制矩形蒙版

06 在时间线面板中展开文本层下的【蒙版1】选项组，单击【蒙版路径】左侧的码表按钮，设置一个关键帧。将时间调整到 0:00:00:00 帧的位置，选中合成窗口中矩形右侧的两个锚点移动到左侧，如图 7.42 所示。

07 在时间线面板中，取消等比缩放，设置【蒙版羽化】的值为（91,0），如图 7.43 所示。

图 7.42 调整矩形蒙版

图 7.43 【蒙版羽化】参数

08 这样就完成了"数字风暴"动画的整体制作，按小键盘上的 0 键，即可在合成窗口中预览动画效果。

7.5 粒 子 飞 舞

特效解析

本例主要讲解利用 Particular（粒子）特效制作出彩色粒子效果，然后再通过绘制路径，制作出彩色粒子的跟随动画。

知 识 点

1.【矩形工具】
2. Particular（粒子）特效

工程文件：第7章\粒子飞舞\粒子飞舞.aep
视频文件：movie\7.5 粒子飞舞.avi

操作步骤

7.5.1 新建合成

01 执行菜单栏中的【合成】|【新建合成】命令，打开【合成设置】对话框，设置【合成名称】为 "粒子飞舞"，【宽度】为 720，【高度】为 480，【帧速率】为 25，并设置【持续时间】为 0:00:03:00，如图 7.44 所示。

02 执行菜单栏中的【文件】|【导入】|【文件】命令，打开【导入文件】对话框，选择配套光盘中的 "工程文件\第 7 章\粒子飞舞\背景 1.jpg 和背景 2.png" 素材，单击【导入】按钮，"背景 1.jpg" 和 "背景 2.png" 素材将导入到【项目】面板中，如图 7.45 所示。

图 7.44　合成设置

图 7.45　【导入文件】对话框

03 在【项目】面板中，选择 "背景 1.jpg" 和 "背景 2.png" 素材，将其拖动到 "粒子飞舞" 合成的时间线面板中，如图 7.46 所示。

04 选中 "背景 2" 层，按 P 键打开【位置】属性，设置【位置】的值为（374,374），按 S 键打开【缩放】属性，单击【缩放】左侧的缩放比例按钮，取消缩放比例，设置【缩放】的值为（-100,70），按 R 键打开【旋转】属性，设置【旋转】的值为 -9，如图 7.47 所示。

图 7.46　添加素材

图 7.47　参数设置

05 单击工具栏中的【矩形工具】按钮，选择矩形工具，在合成窗口中拖动绘制一个矩形蒙版区域，如图 7.48 所示。

06 将时间调整到 0:00:00:00 帧的位置，单击【蒙版路径】左侧的码表按钮，在当前位置添加关键帧，如图 7.49 所示。

07 将时间调整到 0:00:01:24 帧的位置，选中蒙版右侧两个锚点，将其拖动出画面，如图 7.50 所示。

图 7.48　创建矩形蒙版

图 7.49　关键帧设置

08 选中"背景 2"层，按 F 键打开【蒙版羽化】属性，设置【蒙版羽化】的值为（80,80），如图 7.51 所示。

图 7.50　效果图

图 7.51　参数设置

7.5.2　制作彩色粒子

01 执行菜单栏中的【图层】|【新建】|【纯色】命令，打开【纯色设置】对话框，设置【名称】为"彩色粒子"，【颜色】为黑色，如图 7.52 所示。

02 在【效果和预设】特效面板中展开 Trapcode 特效组，双击 Particular（粒子）特效，如图 7.53 所示。

03 将时间调整到 0:00:00:00 帧的位置，在【效果控件】面板中展开 Emitter（发射器）选项组，设置 Particles/sec（每秒发射粒子数）的值为 1000，从 Emitter Type（发射器类型）右侧的下拉列表框中选择 Sphere（球形）选项，Velocity（速度）的值为 200，Velocity Random[%]（速度随机）的值为 80，Velocity Distribution（速度分布）的值为 1，Velocity from Motion（运动速度）的值为 10，Emitter Size Y（发射器 Y 轴尺寸）的值为 100，单击 Position XY（XY 轴位置）左侧的码表按钮，在当前位置添加关键帧，如图 7.54 所示。

04 展开 Particle（粒子）选项组，从 Particle Type（粒子类型）右侧的下拉列表框中选择 Glow Sphere（No DOF）（发光球）选项，设置 Life[sec]（生命）的值为 1，Life Random[%]（生命随机）的值为 50，Sphere Feather（球羽化）的值为 0，Size（尺寸）的值为 8，Size Random[%]（大小的随机性）的值为 100；展开 Size over Life（生命期内的大小变化）选项组，使用鼠标绘制形状，从 Set Color（颜色设置）右侧的下拉列表框中选择 Over Life（生命期内的变化）选项，

图 7.52　纯色设置

图 7.53　添加 Particular（粒子）特效

从 Transfer Mode（转换模式）右侧的下拉列表框中选择 Add（相加）选项，如图 7.55 所示。

05 在时间线面板中按 Ctrl+Y 组合键，打开【纯色设置】对话框，设置【名称】为"路径"，【颜色】为黑色，如图 7.56 所示。

图 7.54　Emitter（发射器）参数设置　　图 7.55　Particle（粒子）参数设置　　图 7.56　纯色设置

06 选择"路径"纯色层，单击工具栏中的【钢笔工具】按钮，在合成窗口中绘制一条路径，如图 7.57 所示。

07 在时间线面板中单击"路径"固态层左侧的眼睛图标，将"路径"层隐藏，如图 7.58 所示。

图 7.57　绘制路径　　　　　　　　　　图 7.58　图层设置

08 制作路径跟随动画。在时间线面板中按 M 键，展开"路径"纯色的【蒙版路径】选项组，选择【蒙版路径】选项，按 Ctrl+C 组合键，将其复制，如图 7.59 所示。

09 将时间调整到 0:00:00:00 帧的位置，选择"彩色粒子"层，按 U 键，打开该图的所有关键帧，然后选中 Position XY（XY 轴位置），按 Ctrl+V 组合键，将路径粘贴到 Position XY（XY 轴位置）选项上，如图 7.60 所示。

图 7.59　复制路径　　　　　　　　　　图 7.60　制作路径跟随动画

10 这样就完成了"粒子飞舞"动画的整体制作，按小键盘上的 0 键，即可在合成窗口中预览动画效果。

第 8 章

奇幻光线特效

内容摘要

在栏目包装级影视特效中经常可以看到运用炫目的光效对整体动画进行点缀，光效不仅可以作用在动画的背景上，使动画整体更加绚丽，也可以运用到动画的主体上，使主题更加突出。本章通过几个具体的实例，讲解了常见奇幻光效的制作方法。

教学目标

▶ 舞动精灵的制作
▶ 图腾的制作
▶ 流动光线的制作
▶ 炫彩精灵的制作
▶ 炫丽光带的制作
▶ 魔幻光环的制作

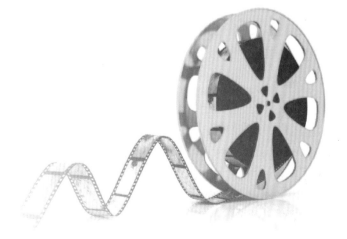

8.1　舞动的精灵

特效解析 ⊙

　　本例主要讲解舞动的精灵动画的制作。利用【勾画】特效和钢笔路径绘制光线，配合【湍流置换】特效使线条达到蜿蜒的效果，完成舞动的精灵动画的制作。

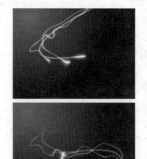
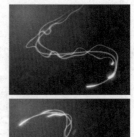

知 识 点 ⊙

1. 【勾画】特效
2. 【发光】特效
3. 【梯度渐变】特效
4. 【湍流置换】特效

工程文件：第8章\舞动的精灵\舞动的精灵.aep
视频文件：movie\8.1　舞动的精灵.avi

操作步骤 ⊙

8.1.1　为固态层添加特效

01　执行菜单栏中的【合成】|【新建合成】命令，打开【合成设置】对话框，设置【合成名称】为"光线"，【宽度】为720，【高度】为576，【帧速率】为25，并设置【持续时间】为0:00:05:00，如图8.1所示。

02　按 Ctrl+Y 组合键，打开【纯色设置】对话框，设置【名称】为"拖尾"，【颜色】为黑色，如图8.2所示。

03　单击工具栏中的【钢笔工具】按钮，确认选择"拖尾"层，在合成窗口中绘制一条路径，如图8.3所示。

图8.1　合成设置

图8.2　纯色设置

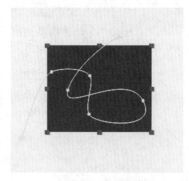
图8.3　绘制路径

04　在【效果和预设】面板中展开【生成】特效组，然后双击【勾画】特效，如图8.4所示。

05　将时间调整到 0:00:00:00 帧的位置，在【效果控件】面板中，在【描边】右侧的下拉列表框中选择【蒙版／路径】选项；展开【蒙版／路径】选项组，在【路径】右侧的下拉列表框中选择【蒙版 1】选项；展开【片段】选项组，修改【片段】值为 1，单击【旋转】左侧的码表按钮 ⏱，在当前位置建立关键帧,修改【旋转】的值为 -47;展开【正在渲染】选项组，设置【颜色】为白色,【宽度】的值为 1.2,【硬度】的值为 0.45,【中点不透明度】的值为 -1,【中点位置】的值为 0.9，如图 8.5 所示。

06　调整时间到 0:00:04:00 帧的位置，修改【旋转】的值为 -1x-48 ，如图 8.6 所示。拖动时间滑块可在合成窗口中看到预览效果，如图 8.7 所示。

图 8.4　添加特效　　　　图 8.5　设置特效的参数　　　　图 8.6　修改特效

07　在【效果与预设】面板中展开【风格化】特效组，然后双击【发光】特效，如图 8.8 所示。

08　在【效果控件】面板中，展开【发光】选项组，修改【发光阈值】的值为 20%,【发光半径】的值为 6,【发光强度】的值为 2.5,【发光颜色】为【A 和 B 颜色】,【颜色 A】为红色（R:255；G:0；B:0），【颜色 B】为黄色（R:255；G:190；B:0），如图 8.9 所示。

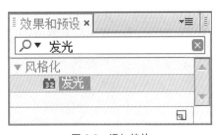

图 8.7　描绘特效的效果　　　图 8.8　添加特效　　　　图 8.9　设置发光特效的参数

09　选择"拖尾"固态层，按 Ctrl+D 组合键复制出新的一层并重命名为"光线",修改"光线"层的【模式】为【相加】，如图 8.10 所示。

10　在【效果控件】面板中，展开【勾画】选项组，

图 8.10　设置层的模式

修改【长度】的值为 0.07,【宽度】的值为 6,如图 8.11 所示。

11　展开【发光】特效,修改【发光阈值】的值为 31%,【发光半径】的值为 25,【发光强度】的值为 3.5,【颜色 A】为浅蓝色(R:55;G:155;B:255),【颜色 B】为深蓝色(R:20;G:90;B:210),如图 8.12 所示。

图 8.11　修改勾画特效的属性

图 8.12　修改发光特效属性

8.1.2　建立合成

01　执行菜单栏中的【合成】|【新建合成】命令,打开【合成设置】对话框,设置【合成名称】为"舞动的精灵",【宽度】为 720,【高度】为 576,【帧速率】为 25,并设置【持续时间】为 0:00:05:00,如图 8.13 所示。

02　按 Ctrl+Y 组合键,打开【纯色设置】对话框,设置【名称】为"背景",【颜色】为黑色,如图 8.14 所示。

03　在【效果和预设】面板中展开【生成】特效组,然后双击【梯度渐变】特效,如图 8.15 所示。

04　在【效果控件】面板中,展开【梯度渐变】选项组,设置【渐变起点】的值为(90,55),【起始颜色】为深绿色(R:17;G:88;B:103),【渐变终点】为(430,410),【结束颜色】为黑色,如图 8.16 所示。

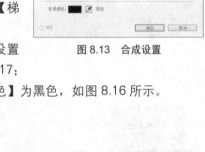

图 8.13　合成设置

图 8.14　纯色设置

图 8.15　添加特效

图 8.16　设置属性的值

8.1.3　复制"光线"

01　将"光线"合成拖动到"舞动的精灵"合成的时间线中，修改"光线"层的【模式】为【相加】，如图 8.17 所示。

02　按 Ctrl+D 组合键复制出一层，选中"光线 2"层，调整时间到 0:00:00:03 帧的位置，按［键，将入点设置到当前帧，如图 8.18 所示。

图 8.17　添加"光线"合成层　　　　　　　　　图 8.18　复制光线合成层

03　确认选择"光线 2"层，在【效果和预设】面板中展开【扭曲】特效组，然后双击【湍流置换】特效，如图 8.19 所示。

04　在【效果控件】面板中，设置【数量】的值为 195,【大小】的值为 57,【消除锯齿（最佳品质）】为【高】，如图 8.20 所示。

05　选择"光线 2"层，按 Ctrl+D 组合键复制出新的一层，调整时间到 0:00:00:06 帧的位置，按[键，将入点设置到当前帧，如图 8.21 所示。

图 8.19　添加特效　　　　图 8.20　设置特效参数　　　　　图 8.21　复制光线层

06　在【效果控件】面板中，设置【数量】的值为 180,【大小】的值为 25,【偏移（湍流）】的值为（330,288），如图 8.22 所示。

07　这样就完成了"舞动的精灵"的整体制作，按小键盘上的 0 键，在合成窗口中预览动画，效果如图 8.23 所示。

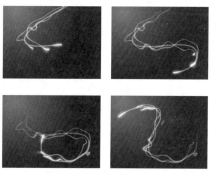

图 8.22　修改动荡置换参数　　　　　　　　　图 8.23　"舞动的精灵"的动画效果

8.2　制作图腾

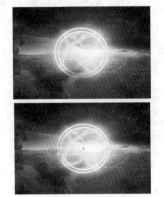

特效解析

本例主要讲解利用【极坐标】特效、【发光】特效和【基本3D】特效制作图腾效果。

知 识 点

1.【极坐标】特效
2.【曲线】特效
3.【发光】特效
4.【基本3D】特效

工程文件：第8章\图腾\图腾.aep
视频文件：movie\8.2　制作图腾.avi

操作步骤

8.2.1　制作环形

01 执行菜单栏中的【合成】|【新建合成】命令，打开【合成设置】对话框，设置【合成名称】为"光线"，【宽度】为720，【高度】为480，【帧速率】为25，并设置【持续时间】为0:00:05:00，如图8.24所示。

02 在时间线面板中，按 Ctrl+Y 组合键，此时将打开【纯色设置】对话框，设置【名称】为"光线"，【颜色】为白色，如图8.25所示。

图 8.24　合成设置

图 8.25　【纯色设置】对话框

03 选择工具栏中的【矩形工具】，在合成窗口中绘制一个长条状的矩形蒙版，在时间线面板中展开【蒙版1】选项组，取消【蒙版羽化】的等比缩放，设置【蒙版羽化】的值为（100,4）。

04 选择【蒙版1】，按 Ctrl+D 组合键复制一个蒙版【蒙版2】，调整蒙版的位置与宽度，使其在【蒙版1】的下方且略宽于【蒙版1】，如图8.26所示。设置【蒙版2】的【蒙版羽化】的值为

（100,10），如图 8.27 所示。

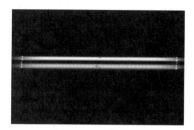

图 8.26　羽化效果

图 8.27　参数设置

05 执行菜单栏中的【合成】|【新建合成】命令，打开【合成设置】对话框，设置【合成名称】为"光环"，【宽度】为 720，【高度】为 480，【帧速率】为 25，并设置【持续时间】为 0:00:05:00，如图 8.28 所示。

06 将"光线"合成导入"光环"合成的时间线面板，选择"光线"层，在【效果和预设】特效面板中展开【扭曲】特效组，双击【极坐标】特效，如图 8.29 所示。

07 在【效果控件】面板中，设置【插值】的值为 100，【转换类型】为【矩形到极线】，如图 8.30 所示。

08 在【效果和预设】特效面板中展开【颜色校正】特效组，双击【曲线】特效，如图 8.31 所示。

图 8.28　合成设置

图 8.29　【极坐标】特效

图 8.30　极坐标参数设置

图 8.31　【曲线】特效

09 在【效果控件】面板中，设置【通道】为 Alpha，并调整曲线的走向，如图 8.32 所示。

10 在【效果和预设】特效面板中展开【风格化】特效组，双击【发光】特效，如图 8.33 所示。

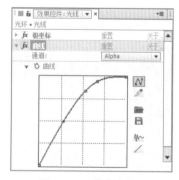

图 8.32　调整曲线效果

图 8.33　【发光】特效

11 在【效果控件】面板中，设置【发光阈值】的值为 40，【发光半径】的值为 50，【发光强度】的值为 2，【发光颜色】为【A 和 B 颜色】，【颜色 A】为黄色（R:255；G:250；B:0），【颜色 B】为绿色（R:25；G:255；B:0），如图 8.34 所示。

12 将时间调整到 0:00:00:00 帧的位置，在时间线面板中按 R 键打开 Rotation（旋转）属性，单击【旋转】左侧的码表按钮 ⏱，在当前位置设置关键帧。

13 将时间调整到 0:00:04:24 帧的位置，设置【旋转】的值为 6x，系统会自动设置关键帧，如图 8.35 所示。

图 8.34　发光参数设置

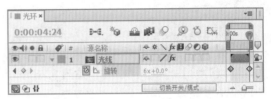

图 8.35　时间线面板

8.2.2　制作三维效果

01 执行菜单栏中的【合成】|【新建合成】命令，打开【合成设置】对话框，设置【合成名称】为"光环组"，【宽度】为 720，【高度】为 480，【帧速率】为 25，并设置【持续时间】为 0:00:05:00，如图 8.36 所示。

02 将"光环"合成拖入时间线面板中，修改名称为"光环 1"，在【效果和预设】特效面板中展开【过时】特效组，双击【基本 3D】特效，如图 8.37 所示。

03 选中"光环 1"层，按 Ctrl+D 组合键两次，复制成两层，分别修改名称为"光环 2"、"光环 3"。在【效果控件】面板中，设置"光环 1"中【旋转】的值为 123，【倾斜】的值为 -43，如图 8.38 所示。

图 8.36　合成设置

图 8.37　【基础 3D】特效

图 8.38　"光环 1"参数

04 设置"光环 2"中【旋转】的值为 -48，【倾斜】的值为 -107，如图 8.39 所示。

05 设置"光环 3"中【旋转】的值为 -73，【倾斜】的值为 -36，如图 8.40 所示。

06 执行菜单栏中的【合成】|【新建合成】命令，打开【合成设置】对话框，设置【合成名称】为"图腾"，【宽度】为 720，【高度】为 480，【帧速率】为 25，并设置【持续时间】为 0:00:05:00，如图 8.41 所示。

图 8.39　"光环 2"参数　　　　　　　　图 8.40　"光环 3"参数

07 执行菜单栏中的【文件】|【导入】|【文件】命令，打开【导入文件】对话框，选择"工程文件 \ 第 8 章 \ 图腾 \ 背景 .jpg"素材，如图 8.42 所示。单击【导入】按钮，"背景 .jpg"素材将导入到【项目】面板中。

图 8.41　合成设置

图 8.42　【导入文件】对话框

08 将"背景 .jpg"、"光环"合成、"光环组"合成拖入到时间线面板中,选择"光环"层和"光环组"层的模式为【变亮】,如图 8.43 所示。

09 这样就完成了"图腾"效果的整体制作,按小键盘上的 0 键,即可在合成窗口中预览动画效果。

图 8.43　时间线面板

8.3　流　动　光　线

特效解析

　　本例主要通过对【勾画】特效、【发光】特效的应用，制作出绚丽的变幻光线。

知识点

1.【勾画】特效
2.【发光】特效

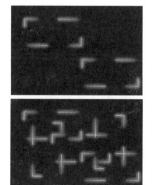

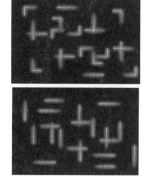

工程文件：第8章\流动光线\流动光线.aep
视频文件：movie\8.3　流动光线.avi

操作步骤 ⊙

8.3.1 创建方形蒙版

01 执行菜单栏中的【合成】|【新建合成】命令，打开【合成设置】对话框，设置【合成名称】为"流动光线"，【宽度】为720，【高度】为480，【帧速率】为25，并设置【持续时间】为0:00:09:00，如图8.44所示。

02 执行菜单栏中的【合成】|【新建合成】命令，打开【合成设置】对话框，设置【合成名称】为"形状"，【宽度】为720，【高度】为480，【帧速率】为25，并设置【持续时间】为0:00:09:00，如图8.45所示。

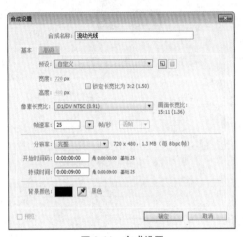

图8.44 合成设置

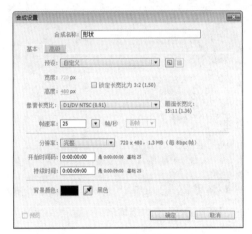

图8.45 合成设置

03 执行菜单栏中的【图层】|【新建】|【纯色】命令，打开【纯色设置】对话框，设置【名称】为"形状"，【颜色】为白色，如图8.46所示。

04 单击工具栏中的【矩形工具】按钮■，选择矩形工具，在合成窗口中拖动绘制一个矩形蒙版区域，如图8.47所示。

图8.46 纯色设置

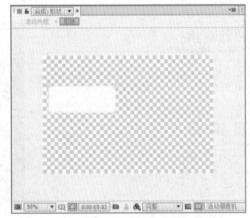

图8.47 创建矩形蒙版

8.3.2　制作描边动画

01　打开"流动光线"合成，在【项目】面板中选择"形状"合成，将其拖动到"流动光线"合成的时间线面板中，如图 8.48 所示。

02　执行菜单栏中的【图层】|【新建】|【纯色】命令，打开【纯色设置】对话框，设置【名称】为"光线"，【颜色】为黑色，如图 8.49 所示。

图 8.48　添加素材　　　　　　　　　　　　　　　　　图 8.49　纯色设置

03　选中"光线"层，在【效果和预设】特效面板中展开【生成】特效组，双击【勾画】特效，如图 8.50 所示。

04　在【效果控件】面板中，展开【图像等高线】选项组，设置【输入图层】为【2. 形状】，如图 8.51 所示。

05　展开【片段】选项组，设置【片段】的值为 4，【长度】的值为 0.6，选中【随机相位】复选框，如图 8.52 所示。

图 8.50　添加【勾画】特效　　　　图 8.51　选择【2. 形状】　　　　图 8.52　【片段】选项栏参数设置

06　将时间调整到 0:00:00:00 帧的位置，设置【旋转】的值为 -40°，单击码表按钮，在当前位置添加关键帧，将时间调整到 0:00:08:24 帧的位置，设置【旋转】的值为 -1x-120°，如图 8.53 所示。

07　在【效果控件】面板中，展开【正在渲染】选项组，设置【颜色】为白色，如图 8.54 所示。

08　选中"光线"层，在【效果和预设】特效面板中展开【风格化】特效组，双击【发光】特效，

图 8.53　0:00:08:24 帧的位置关键帧设置

如图 8.55 所示。

09　在【效果控件】面板中，设置【发光阈值】的值为 15%,【发光半径】的值为 20,【发光强度】的值为 6,【发光颜色】为【A 和 B 颜色】,【颜色 A】为蓝色（R:3；G:128；B:255）,【颜色 B】为紫色（R:234；G:0；B:255），如图 8.56 所示。

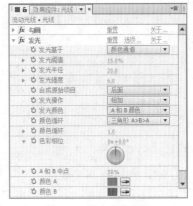

图 8.54　设置【颜色】为白色　　　图 8.55　添加【发光】特效　　　图 8.56　发光参数设置

10　在时间线面板中选择"光线"层，按 Ctrl+D 组合键，将"光线"层复制，并将复制后的文字层重命名为"光线 2"层，然后按 P 键展开【位置】属性，设置【位置】的值为（672,457），设置"光线 2"层的【模式】为【屏幕】，如图 8.57 所示。

11　在时间线面板中选择"光线 2"层，按 Ctrl+D 组合键，将"光线 2"层复制出"光线 3"层，然后按 P 键展开【位置】属性，设置【位置】的值为（430,348），按 R 键展开【旋转】属性，设置【旋转】的值为 90°，如图 8.58 所示。

图 8.57　图层设置　　　　　　　　　图 8.58　修改位置和旋转参数

12　在时间线面板中选择"光线 3"层，按 Ctrl+D 组合键，将"光线 3"层复制出"光线 4"层，然后按 P 键，展开【位置】属性，设置【位置】的值为（513,212），如图 8.59 所示。

13　在时间线面板中选择"光线 4"层，按 Ctrl+D 组合键，将"光线 4"层复制出"光线 5"层，然后按 P 键，展开【位置】属性，设置【位置】的值为（551,228），按 R 键展开【旋转】属性，设置【旋转】的值为 90°，如图 8.60 所示。

图 8.59　修改位置参数　　　　　　　图 8.60　修改位置和旋转参数

14　这样就完成了"流动光线"的整体制作，按小键盘上的 0 键，即可在合成窗口中预览当前动画效果。

8.4　炫　彩　精　灵

本例主要讲解利用 Particular（粒子）特效制作炫彩精灵效果。

知 识 点

1. Particular（粒子）特效
2. 【曲线】特效

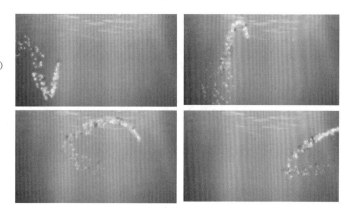

工程文件：第8章\炫彩精灵\炫彩精灵.aep
视频文件：movie\8.4　炫彩精灵.avi

操作步骤

8.4.1　调整粒子参数

01　执行菜单栏中的【文件】|【打开项目】命令，选择配套光盘中的"工程文件 \ 第 8 章 \ 炫彩精灵 \ 炫彩精灵练习 .aep"文件，将"炫彩精灵练习 .aep"文件打开。

02　执行菜单栏中的【图层】|【新建】|【纯色】命令，打开【纯色设置】对话框，设置【名称】为"粒子"，【颜色】为黑色。

03　为"粒子"层添加 Particular（粒子）特效。在【效果和预设】面板中展开 Trapcode 特效组，然后双击 Particular（粒子）特效，如图 8.61 所示，合成窗口效果如图 8.62 所示。

图 8.61　添加特效

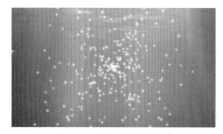

图 8.62　添加粒子后效果

04　在【效果控件】面板中，修改 Particular（粒子）特效的参数，展开 Emitter（发射器）选项组，设置 Particles/sec（每秒发射粒子数）的值为 110，Velocity（速度）的值 30，Velocity Random（速度随机）的值为 2，Velocity form Motion（运动速度）的值为 20，如图 8.63 所示。

05 展开 Particular（粒子）选项组，设置 Life（生命）的值为 2，Life Random（生命随机）的
值为 5，从 Particular Type（粒子类型）右侧的下拉列表框中选择 Cloudlet（云）选项，设
置 Cloudlet Feather（云形羽化）的值为 50；展开 Size over Life 和 Opacity over Life 选项组，
参数设置如图 8.64 所示，Set Color（设置颜色）为 Random from Gradient（渐变随机）。

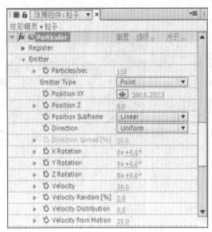

图 8.63 设置发射器参数

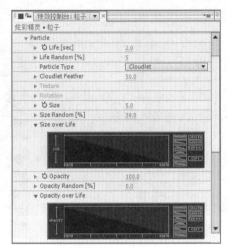

图 8.64 设置粒子参数

8.4.2 制作粒子路径运动

01 执行菜单栏中的【图层】|【新建】|【纯色】命令，打开【纯色设置】对话框，设置【名称】
为"路径"，【颜色】为黑色。

02 选中"路径"层，在工具栏中选择【钢笔工具】，在"路
径"层上绘制一条路径，合成窗口效果如图 8.65 所示。

03 单击"路径"层显示与隐藏按钮，在时间线面板中
选中"路径"层，按 M 键，展开【蒙版 1】选项，选
择【蒙版路径】选项，按 Ctrl+C 组合键，将其复制，
如图 8.66 所示。

图 8.65 设置路径

04 将时间调整到 0:00:00:00 帧的位置，在时间线面板中，展开【粒子】|【效果】|Particular（粒子）|
Emitter（发射器）选项组，选中 Position XY（XY 轴位置）选项，按 Ctrl+V 组合键，将【遮
罩形状】粘贴到 PositionXY（XY 轴位置）选项上，如图 8.67 所示。

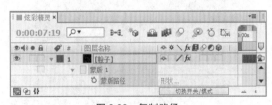

图 8.66 复制路径

图 8.67 粘贴关键帧

05 将时间调整到 0:00:08:00 帧的位置，选中"彩色粒子"层最后一个关键帧拖动到当前帧的
位置，如图 8.68 所示，合成窗口效果如图 8.69 所示。

图 8.68　拖动关键帧

图 8.69　设置复制关键帧后效果

06 为"粒子"层添加【曲线】特效。在【效果和预设】面板中展开【颜色校正】特效组，然后双击【曲线】特效。

07 在【效果控件】面板中，修改【曲线】特效的参数，如图 8.70 所示，合成窗口效果如图 8.71 所示。

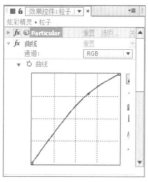

图 8.70　调整曲线

图 8.71　调整曲线后效果

08 为"粒子"层添加【发光】特效。在【效果和预设】面板中展开【风格化】特效组，然后双击【发光】特效。

09 在【效果控件】面板中，修改【发光】特效的参数，如图 8.72 所示，合成窗口效果如图 8.73 所示。

图 8.72　设置【发光】参数

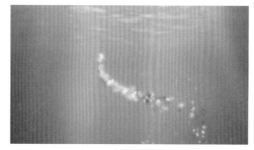

图 8.73　设置发光后效果

10 这样就完成了"炫彩精灵"的整体制作，按小键盘上的 0 键，即可在合成窗口中预览动画效果。

8.5　飘渺烟雾文字

 特效解析

　　本例主要讲解利用 Particular（粒子）特效制作飘渺烟雾文字效果。

知 识 点

1. Particular（粒子）特效
2.【方框模糊】特效
3.【写入】特效

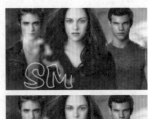

工程文件：第8章\飘渺烟雾文字\飘渺烟雾文字.aep
视频文件：movie\8.5　飘渺烟雾文字.avi

操作步骤

8.5.1　制作书写字

01　执行菜单栏中的【文件】|【打开项目】命令，选择配套光盘中的"工程文件\第 8 章\飘渺烟雾文字\飘渺烟雾文字练习 .aep"文件，将"飘渺烟雾文字练习 .aep"文件打开。

02　为"文字"层添加【写入】特效。在【效果和预设】面板中展开【生成】特效组，然后双击【写入】特效。

03　在【效果控件】面板中，修改【写入】特效的参数，设置【画笔大小】的值为 8，从【绘画样式】右侧的下拉列表框中选择【显示原始图像】选项，将时间调整到 0:00:00:00 帧的位置，设置【画笔位置】的值为（156,299），单击【画笔位置】左侧的码表按钮 ，在当前位置设置关键帧。

04　按 Page Down 键，在合成窗口中拖动中心点描绘出文字轮廓，如图 8.74 所示，合成窗口效果如图 8.75 所示。

图 8.74　设置书写关键帧

图 8.75　设置书写后效果

8.5.2　制作粒子

01　执行菜单栏中的【图层】|【新建】|【纯色】命令，打开【纯色设置】对话框，设置【名称】为"粒子"，【颜色】为黑色。

02　为"粒子"层添加 Particular（粒子）特效。在【效果和预设】面板中展开 Trapcode 特效组，然后双击 Particular（粒子）特效。

03 在【效果控件】面板中，修改 Particular（粒子）特效的参数，展开 Emitter（发射器）选项组，设置 Velocity（速度）的值为 10，Velocity Random（速度随机）的值为 0，Velocity Distribution（速度分布）的值为 0，Velocity from Motion 的值为 0，将时间调整到 0:00:00:00 帧的位置，设置 Particles/sec（粒子数量）的值为 15000，单击 Particles/sec（粒子数量）左侧的码表按钮🕙，在当前位置设置关键帧。

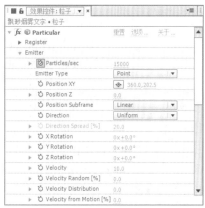

图 8.76 设置发射器参数

04 将时间调整到 0:00:04:08 帧的位置，设置 Particles/sec（粒子数量）的值为 10000，系统会自动设置关键帧。

05 将时间调整到 0:00:04:12 帧的位置，设置 Particles/sec（粒子数量）的值为 0，如图 8.76 所示，合成窗口效果如图 8.77 所示。

06 展开 Particle（粒子）选项组，设置 Life（生命）的值为 2，Size（尺寸）的值为 3，Opacity（不透明度）的值为 40，展开 Opacity over Life（不透明度随机）选项组，调整其形状，如图 8.78 所示。

图 8.77 设置发射器后效果

07 展开 Physics（物理学）|Air（空气）选项组，设置 Wind X（风向 X）的值为 –326，Wind Y（风向 Y）的值为 –222，Wind Z（风向 Z）的值为 1271；展开 Turbulence Field（扰乱场）选项组，设置 Affect Size（影响尺寸）的值为 28，Affect Position（影响位置）的值为 250，如图 8.79 所示。

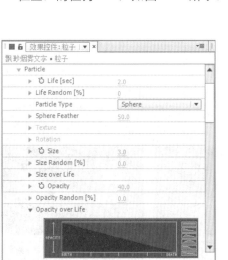

图 8.78 设置粒子参数

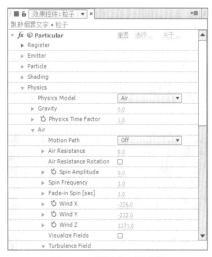

图 8.79 设置物理学参数

8.5.3 连接表达式

01 将时间调整到 0:00:00:00 帧的位置，展开 Emitter（发射器）选项组，按 Alt 键，单击

Position XY（XY 位置）左侧的码表按钮🕐，在时间线面板中，单击 Expression pick whip 按钮🗲，连接到"文字"层中的【写入】|【画笔位置】选项组，如图 8.80 所示，合成窗口效果如图 8.81 所示。

图 8.80　设置表达式

图 8.81　设置表达式后效果

02 为"粒子"层添加【方框模糊】特效。在【效果和预设】面板中展开【模糊和锐化】特效组，然后双击【方框模糊】特效。

03 在【效果控件】面板中，修改【方框模糊】特效的参数，设置【模糊半径】的值为 11，如图 8.82 所示，合成窗口效果如图 8.83 所示。

图 8.82　设置盒状模糊参数

图 8.83　设置盒状模糊后效果

04 这样就完成了"飘渺烟雾文字"的整体制作，按小键盘上的 0 键，即可在合成窗口中预览动画效果。

8.6　炫 丽 光 带

本例主要讲解利用 Particular（粒子）特效制作炫丽光带效果。

知 识 点

1. Particular（粒子）特效
2. 【发光】特效

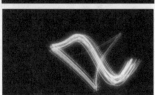

工程文件：第8章\炫丽光带\炫丽光带.aep
视频文件：movie\8.6　炫丽光带.avi

操作步骤 ⊙

8.6.1　绘制光带运动路径

01 执行菜单栏中的【合成】|【新建合成】命令,打开【合成设置】对话框,设置【合成名称】为"炫丽光带",【宽度】为 720,【高度】为 405,【帧速率】为 25,并设置【持续时间】为 0:00:10:00。

02 按 Ctrl+Y 组合键,打开【纯色设置】对话框,设置固态层【名称】为"路径",【颜色】为黑色,如图 8.84 所示。

03 选中"路径"层,单击工具栏中的【钢笔工具】按钮 🖊,在合成窗口中绘制一条路径,如图 8.85 所示。

图 8.84　纯色设置

图 8.85　绘制路径

8.6.2　制作光带特效

01 在时间线面板中,按 Ctrl+Y 组合键,打开【纯色设置】对话框,设置纯色层【名称】为"光带",【颜色】为黑色。

02 在时间线面板中,选择"光带"层,在【效果和预设】面板中,展开 Trapcode 特效组,然后双击 Particular(粒子)特效。

03 选择"路径"层,按 M 键,将蒙版属性列表选项展开,选中【蒙版路径】,按 Ctrl+C 组合键,复制【蒙版路径】。

04 将时间调整到 0:00:00:00 帧的位置,选择"光带"层,在时间线面板中,展开【效果】|Particular(粒子)|Emitter(发射器)选项组,选择 Position XY(XY 轴位置)选项,按 Ctrl+V 组合键,将"路径"层的路径粘贴给 Particular(粒子)特效中的 Position XY(XY 轴位置),如图 8.86 所示。

05 选择最后一个关键帧向右拖动,将其时间延长,如图 8.87 所示。

图 8.86 复制蒙版路径

图 8.87 选择最后一个关键帧向右拖动

06 在【效果控件】面板中修改 Particular（粒子）特效参数，展开 Emitter（发射器）选项组，设置 Particles/sec（每秒发射粒子数）的值为 1000。从 Position Subframe（子位置）右侧的下拉列表框中选择 10x Linear（10x 线性）选项，设置 Velocity（速度）的值为 0，Velocity Random（速度随机）的值为 0，Velocity Distribution（速度分布）的值为 0，Velocity from Motion（运动速度）的值为 0，如图 8.88 所示。

07 展开 Particle（粒子）选项组，从 Particle Type（粒子类型）右侧的下拉列表框中选择 Streaklet（条纹）选项，设置 Streaklet Feather（条纹羽化）的值为 100，Size（尺寸）的值为 49，如图 8.89 所示。

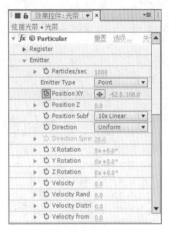

图 8.88 设置 Emitter（发射器）选项组中的参数

08 展开 Size over Life（生命期内的大小变化）选项组，单击按钮███；展开 Opacity over Life（不透明度随机）选项组，单击按钮███，并将 Color（颜色）改成橙色（R:124；G:71；B:22），从 Transfer Mode（模式转换）右侧的下拉列表框中选择 Add（相加）选项，如图 8.90 所示。

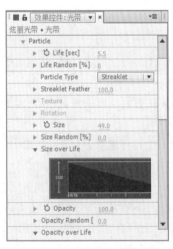

图 8.89 设置 Particle Type（粒子类型）参数

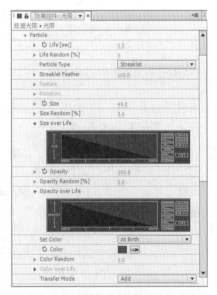

图 8.90 设置粒子死亡后和透明随机

09 展开 Streaklet（条纹）选项组，设置 Random Seed（随机种子）的值为 0，No Streaks（无

条纹）的值为 18，Streak Size（条纹大小）的值为 11，具体设置如图 8.91 所示。

图 8.91 设置 Streaklet（条纹）选项组中的参数值

8.6.3 制作发光特效

01 在时间线面板中选择"光带"层，按 Ctrl+D 组合键复制出另一个新的图层，重命名为"粒子"。

02 在【效果控件】面板中修改 Particular（粒子）特效参数，展开 Emitter（发射器）选项组，设置 Particles/sec（每秒发射粒子数）的值为 200，Velocity（速度）的值为 20，如图 8.92 所示，合成窗口效果如图 8.93 所示。

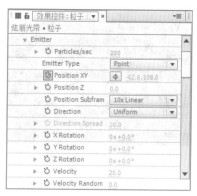

图 8.92 设置粒子参数

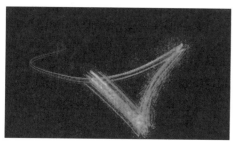

图 8.93 设置参数后效果

03 展开 Particle（粒子）选项组，设置 Life（生命）的值为 4，从 Particle Type（粒子类型）右侧的下拉列表框中选择 Sphere（球）选项，设置 Sphere Feather（球羽化）的值为 50，Size（尺寸）的值为 2，展开 Opacity over Life（不透明度随机）选项组，单击按钮 ▃▃▃▃，如图 8.94 所示。

04 在时间线面板中，选择"粒子"层的【模式】为【相加】，如图 8.95 所示，合成窗口效果如图 8.96 所示。

05 为"光带"层添加【发光】特效。在【效果和预设】面板中展开【风格化】特效组，然后双击【发光】特效。

06 在【效果控件】面板中修改【发光】特效参数，设置【发光阈值】的值为 60%，【发光半径】的

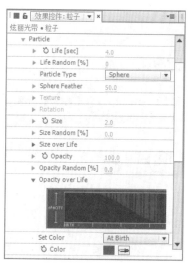

图 8.94 设置 Particle（粒子）
选项组中的参数值

值为30，【发光强度】的值为1.5，如图8.97所示，合成窗口效果如图8.98所示。这样就完成了该动画的制作。

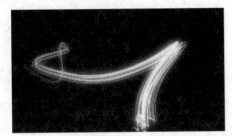

图 8.96　设置粒子后效果

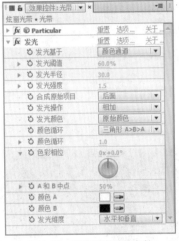

图 8.95　设置添加模式

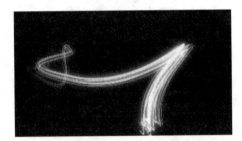

图 8.97　设置发光特效参数

图 8.98　设置发光后效果

8.7　魔　幻　光　环

 特效解析

　　本例主要讲解利用【勾画】特效制作变形魔幻光环效果。

知 识 点

1.【梯度渐变】特效
2.【勾画】特效
3.【发光】特效

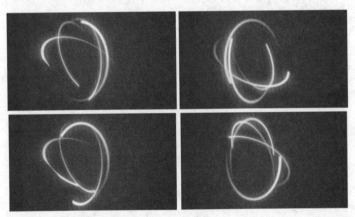

工程文件：第8章\魔幻光环\魔幻光环.aep
视频文件：movie\8.7　魔幻光环.avi

操作步骤 ⬇

8.7.1　绘制环形图

01 执行菜单栏中的【合成】|【新建合成】命令,打开【合成设置】对话框,设置【合成名称】为"魔幻光环",【宽度】为 720,【高度】为 405,【帧速率】为 25,并设置【持续时间】为 00:00:05:00。

02 执行菜单栏中的【图层】|【新建】|【纯色】命令,打开【纯色设置】对话框,设置【名称】为"渐变",【颜色】为黑色。

03 为"渐变"层添加【梯度渐变】特效。在【效果和预设】面板中展开【生成】特效组,然后双击【梯度渐变】特效。

04 在【效果控件】面板中,修改【梯度渐变】特效的参数,设置【渐变起点】的值为（357,188）,【起始颜色】为暗蓝色（R:10；G:0；B:135）,【渐变终点】的值为（-282,540）,【结束颜色】为黑色,从【渐变形状】右侧的下拉列表框中选择【径向渐变】选项,如图 8.99 所示,合成窗口效果如图 8.100 所示。

图 8.99　设置渐变参数

图 8.100　设置渐变后效果

05 执行菜单栏中的【图层】|【新建】|【纯色】命令,打开【纯色设置】对话框,设置【名称】为"描边 2",【颜色】为黑色。

06 在工具栏中选择【椭圆工具】 ⬭ ,绘制一个椭圆形路径,如图 8.101 所示,打开"描边"层三维开关,为"描边 2"层添加【勾画】特效。在【效果和预设】面板中展开【生成】特效组,然后双击【勾画】特效,如图 8.102 所示。

07 在【效果控件】面板中,修改【勾画】特效的参数,从【描边】下拉列表框中选择【蒙版／路径】选项,展开【蒙版／路径】选项组,从【路径】下拉列表框中选择【蒙版 1】选项,展开【片段】选项组,设置【片段】的值为 1,【长度】的值为 0.6,将时间调整到 0:00:00:00 帧的位置,设置【旋转】的值为 0,单击【旋转】左侧的码表按钮 ⏱,在当前位置设置关键帧。

08 将时间调整到 0:00:04:24 帧的位置,设置【旋转】的值为 -2x,系统会自动设置关键帧,如图 8.103 所示,合成窗口效果如图 8.104 所示。

09 展开【正在渲染】选项组,从【混合模式】下拉列表框中选择【透明】选项,设置【颜色】为白色,【宽度】的值为 8,【硬度】的值为 0.3,如图 8.105 所示,合成窗口效果如图 8.106 所示。

10 为"描边 2"层添加【发光】特效。在【效果和预设】面板中展开【风格化】特效组,然后双击【发光】特效,如图 8.107 所示。

图 8.101　绘制路径

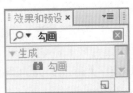

图 8.102　添加特效

图 8.103　设置 4 秒 24 帧关键帧

图 8.104　设置关键帧后效果

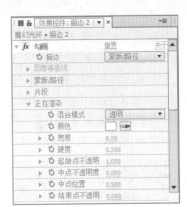

图 8.105　设置渲染参数

11 在【效果控件】面板中，修改【发光】特效的参数，设置【发光阀值】的值为 40%，【发光半径】的值为 50，【发光强度】的值为 2，从【发光颜色】右侧的下拉列表框中选择【A 和 B 颜色】选项，【颜色 A】为紫色（R:222；G:0；B:255），【颜色 B】为白色，如图 8.108 所示。

图 8.106　设置描绘参数后效果

图 8.107　设置添加特效

图 8.108　设置【发光】参数

8.7.2　调整三维环形

01 选中 "描边 2" 层，按 Ctrl+D 组合键复制出另一个新的层，将该图层更改为 "描边 3"，按 R 键打开【旋转】属性，设置【Y 轴旋转】的值为 120，【Z 轴旋转】的值为 194，如图 8.109

所示，合成窗口效果如图 8.110 所示。

图 8.109　设置【描边 3】旋转参数

图 8.110　设置【描边 3】后效果

02　选中"描边 3"层，按 Ctrl+D 组合键复制出另一个新的层，将该图层重命名为"描边 4"，设置【X 轴旋转】的值为 214，【Y 轴旋转】的值为 129，【Z 轴旋转】的值为 0，如图 8.111 所示，合成窗口效果如图 8.112 所示。

图 8.111　设置【描边 4】参数

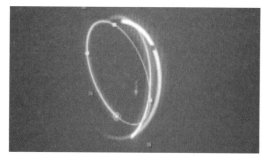

图 8.112　设置【描边 4】后效果

03　选中"描边 4"层，按 Ctrl+D 组合键复制出另一个新的层，将该图层重命名为"描边 5"，设置【X 轴旋转】的值为 −56，【Y 轴旋转】的值为 339，【Z 轴旋转】的值为 226，如图 8.113 所示，合成窗口效果如图 8.114 所示。

图 8.113　设置【描边 5】参数

图 8.114　设置参数后效果

04　这样就完成了"魔幻光环"的整体制作，按小键盘上的 0 键，即可在合成窗口中预览动画效果。

第 **9** 章

自然景观特效表现

内容摘要

本章主要讲解利用【CC 细雨滴】、【CC 燃烧效果】和【高级闪电】等特效操作在影视动画中模拟现实生活中的下雨、下雪、闪电和打雷等，使场景更加逼真生动，使读者能够掌握各种常见自然景观的特效制作技巧。

教学目标

▶ 了解下雨特效的制作
▶ 了解下雪特效的操作
▶ 掌握闪电特效的制作
▶ 掌握水滴特效的制作

9.1 墨滴扩散

特效解析

本例主要通过对 CC Burn Film（CC 燃烧效果）特效的应用，制作出墨滴扩散的效果。

知识点

1.【曲线】特效
2. CC Burn Film（CC 燃烧效果）特效

工程文件：第9章\墨滴扩散\墨滴扩散.aep
视频文件：movie\9.1 墨滴扩散.avi

操作步骤

01 执行菜单栏中的【合成】|【新建合成】命令，打开【合成设置】对话框，设置【合成名称】为"墨滴扩散"，【宽度】为720，【高度】为480，【帧速率】为25，并设置【持续时间】为 0:00:05:00，如图 9.1 所示。

02 执行菜单栏中的【文件】|【导入】|【文件】命令，打开【导入文件】对话框，选择配套光盘中的"工程文件\第9章\墨滴扩散\水墨.jpg 和宣纸.jpg"素材，单击【导入】按钮，"水墨.jpg"和"宣纸.jpg"素材将导入到【项目】面板中，如图 9.2 所示。

图 9.1 合成设置

图 9.2 【导入文件】对话框

03 在【项目】面板中，选择"水墨.jpg"和"宣纸.jpg"素材，将其拖动到"墨滴扩散"合成

图 9.3　添加素材

的时间线面板中,设置"宣纸"层的【模式】为【相乘】,如图 9.3 所示。

04　选择"水墨"层,在【效果和预设】面板中展开【颜色校正】特效组,双击【曲线】特效,如图 9.4 所示。

05　在【效果控件】面板中,调整曲线,如图 9.5 所示。

06　选择"水墨"层,在【效果和预设】面板中展开【风格化】特效组,双击 CC Burn Film（CC 燃烧效果）特效,如图 9.6 所示。

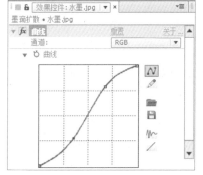

图 9.4　双击【曲线】特效　　　　图 9.5　调整曲线

图 9.6　双击 CC Burn Film（CC 燃烧效果）特效

07　在【效果控件】面板中,设置 Center（中心）的值为（459,166）,将时间调整到 0:00:01:00 帧的位置,单击 Burn（燃烧）左侧的码表按钮,在此位置设置关键帧,如图 9.7 所示。

08　将时间调整到 0:00:04:00 帧的位置,设置 Burn（燃烧）的值为 15,系统会自动创建关键帧,如图 9.8 所示。

图 9.7　设置特效关键帧

图 9.8　关键帧设置

09　在【效果控件】面板中,选中 CC Burn Film（CC 燃烧效果）特效,按 Ctrl+D 组合键,复制出一个 CC Burn Film 2（CC 燃烧效果 2）,如图 9.9 所示。

10　选择 CC Burn Film 2（CC 燃烧效果 2）特效,将时间调整到 0:00:04:00 帧的位置,修改 Burn（燃烧）的值为 13,如图 9.10 所示。

图 9.9　复制 CC Burn Film（CC 燃烧效果）

图 9.10　关键帧设置

11 在【效果控件】面板中，选中 CC Burn Film（CC 燃烧效果）特效，按 Ctrl+D 组合键，复制出一个 CC Burn Film 3（CC 燃烧效果 3），如图 9.11 所示。

12 选择 CC Burn Film 3（CC 燃烧效果 3）特效，将时间调整到 0:00:04:00 帧的位置，修改 Burn（燃烧）的值为 10，系统会自动创建关键帧，如图 9.12 所示。

图 9.11　复制 CC Burn Film（CC 燃烧效果）特效

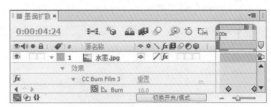

图 9.12　关键帧设置

13 这样"墨滴扩散"就做完了，按小键盘上的 0 键预览该动画效果。

9.2　闪电效果

特效解析

本例主要讲解通过【高级闪电】特效的应用，制作出闪电效果的动画。

知识点

1.【高级闪电】特效
2.【纯色】命令

工程文件：第9章\闪电效果\闪电效果.aep
视频文件：movie\9.2　闪电效果.avi

操作步骤

01 执行菜单栏中的【合成】|【新建合成】命令，打开【合成设置】对话框，设置【合成名称】为"闪电效果"，【宽度】为 720，【高度】为 480，【帧速率】为 25，并设置【持续时间】为 0:00:06:00，如图 9.13 所示。

02 执行菜单栏中的【文件】|【导入】|【文件】命令，打开【导入文件】对话框，选择配套光盘中的"工程文件＼第 9 章＼闪电效果＼背景 .jpg"素材，单击【导入】按钮，"背景 .jpg"素材将导入到【项目】面板中，如图 9.14 所示。

03 在【项目】面板中，选择"背景 .jpg"素材，将其拖动到"闪电效果"合成的时间线面板中，如图 9.15 所示。

图 9.13 合成设置

图 9.14 【导入文件】对话框

图 9.15 添加素材

04 执行菜单栏中的【图层】|【新建】|【纯色】命令,打开【纯色设置】对话框,设置【名称】为"闪电",【颜色】为黑色, 如图 9.16 所示。

05 选中"闪电"层,在【效果和预设】特效面板中展开【生成】特效组,双击【高级闪电】特效,如图 9.17 所示。

06 在【效果控件】面板中,从【闪电类型】右侧的下拉列表框中选择【击打】选项,设置【源点】的值为(124,116),【方向】的值为(438,254),在【发光设置】选项组中设置【发光不透明度】的值为 10%, 如图 9.18 所示。

图 9.16 纯色设置

图 9.17 添加【高级闪电】特效

图 9.18 参数设置

07 将时间调整到 0:00:00:00 帧的位置,单击【传导率状态】左侧的码表按钮,在当前位置添加关键帧,将时间调整到 0:00:04:24 帧的位置,设置【传导率状态】的值为 5,如图 9.19 所示。

08 将时间调整到 0:00:00:05 帧的位置,按 T 键打开【不透明度】属性,设置【不透明度】的值为 0,单击【不透明度】左侧的码表按钮 ○,在当前位置添加关键帧,将时间调整到 0:00:00:10 帧的位置,设置【不透明度】的值为 100,将时间调整到 0:00:00:15 帧的位置,设置【不透明度】的值为 100,将时间调整到 0:00:00:20 帧的位置,设置【不透明度】的值为 0,系统会自动添加关键帧,如图 9.20 所示。

图 9.19 参数设置

图 9.20 关键帧设置

09 在时间线面板中选择"闪电"层,按 Ctrl+D 组合键,将"闪电"层复制,复制后的文字层重命名为"闪电 2"层,并将"闪电 2"层的入点拖动至 0:00:01:20 帧的位置,如图 9.21 所示。

10 将时间调整到 0:00:02:00 帧的位置,选中"闪电 2"层,在【效果控件】面板中,修改【源点】的值为(134,76),【方向】的值为(214,128),单击【方向】左侧的码表按钮 ○,在当前位置添加关键帧,将时间调整到 0:00:02:15 帧的位置,设置【方向】的值为(630,446),系统会自动添加关键帧,如图 9.22 所示。

图 9.21 调整图层入点

图 9.22 关键帧设置

11 在时间线面板中选择"闪电"层,按 Ctrl+D 组合键,将"闪电"层复制,复制后的文字层重命名为"闪电 3"层,并将"闪电 3"层的入点拖动至 0:00:03:10 帧的位置,如图 9.23 所示。

12 选中"闪电 3"层,在【效果控件】面板中,从【闪电类型】右侧的下拉列表框中选择【方向】选项,修改【源点】的值为(550,80),【方向】的值为(318,366),如图 9.24 所示。

图 9.23 图层设置

图 9.24 参数设置

13 这样就完成了"闪电效果"的整体制作,按小键盘上的 0 键,即可在合成窗口中预览当前动画效果。

9.3 璀璨星光

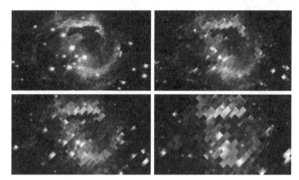

工程文件：第9章\璀璨星光\璀璨星光.aep
视频文件：movie\9.3 璀璨星光.avi

特效解析

本例主要讲解利用 CC Griddler（CC 网格变形）特效制作璀璨星光效果。

知识点

CC Griddler（CC 网格变形）特效

操作步骤

01 执行菜单栏中的【文件】|【打开项目】命令，选择配套光盘中的"工程文件\第9章\璀璨星光\璀璨星光练习.aep"文件，将"璀璨星光练习.aep"文件打开。

02 为"背景"层添加 CC Griddler（CC 网格变形）特效。在【效果和预设】面板中展开【扭曲】特效组，然后双击 CC Griddler（CC 网格变形）特效，如图9.25所示，合成窗口效果如图9.26所示。

03 在【效果控件】面板中，修改 CC Griddler（CC 网格变形）特效的参数，将时间调整到0:00:00:00帧的位置，设置 Horizontal Scale（水平缩放比例）的值为100，Vertical Scale（垂直缩放比例）的值为100，Tile Size（平铺大小）的值为5.5，Rotation（旋转）的值为0，单击 Horizontal Scale（水平缩放比例）、Vertical Scale（垂直缩放比例）、Tile Size（平铺大小）和 Rotation（旋转）左侧的码表按钮，在当前位置设置关键帧，如图9.27所示，合成窗口效果如图9.28所示。

图9.25 添加特效

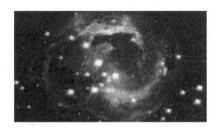

图9.26 添加特效后效果

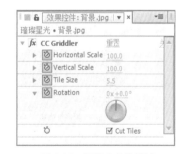

图9.27 设置0秒关键帧

04 将时间调整到0:00:03:19帧的位置，设置 Horizontal Scale（水平缩放比例）的值为231，Vertical Scale（垂直缩放比例）的值为290，Tile Size（平铺大小）的值为10，Rotation（旋转）的值为121，如图9.29所示，合成窗口效果如图9.30所示。

05 这样就完成了"璀璨星光"的整体制作，按小键盘上的0键，即可在合成窗口中预览动画效果。

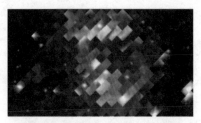

图 9.28　设置关键帧后效果　　　　图 9.29　设置 3 秒 19 帧关键帧　　　图 9.30　设置 CC Griddler（CC 网格
变形）后效果

9.4　狂风暴雨

特效解析

　　本例主要讲解利用 CC Rainfall（CC 下雨）特效制作狂风暴雨效果。

知 识 点

1.【摄像机镜头模糊】特效
2. CC Rainfall（CC 下雨）特效

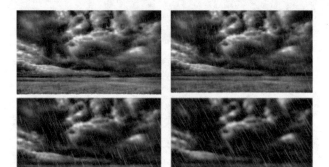

工程文件：第9章\狂风暴雨\狂风暴雨.aep
视频文件：movie\9.4　狂风暴雨.avi

操作步骤

01　执行菜单栏中的【文件】|【打开项目】命令，选择配套光盘中的"工程文件＼第 9 章＼狂风暴雨＼狂风暴雨练习 .aep"文件，将"狂风暴雨练习 .aep"文件打开。

02　为"天空"层添加【摄像机镜头模糊】特效。在【效果和预设】面板中展开【模糊和锐化】特效组，然后双击【摄像机镜头模糊】特效，如图 9.31 所示，合成窗口效果如图 9.32 所示。

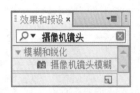

图 9.31　添加【摄像机镜头模糊】特效

图 9.32　添加特效后效果

03　在【效果控件】面板中，修改【摄像机镜头模糊】特效的参数，将时间调整到 0:00:00:00 帧的位置，设置【模糊半径】的值为 0，单击【模糊半径】左侧的码表按钮，在当前位置设置关键帧，如图 9.33 所示，合成窗口效果如图 9.34 所示。

图 9.33 设置【模糊半径】参数

图 9.34 设置参数后效果

04 将时间调整到 0:00:03:00 帧的位置，设置【模糊半径】的值为 8，系统会自动设置关键帧，如图 9.35 所示，合成窗口效果如图 9.36 所示。

图 9.35 设置【模糊半径】关键帧

图 9.36 设置关键帧后效果

05 为"天空"层添加 CC Rainfall（CC 下雨）特效。在【效果和预设】面板中展开【模拟】特效组，然后双击 CC Rainfall（CC 下雨）特效，如图 9.37 所示，合成窗口效果如图 9.38 所示。

图 9.37 添加 CC Rainfall（CC 下雨）特效

图 9.38 设置 CC Rainfall（CC 下雨）效果

06 在【效果控件】面板中，修改 CC Rainfall（CC 下雨）特效的参数，设置 Drops（雨滴）的值为 10000，将时间调整到 0:00:00:00 帧的位置，设置 Speed（速度）的值为 4000，Wind（风力）的值为 0，单击 Speed（速度）和 Wind（风力）左侧的码表按钮，在当前位置设置关键帧，如图 9.39 所示，合成窗口效果如图 9.40 所示。

07 将时间调整到 0:00:03:00 帧的位置，设置 Speed（速度）的值为 8000，Wind（风力）的值为 1500，系统会自动设置关键帧，如图 9.41 所示，合成窗口效果如图 9.42 所示。

08 这样就完成了"狂风暴雨"的整体制作，按小键盘上的 0 键，即可在合成窗口中预览动画效果。

图 9.39　设置 CC Rainfall（CC 下雨）参数　　　图 9.40　设置 CC Rainfall（CC 下雨）后效果

图 9.41　设置 CC Rainfall（CC 下雨）关键帧　　　图 9.42　设置关键帧后效果

9.5　窗外水珍珠

 **特效解析**

　　本例主要讲解利用 CC Mr.Mercury（CC 水银滴落）特效制作窗外水珍珠效果。

 **知识点**

1. CC Rainfall（CC 下雨）特效
2.【快速模糊】特效
3. CC Mr.Mercury（CC 水银滴落）特效

工程文件：第9章\窗外水珍珠\窗外水珍珠.aep
视频文件：movie\9.5　窗外水珍珠.avi

操作步骤 ⓥ

01 执行菜单栏中的【文件】|【打开项目】命令，选择配套光盘中的"工程文件＼第9章＼窗外水珍珠＼窗外水珍珠练习.aep"文件，将"窗外水珍珠练习.aep"文件打开。

02 为"家"层添加CC Rainfall（CC下雨）特效。在【效果和预设】面板中展开【模拟】特效组，然后双击CC Rainfall（CC下雨）特效。

03 在【效果控件】面板中，修改CC Rainfall（CC下雨）特效的参数，将时间调整到0:00:03:00帧的位置，设置Speed（速度）的值为5000，Wind（风力）的值为500，单击Speed（速度）和Wind（风力）左侧的码表按钮⏱，在当前位置设置关键帧，如图9.43所示，合成窗口效果如图9.44所示。

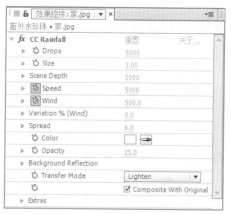

图9.43　设置CC Rainfall（CC下雨）参数

图9.44　设置参数后效果

04 将时间调整到0:00:06:00帧的位置，设置Speed（速度）的值为9000，Wind（风力）的值为800，系统会自动设置关键帧，如图9.45所示，合成窗口效果如图9.46所示。

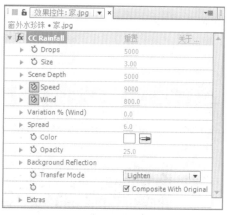

图9.45　设置CC Rainfall（CC下雨）关键帧

图9.46　设置参数后效果

05 为"家"层添加【快速模糊】特效。在【效果和预设】面板中展开【模糊和锐化】特效组，然后双击【快速模糊】特效。

06 在【效果控件】面板中，修改【快速模糊】特效的参数，将时间调整到0:00:01:20帧的位置，设置【模糊度】的值为 0，单击【模糊度】左侧的码表按钮🕐，在当前位置设置关键帧。

07 将时间调整到 0:00:03:00 帧的位置，设置【模糊度】的值为 7，系统会自动设置关键帧，如图 9.47 所示，合成窗口效果如图 9.48 所示。

08 在【项目】面板中，将"家"素材拖动到时间线面板中，将该图层重命名为"家 2"，为"家 2"层添加 CC Mr.Mercury（CC 水银滴落）特效。在【效果和预设】面板中展开【模拟】特效组，然后双击 CC Mr.Mercury（CC 水银滴落）特效，如图 9.49 所示。

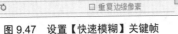

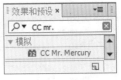

图 9.47 设置【快速模糊】关键帧 　图 9.48 设置参数后效果 　图 9.49 添加特效

09 在【效果控件】面板中，修改 CC Mr.Mercury（CC 水银滴落）特效的参数，设置 Radius X（X 轴半径）的值为 227，Radius Y（Y 轴半径）的值为 80，Producer（发生点）的值为（362, –66），Velocity（速度）的值为 0，Birth Rate（生长速率）的值为 1.8，Gravity（重力）的值为 0.2，Resistance（阻力）的值为 0，从 Animation（动画）下拉列表框中选择 Direction（方向）选项，从 Influence Map（影响映射）下拉列表框中选择 Blob in（滴入）选项，设置 Blob Birth Size（圆点生长尺寸）的值为 0，Blob Death Size（圆点消失尺寸）的值为 0.1，如图 9.50 所示。

10 展开 Light（照明）选项组，设置 Light Height（灯光高度）的值为 –28；展开 Shading（明暗）选项组，设置 Specular（反射）的值为 0，Metal（质感）的值为 65，Material Opacity（材质透明度）的值为 50，如图 9.51 所示，合成窗口效果如图 9.52 所示。

11 这样就完成了"窗外水珍珠"的整体制作，按小键盘上的 0 键，即可在合成窗口中预览动画效果。

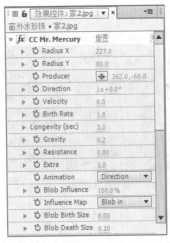

图 9.50 设置 CC Mr.Mercury 　图 9.51 设置 Light（照明）和 　图 9.52 设置 CC Mr.Mercury
（CC 水银滴落）参数 　 　Shading（明暗）参数 　 　（CC 水银滴落）后效果

9.6　流淌的岩浆

特效解析

　　本例主要讲解利用 CC Mr.Mercury（CC 水银滴落）特效制作流淌的岩浆效果。

知 识 点

　　1．CC Mr.Mercury（CC 水银滴落）特效
　　2．【曲线】特效

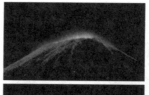

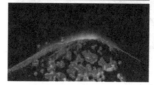

工程文件：第9章\流淌的岩浆\流淌的岩浆.aep
视频文件：movie\9.6　流淌的岩浆.avi

操作步骤

01　执行菜单栏中的【文件】|【打开项目】命令，选择配套光盘中的"工程文件＼第 9 章＼流淌的岩浆＼流淌的岩浆练习 .aep"文件，将"流淌的岩浆练习 .aep"文件打开。

02　为"岩浆"层添加 CC Mr.Mercury（CC 水银滴落）特效。在【效果和预设】面板中展开【模拟】特效组，然后双击 CC Mr.Mercury（CC 水银滴落）特效，如图 9.53 所示，合成窗口效果如图 9.54 所示。

03　在【效果控件】面板中，修改 CC Mr.Mercury（CC 水银滴落）特效的参数，设置 Radius X（X 轴半径）的值为 45，Radius Y（Y 轴半径）的值为 0，Producer（产生点）的值为（383,203），Longevity(sec)（寿命）的值为 3，Resistance（阻力）的值为 0.38，从 Influence Map（影响映射）右侧的下拉列表框中选择 Blob in（滴入）选项，Blob Birth Size（圆点生长尺寸）的值为 0.04，Blob Death Size（圆点消失尺寸）的值为 0.47，如图 9.55 所示，合成窗口效果如图 9.56 所示。

图 9.53　添加特效

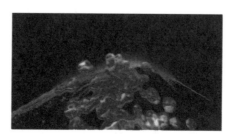

图 9.54　添加特效后效果

图 9.55　设置 CC Mr.Mercury
（CC 水银滴落）参数

04 执行菜单栏中的【图层】|【新建】|【调整图层】命令，为"调整图层 1"层添加【曲线】特效。在【效果和预设】面板中展开【颜色校正】特效组，然后双击【曲线】特效。

05 在【效果控件】面板中，修改【曲线】特效的参数，如图 9.57 所示，合成窗口效果如图 9.58 所示。

图 9.56 设置 CC 水银滴落后效果 　　图 9.57 设置曲线 　　图 9.58 设置曲线后效果

06 这样就完成了"流淌的岩浆"的整体制作，按小键盘上的 0 键，即可在合成窗口中预览动画效果。

9.7 雪 景

特效解析

　　本例主要讲解利用 CC Snowfall（CC 下雪）特效制作雪景效果。

知 识 点

　　CC Snowfall（CC 下雪）特效

工程文件：第9章\雪景\下雪.aep
视频文件：movie\9.7 雪景.avi

操作步骤

01 执行菜单栏中的【文件】|【打开项目】命令，选择配套光盘中的"工程文件\第 9 章\雪景\下雪练习 .aep"文件，将"下雪练习 .aep"文件打开。

02 为"背景"层添加 CC Snow（CC 下雪）特效。在【效果和预设】面板中展开【模拟】特效组，然后双击 CC Snowfall（CC 下雪）特效，如图 9.59 所示，合成窗口效果如图 9.60 所示。

03 在【效果控件】面板中，修改 CC Snowfall（CC 下雪）特效的参数，设置 Size（大小）的值为 15，Variation%(Size)（大小变异）的值为 100，Variation%(Speed)（速度变异）的值为 50，如图 9.61 所示，合成窗口效果如图 9.62 所示。

图 9.59　添加 CC Snowfall（CC 下雪）特效

图 9.60　合成窗口效果

图 9.61　设置 CC Snowfall（CC 下雪）参数

图 9.62　合成窗口效果

04　这样就完成了"雪景"的整体制作，按小键盘上的 0 键，即可在合成窗口中预览动画效果。

9.8　繁 星 闪 烁

特效解析

本例主要讲解利用 CC Particle Systems II（CC 粒子仿真系统）特效制作繁星闪烁的效果。

知 识 点

1．CC Particle Systems II（CC 粒子仿真系统）特效

2．【发光】特效

工程文件：第9章\繁星闪烁\繁星闪烁.aep
视频文件：movie\9.8　繁星闪烁.avi

操作步骤

01 执行菜单栏中的【合成】|【新建合成】命令，打开【合成设置】对话框，设置【合成名称】为 "繁星闪烁"，【宽度】为 720，【高度】为 480，【帧速率】为 25，并设置【持续时间】为 0:00:06:00，如图 9.63 所示。

02 执行菜单栏中的【文件】|【导入】|【文件】命令，打开【导入文件】对话框，选择配套光盘中的 "工程文件 \ 第 9 章 \ 繁星闪烁 \ 背景 .jpg" 素材，单击【导入】按钮，"背景 .jpg" 素材将导入到【项目】面板中，如图 9.64 所示。

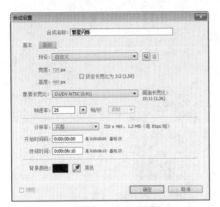

图 9.63　合成设置

图 9.64　【导入文件】对话框

03 在【项目】面板中，选择 "背景 .jpg" 素材，将其拖动到 "繁星闪烁" 合成的时间线面板中，如图 9.65 所示。

04 执行菜单栏中的【图层】|【新建】|【纯色】命令，打开【纯色设置】对话框，设置【名称】为 "繁星"，【颜色】为黑色，如图 9.66 所示。

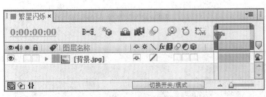

图 9.65　添加素材

图 9.66　纯色设置

05 选中 "繁星" 层，在【效果与预设】特效面板中展开【模拟】特效组，双击 CC Particle Systems II（CC 粒子仿真系统）特效，如图 9.67 所示。

06 在【效果控件】面板中，设置 Birth Rate（出生率）的值为 0.3，展开 Producer（发生器）选项组，设置 Radius X（X 轴半径）的值为 140，Radius Y（Y 轴半径）的值为 160；展开 Physics（物理学）选项组，设置 Velocity（速度）的值为 0，Gravity（重力）的值为 0，如图 9.68 所示。

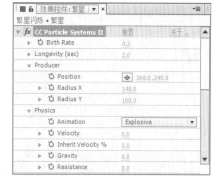

图 9.68 参数设置

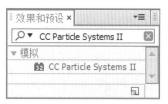

图 9.67 添加 CC Particle Systems II（CC 粒子仿真系统）特效

07 展开 Particle（粒子）选项组，从 Particle Type（粒子类型）右侧的下拉列表框中选择 Star 选项，设置 Death Size（死亡粒子尺寸）的值为 0.3，Birth Color（产生粒子颜色）为蓝色（R:32；G:250；B:232），Death Color（死亡粒子颜色）为深蓝色（R:0；G:96；B:132），如图 9.69 所示。

08 选中"繁星"层，在【效果与预设】特效面板中展开【风格化】特效组，双击【发光】特效，如图 9.70 所示。

图 9.69 设置 Particle（粒子）参数

图 9.70 添加【发光】特效

09 在【效果控件】面板中，设置【发光阈值】的值为 20，如图 9.71 所示。

10 选中"繁星"层，单击工具栏中的【矩形工具】按钮，选择矩形工具，在合成窗口中拖动绘制一个矩形蒙版区域，如图 9.72 所示。

图 9.71 设置【发光阈值】

图 9.72 创建矩形蒙版

11 按 F 键打开【蒙版羽化】属性，设置【蒙版羽化】的值为（40,40），如图 9.73 所示。

12 在时间线面板中选择"繁星"层，按 Ctrl+D 组合键，将"繁星"层复制，并将复制后的文字层重命名为"繁星2"层，如图9.74所示。

13 选中"繁星2"层，在【效果控件】面板中，修改 Birth Rate（出生率）的值为 0.5，Longevity（寿命）的值为 1.5，展开 Producer（发生器）选项组，修改 Radius X（X轴半径）的值为 200；展开 Particle（粒子）选项组，修改 Birth Color（产生粒子颜色）为黄色（R:254；G:227；B:0），如图9.75所示。

图 9.73 设置【蒙版羽化】

图 9.74 图层设置

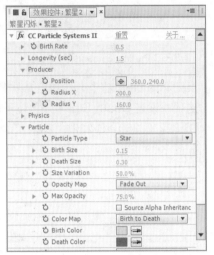

图 9.75 参数设置

14 这样就完成了"繁星闪烁"的整体制作，按小键盘上的 0 键，即可在合成窗口中预览当前动画效果。

9.9 涟漪效果

本例主要讲解通过 CC Drizzle（CC细雨滴）特效的应用，制作出涟漪效果。

知识点

CC Drizzle（CC细雨滴）特效

工程文件：第9章\涟漪效果\涟漪效果.aep
视频文件：movie\9.9 涟漪效果.avi

操作步骤

01　执行菜单栏中的【合成】|【新建合成】命令，打开【合成设置】对话框，设置【合成名称】为"涟漪效果"，【宽度】为 720，【高度】为 480，【帧速率】为 25，并设置【持续时间】为 0:00:05:00，如图 9.76 所示。

02　执行菜单栏中的【文件】|【导入】|【文件】命令，打开【导入文件】对话框，选择配套光盘中的"工程文件 \ 第 9 章 \ 涟漪效果 \ 背景 .jpg"素材，单击【导入】按钮，"背景 .jpg"素材将导入到【项目】面板中，如图 9.77 所示。

图 9.76　合成设置

图 9.77　【导入文件】对话框

03　在【项目】面板中，选择"背景 .jpg"素材，将其拖动到"涟漪效果"合成的时间线面板中，如图 9.78 所示。

图 9.78　添加素材

04　选中"背景"层，在【效果和预设】特效面板中展开【模拟】特效组，双击 CC Drizzle（CC 细雨滴）特效，如图 9.79 所示。

05　在【效果控件】面板中，设置 Longevity（寿命）的值为 2，Displacement（置换）的值为 25，如图 9.80 所示。

图 9.79　添加 CC Drizzie（CC 细雨滴）特效

图 9.80　参数设置

06　这样就完成了"涟漪效果"的整体制作，按小键盘上的 0 键，即可在合成窗口中预览当前动画效果。

9.10 夕阳晚景

特效解析

本例主要讲解利用【分形杂色】特效、【快速模糊】特效、【动态贴图】特效、【色相/饱和度】特效、【置换图】特效，制作玻水面效果，完成夕阳晚景的制作。

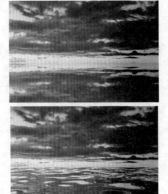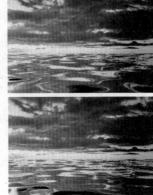

工程文件：第9章\夕阳\夕阳.aep
视频文件：movie\9.10 夕阳晚景.avi

知识点

1. 【分形杂色】特效
2. 【快速模糊】特效
3. 【动态拼贴】特效
4. 【色相/饱和度】特效
5. 【置换图】特效

操作步骤

9.10.1 新建合成

01 执行菜单栏中的【合成】|【新建合成】命令，打开【合成设置】对话框，设置【合成名称】为"水面"，【宽度】为720，【高度】为480，【帧速率】为25，并设置【持续时间】为00:00:10:00，如图9.81所示。

02 按 Ctrl+Y 组合键，打开【纯色设置】对话框，修改【名称】为"水面"，设置【宽度】为1200，【高度】为1200，【颜色】为黑色，如图9.82所示。

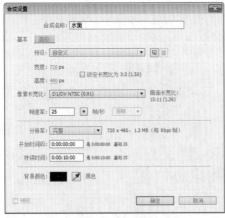

图9.81 合成设置

图9.82 【纯色设置】对话框

03 在【效果和预设】特效面板中展开【杂色和颗粒】特效组，双击【分形杂色】特效，如图9.83所示。

04 将时间调整到 0:00:00:00 帧的位置，在【效果控件】面板中，单击【演化】左侧的码表按钮🕐，设置一个关键帧，如图 9.84 所示。

05 将时间调整到 0:00:08:00 帧的位置，在【效果控件】面板中，设置【演化】的值为 2x，系统会自动设置关键帧。

06 在【效果和预设】特效面板中展开【模糊和锐化】特效组，双击【快速模糊】特效，如图 9.85 所示。

图 9.83 【分形杂色】特效　　图 9.84　0:00:00:00 帧的位置参数　　图 9.85 【快速模糊】特效

07 在【效果控件】面板中，设置【模糊度】的值为 25，选中【重复边缘像素】复选框，如图 9.86 所示。

08 在时间线面板中打开"水面"层的三维属性开关，展开【变换】选项组，设置 Position（位置）的值为（360,328,00），Orientation（方向）的值为（270,0,0）。

图 9.86 【快速模糊】参数

9.10.2　总合成

01 执行菜单栏中的【合成】|【新建合成】命令，打开【合成设置】对话框，设置【合成名称】为"海边"，【宽度】为 720，【高度】为 480，【帧速率】为 25，并设置【持续时间】为 0:00:10:00，如图 9.87 所示。

02 执行菜单栏中的【文件】|【导入】|【文件】命令，打开【导入文件】对话框，选择"工程文件＼第 9 章＼夕阳＼夕阳 .jpg"素材，如图 9.88 所示。单击【导入】按钮，"夕阳 .jpg"素材将导入到【项目】面板中。

图 9.87　合成设置　　　　　　　　　　图 9.88 【导入文件】对话框

03 将"夕阳.jpg"和"水面"合成拖动到时间线面板中,取消"水面"层显示,选中"夕阳.jpg"层,单击三维属性开关,按 Ctrl+D 组合键复制"夕阳.jpg"层,修改名称为"夕阳下.jpg",展开"夕阳.jpg"层的【变换】选项组,设置 Position(位置)的值为(360,48,38)。

04 选中"夕阳下.jpg"层,在【效果和预设】特效面板中展开【风格化】特效组,双击【动态拼贴】特效,如图 9.89 所示。

05 在【效果控件】面板中,设置【输出高度】的值为 220,选中【镜像边缘】复选框,如图 9.90 所示。

06 在【效果和预设】特效面板中展开【颜色校正】特效组,双击【色相/饱和度】特效,如图 9.91 所示。

图 9.89 【动态拼贴】特效

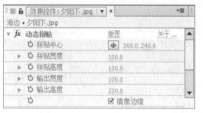

图 9.90 【动态拼贴】参数

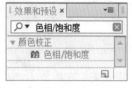

图 9.91 【色相/饱和度】特效

07 在【效果控件】面板中,设置【主色相】的值为 -12,如图 9.92 所示。

08 展开"夕阳下.jpg"层的【变换】选项组,设置【位置】的值为(360,720,0),【方向】的值为(180,0,0),在时间线面板菜单栏中单击鼠标右键,在弹出的快捷菜单中选择【列数】|【父级】命令,设置"夕阳下.jpg"层【父级】为"夕阳.jpg"。

图 9.92 【色相/饱和度】参数

09 选择菜单栏中的【图层】|【新建】|【摄像机】命令,打开【摄像机设置】对话框,设置【预设】为 24 毫米,参数设置如图 9.93 所示,单击【确定】按钮。

10 展开"摄像机"层的【变换】选项组,设置【位置】的值为(360,240,-568)。

11 按 Ctrl+Alt+Y 组合键建立一个调整层,层级顺序如图 9.94 所示。

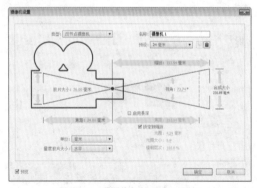

图 9.93 【摄像机设置】对话框

图 9.94 时间面板

12 选中调整层,在【效果和预设】特效面板中展开【扭曲】特效组,双击【置换图】特效,如图 9.95 所示。

13 在【效果控件】面板中，设置【置换图层】为"水面"，【最大水平置换】的值为60，【最大垂直置换】的值为239，如图 9.96 所示。

图 9.95 【置换图】特效

图 9.96 【置换图】参数

14 这样就完成了"夕阳晚景"的整体制作，按小键盘上的 0 键，即可在合成窗口中预览动画效果。

9.11 流 星 划 落

特效解析

本例主要讲解使用【星形工具】绘制五角形，利用【残影】特效制作星星拖尾效果。

知 识 点

1.【星形工具】
2.【残影】特效

工程文件：第9章\流星划落\流星划落.aep
视频文件：movie\9.11 流星划落.avi

操作步骤

9.11.1 创建星星

01 执行菜单栏中的【合成】|【新建合成】命令，打开【合成设置】对话框，设置【合成名称】为"星星"，【宽度】为720，【高度】为480，【帧速率】为25，并设置【持续时间】为0:00:06:00，如图 9.97 所示。

02 单击工具栏中的【星形工具】按钮，选择星形工具，设置【填充】为None，【描边】颜色为绿色（R:117；G:177；B:0），描边大小的值为 10px，在合成窗口中拖动绘制一个星形，如图 9.98 所示。

03 选中"形状图形 1"层，按 Enter 键，将该图层重命名为"星星"，如图 9.99 所示。

04 将时间调整到 0:00:00:00 帧的位置，选中"星星"层，按 P 键展开【位置】属性，设置【位置】的值为（85,100），单击码表按钮◎，在当前位置添加关键帧，按 S 键展开【缩放】属性，设置【缩放】的值为（10,10），单击码表按钮◎，在当前位置添加关键帧，按 R 键展开【旋转】属性，设置【旋转】的值为 -30，单击码表按钮◎，在当前位置添加关键帧，如图 9.100 所示。

图 9.97　合成设置

图 9.98　绘制星形

图 9.99　重命名图层

图 9.100　0:00:00:00 帧的位置关键帧设置

05　将时间调整到 0:00:03:00 帧的位置，设置【位置】的值为（420,190），系统会自动添加关键帧，如图 9.101 所示。

06　将时间调整到 0:00:05:24 帧的位置，设置【位置】的值为（600,375），【缩放】的值为（30,30），【旋转】的值为 0，系统会自动添加关键帧，如图 9.102 所示。

图 9.101　0:00:03:00 帧的位置关键帧设置

图 9.102　0:00:05:24 帧的位置关键帧设置

07　选中"星星"层，按 Ctrl+D 组合键，将"星星"层复制出"星星 2"层，如图 9.103 所示。

08　将时间调整到 0:00:00:00 帧的位置，选中"星星 2"层，按 U 键打开所有关键帧，修改【位置】的值为（85,60），【缩放】的值为（6,6），如图 9.104 所示。

09　将时间调整到 0:00:03:00 帧的位置，设置【位置】的值为（430,140），系统会自动添加关键帧，如图 9.105 所示。

10　将时间调整到 0:00:05:24 帧的位置，设置【位置】的值为（610,340），【缩放】的值为（20,20），系统会自动添加关键帧，如图 9.106 所示。

图 9.103 复制图层

图 9.104 0:00:00:00 帧的位置关键帧设置

图 9.105 复制图层

图 9.106 关键帧设置

9.11.2 制作星星拖尾

01 执行菜单栏中的【合成】|【新建合成】命令，打开【合成设置】对话框，设置【合成名称】为"星星拖尾"，【宽度】为 720，【高度】为 480，【帧速率】为 25，并设置【持续时间】为 0:00:06:00，如图 9.107 所示。

02 执行菜单栏中的【文件】|【导入】|【文件】命令，打开【导入文件】对话框，选择配套光盘中的"工程文件\第9章\流星划落\背景 .jpg"素材，单击【导入】按钮，"背景 .jpg"素材将导入到【项目】面板中，如图 9.108 所示。

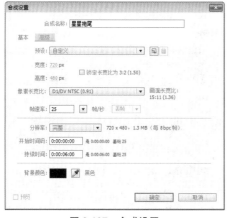

图 9.107 合成设置

图 9.108 【导入文件】对话框

03 在【项目】面板中，选择"星星"合成"背景 .jpg"素材，将其拖动到"星星拖尾"合成的时间线面板中，如图 9.109 所示。

04 选中"星星"层，按 Ctrl+D 组合键，将"星星"层复制，并 Enter 键，将该图层重命名为"星星拖尾"，如图 9.110 所示。

图 9.109　添加合成与素材

图 9.110　复制图层

05 选中"星星拖尾"层，在【效果和预设】特效面板中展开【时间】特效组，双击【残影】特效，如图 9.111 所示。

06 在【效果控件】面板中，设置【残影数量】的值为 2000，【起始强度】的值为 0.6，【衰减】的值为 0.95，如图 9.112 所示。

图 9.111　添加【残影】特效

图 9.112　参数设置

07 将时间调整到 0:00:00:00 帧的位置，选中"星星"层和"星星拖尾"层，按 T 键展开【不透明度】属性，设置【不透明度】的值为 0，单击码表按钮，在当前位置添加关键帧，如图 9.113 所示。

08 将时间调整到 0:00:00:20 帧的位置，设置【不透明度】的值为 100，系统会自动设置关键帧，如图 9.114 所示。

图 9.113　0:00:00:00 帧的位置关键帧设置

图 9.114　0:00:00:20 帧的位置关键帧设置

09 将时间调整到 0:00:05:00 帧的位置，设置【不透明度】的值为 100%，系统会自动设置关键帧，如图 9.115 所示。

10 将时间调整到 0:00:05:24 帧的位置，设置【不透明度】的值为 0，系统会自动设置关键帧，如图 9.116 所示。

图 9.115　0:00:05:00 帧的位置关键帧设置

图 9.116　0:00:05:24 帧的位置关键帧设置

11 这样就完成了"流星划落"的整体制作，按小键盘上的 0 键，即可在合成窗口中预览当前动画效果。

电影特效表现

 内容摘要

本章主要讲解影视特效的制作。越来越多的电影中加入了特效元素，这使得 After Effects 在影视制作中占有越来越重要的地位，而本章详细讲解了几种常见的电影特效的表现方法。通过本章的学习，使读者能够掌握常用电影特效的制作技巧。

教学目标

▶ 学习【轰炸】特效的制作
▶ 学习【地图定位】特效的制作
▶ 掌握【纸张翻页】特效的制作
▶ 掌握【烟花绽放】特效的制作
▶ 掌握【冲击波】特效的制作

10.1　飞　船　轰　炸

特效解析

本例讲解飞船轰炸效果，通过【生成】|【光束】特效以及素材的叠加，制作出飞船轰炸效果。

知 识 点

1.【光束】特效
2.【向后平移（锚点）工具】

工程文件：第10章\飞船轰炸\飞船轰炸.aep
视频文件：movie\10.1　飞船轰炸.avi

操作步骤

01　执行菜单栏中的【合成】|【新建合成】命令，打开【合成设置】对话框，设置【合成名称】为"飞船轰炸"，【宽度】为720，【高度】为480，【帧速率】为25，并设置【持续时间】为 0:00:03:00，如图 10.1 所示。

02　执行菜单栏中的【文件】|【导入】|【文件】命令，打开【导入文件】对话框，选择配套光盘中的"工程文件\第10章\飞船轰炸\飞机.mov、火.mov、背景.jpg、爆炸.mov"素材，单击【导入】按钮，如图 10.2 所示，素材将导入到【项目】面板中。

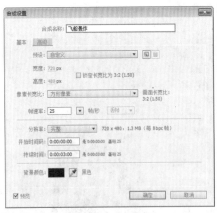
图 10.1　合成设置

图 10.2　导入素材

03　在【项目】面板中选择"背景.jpg、爆炸.mov、飞机.mov"素材，将其拖动到时间线面板中，排列顺序如图 10.3 所示。设置"背景.jpg"的【位置】为（409,193），【缩放】为（133,133）。

04　将时间调整到 0:00:00:20 的位置，在时间线面板中，选择"爆炸.mov"层，按 [键，将"爆炸.mov"的入点设置在当前位置，如图 10.4 所示。

图 10.3　添加素材

图 10.4　设置入点

05　在时间线面板中，选择"爆炸 .mov"层，将【模式】更改为【相加】，按 P 键展开【位置】
　　　属性，将"爆炸 .mov"素材【位置】属性的值更改为（214,262），将【缩放】属性的值更
　　　改为（65,65），如图 10.5 所示。此时合成窗口中的效果如图 10.6 所示。

图 10.5　设置位置、缩放属性的参数

图 10.6　设置参数后的效果

06　执行菜单栏中的【图层】|【新建】|【纯色】命令,打开【纯色设置】对话框,设置【名称】
　　　为"激光",如图 10.7 所示。

07　将时间调整到 0:00:00:00 的位置，在时间线面板中，选择"激光"层，在【效果和预设】
　　　面板中展开【生成】特效组，然后双击【光束】特效，如图 10.8 所示。

08　在【效果控件】面板中,设置【内部颜色】为蓝色（18,0,255）,【外部颜色】为青色（0,255,252）。

09　将时间调整到 0:00:00:12 帧的位置，在时间线面板中选择"激光"层，在【效果控件】面板中，
　　　设置【起始点】为（351,122）,【结束点】为（227,271）,【长度】为 15%,【时间】为 0,【起
　　　始厚度】为 0,单击【时间】和【起始厚度】左侧的码表按钮 ,在当前时间设置一个关键帧,
　　　如图 10.9 所示,

图 10.7　创建纯色层的参数

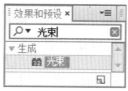

图 10.8　添加【光束】特效

图 10.9　设置【时间】和【起始厚度】
的关键帧

10　将时间调整到 0:00:00:23 帧的位置，在时间线面板中，选择"激光"层，按 Alt＋] 组合键，

将"激光"层的结束点设置在当前位置，如图 10.10 所示。

11 将【时间】的值改为 100%，【起始厚度】的值为 5，系统将自动设定一个关键帧，如图 10.11 所示。

图 10.10 设置"激光"层的结束点

图 10.11 【时间】和【起始厚度】属性值的修改

12 在时间线面板中，选择"背景 .jpg"层，按 Ctrl+D 组合键，复制背景层，修改名称为"背景蒙版"，放在时间线面板的最上层，如图 10.12 所示。单击工具栏中的【钢笔工具】按钮，选择钢笔工具，绘制路径，如图 10.13 所示。

图 10.12 排列顺序

图 10.13 绘制蒙版

13 在【项目】面板中选择"火 .mov"素材，将其拖动到时间面板中，将其放在激光层的上面，如图 10.14 所示。

14 按 Ctrl+Alt+F 组合键，将"火 .mov"层与合成匹配，然后单击工具栏中的【向后平移（锚点）工具】按钮，将"火 .mov"的中心点拖动到火的下边边缘，如图 10.15 所示。

图 10.14 排列顺序

图 10.15 "火 .mov"的中心点位置的调节

15 将时间调整到 0:00:01:02 的位置，按 [键，将"火 .mov"的入点设置在当前位置，如图 10.16 所示。

16 按 P 键，将"火 .mov"的【位置】属性的值修改为 (216,313)，按 S 键，将【缩放】属性的值修改为(0,0)，然后单击左侧的码表按钮，在当前时间设置一个关键帧，如图 10.17 所示。

图 10.16　"火 .mov"的入点设置

图 10.17　【位置】和【缩放】属性值修改

17 调整时间到 0:00:01:12 帧的位置，取消等
比缩放，【缩放】属性的值修改为（12,30），
如图 10.18 所示。

18 这样就完成了"飞船轰炸"的制作。按空
格键或小键盘上的 0 键，即可在合成窗口
中预览动画效果。

图 10.18　【缩放】属性值修改

10.2　占 卜 未 来

 特效解析

　　本例主要讲解利用 Curves（曲线）
特效、Particular（粒子）特效、【摄像机】
命令，制作占卜未来效果。

 知 识 点

1. Particular（粒子）特效
2.【摄像机】命令
3.【曲线】特效

工程文件：第10章\占卜未来\占卜未来.aep
视频文件：movie\10.2　占卜未来.avi

 操作步骤

01 执行菜单栏中的【合成】|【新建合成】命令，打开【合成设置】对话框，设置【合成名称】
为"旋转"，【宽度】为 720，【高度】为 480，【帧速率】为 25，并设置【持续时间】为
0:00:04:00，如图 10.19 所示。

02 在时间线面板中，按 Ctrl+Y 组合键打开【纯色设置】对话框，设置【名称】为"粒子"，【颜
色】为白色，如图 10.20 所示。

03 在时间线面板中选择"粒子"层，在【效果和预设】面板中展开 Trapcode 特效组，双击
Particular（粒子）特效，如图 10.21 所示。

04 在【效果控件】面板中，展开 Aux System（辅助系统）选项组，在 Emit（发射器）右侧的

下拉列表框中选择 Continously（连续）选项，设置 Particles/sec（每秒发射粒子数）的值为 235，Life（生命）的值为 1.3，Size（尺寸）的值为 1.5，Opacity（不透明度）的值为 30，如图 10.22 所示。

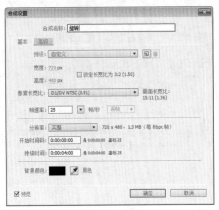

图 10.19　合成设置

图 10.20　【纯色设置】对话框

05 将时间调整到 0:00:01:00 帧的位置，展开 Physics（物理学）选项组，单击 Physics Time Factor（物理时间因素）左侧的码表按钮 🕐，在当前位置设置关键帧，展开 Air（空气）选项组中的 Turbulence Field（混乱场）选项，设置 Affect Position（影响位置）的值为 155，如图 10.23 所示。

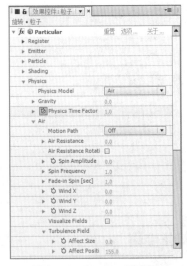

图 10.21　Particular（粒子）
特效

图 10.22　Aux System（辅助
系统）选项组参数

图 10.23　Physics（物理学）
选项组参数

06 将时间调整到 0:00:01:10 帧的位置，修改 Physics Time Factor（物理时间因素）的值为 0。

07 将时间调整到 0:00:00:00 帧的位置，展开 Particle（粒子）选项组，设置 Size（尺寸）的值为 0；展开 Emitter（发射器）选项组，设置 Particles/sec（每秒发射粒子数）的值为 1800，单击 Particles/sec（每秒发射粒子数）左侧的码表按钮 🕐，在当前位置设置关键帧，设置 Velocity（速度）的值为 160，Velocity Random（速度随机）的值为 40，如图 10.24 所示。

08 将时间调整到 0:00:00:01 帧的位置，修改 Particles/sec（每秒发射粒子数）的值为 0，系统将在当前位置自动设置关键帧。

09 选择菜单栏中的【图层】|【新建】|【摄像机】命令,打开【摄像机设置】对话框,设置【预设】为 24 毫米,参数设置如图 10.25 所示,单击【确定】按钮。

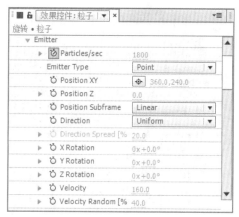

图 10.24 Emitter（发射器）选项组参数

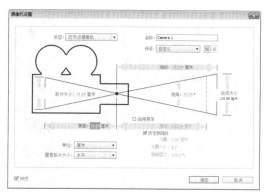

图 10.25 摄像机设置

10 将时间调整到 0:00:00:00 帧的位置,展开【变换】选项组。单击【位置】左侧的码表按钮 ⏱,在当前位置设置关键帧,设置【位置】的值为（360,288,-1100），如图 10.26 所示。

11 将时间调整到 0:00:01:10 帧的位置,修改【位置】的值为（-187,240,325），系统将在当前位置自动设置关键帧。

12 将时间调整到 0:00:03:00 帧的位置,修改【位置】的值为（-133,240,900），系统将在当前位置自动设置关键帧。

13 按 Ctrl+Alt+Y 组合键,创建一个【调整图层 1】层,选择【调整图层 1】层,在【效果和预设】面板中展开【颜色校正】特效组,双击【曲线】特效,如图 10.27 所示。

图 10.26 时间线面板

图 10.27 【曲线】特效

14 在【效果控件】面板中,设置【曲线】特效参数,调整曲线效果,如图 10.28 所示。

15 执行菜单栏中的【合成】|【新建合成】命令,打开【合成设置】对话框,设置【合成名称】为"占卜未来",【宽度】为 720,【高度】为 480,【帧速率】为 25,并设置【持续时间】为 0:00:04:00,如图 10.29 所示。

16 执行菜单栏中的【文件】|【导入】|【文件】命令,打开【导入文件】对话框,选择"工程文件\第 10 章\占卜未来\背景 .jpg"素材,如图 10.30 所示。单击【导入】按钮,"背景 .jpg"素材将导入到【项目】面板中。

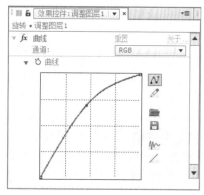

图 10.28 调整曲线

图 10.29　合成设置

图 10.30　【导入文件】对话框

17 将"背景 .jpg"和"旋转"层拖动到时间线面板中，选中"旋转"层，按 P 键打开【位置】属性，将时间调整到 0:00:00:10 帧的位置，设置【位置】的值为（390,258），单击【位置】左侧的码表按钮，在当前位置设置关键帧，将时间调整到 0:00:01:01 帧的位置，设置【位置】的值为（338,206），将时间调整到 0:00:03:19 帧的位置，设置【位置】的值为（72,20），系统将在当前位置自动设置关键帧。

18 这样就完成了"占卜未来"效果的整体制作，按小键盘上的 0 键，即可在合成窗口中预览动画效果。

10.3　烟　花　绽　放

特效解析

本例主要讲解通过 Particular（粒子）特效的应用，制作出缤纷多彩的烟花的动画。

知识点

Particular（粒子）特效

工程文件：第10章\烟花绽放\烟花绽放.aep
视频文件：movie\10.3　烟花绽放.avi

操作步骤

01 执行菜单栏中的【合成】|【新建合成】命令，打开【合成设置】对话框，设置【合成名称】为"烟花绽放"，【宽度】为 720，【高度】为 480，【帧速率】为 25，并设置【持续时间】

为 0:00:04:00，如图 10.31 所示。

02 执行菜单栏中的【文件】|【导入】|【文件】命令，打开【导入文件】对话框，选择配套光盘中的"工程文件＼第 10 章＼烟花绽放＼背景 .jpg"素材，单击【导入】按钮，"背景 .jpg"素材将导入到【项目】面板中，如图 10.32 所示。

图 10.31　合成设置

图 10.32　【导入文件】对话框

03 在【项目】面板中，选择"背景 .jpg"素材，将其拖动到"烟花绽放"合成的时间线面板中，如图 10.33 所示。

04 执行菜单栏中的【图层】|【新建】|【纯色】命令，打开【纯色设置】对话框，设置【名称】为"烟花"，【颜色】为黑色，如图 10.34 所示。

05 选中"烟花"层，在【效果和预设】特效面板中展开 Trapcode 特效组，双击 Particular（粒子）特效，如图 10.35 所示。

图 10.33　添加素材

图 10.34　纯色设置

图 10.35　添加 Particular
（粒子）特效

06 将时间调整到 0:00:00:00 帧的位置，在【效果控件】面板中，展开 Emitter（发射器）选项组，设置 Particles/sec（每秒发射粒子数量）的值为 10000，单击 Particles/sec（每秒发射粒子数量）左侧的码表按钮 ，在当前位置添加关键帧，设置 Position XY（XY 轴位置）的值为（216,164），Velocity（速率）的值为 400，Velocity Random[%]（速率随机）的值为 5，Velocity Distribution（速率分布）的值为 1，如图 10.36 所示。

07 将时间调整到 0:00:00:01 帧的位置，设置 Particles/sec（每秒发射粒子数量）的值为 0，系统会自动添加关键帧，如图 10.37 所示。

08 展开 Particle（粒子）选项组，设置 Life[sec]（生命）的值为 2，Life Random[%]（生命随

机）的值为 20，从 Particle Type（粒子类型）右侧的下拉列表框中选择 Glow Sphere（No DOF）选项，设置 Sphere Feather（球形羽化）的值为 0，Size（大小）的值为 2，Color（颜色）为橙红色（R:255；G:66；B:0），从 Transfer Mode（类型）右侧的下拉列表框中选择 Add 选项，展开 Glow（发光）选项组，设置 Opacity（不透明度）的值为 50，如图 10.38 所示。

图 10.36　参数设置

图 10.37　关键帧设置

09 展开 Physics（物理学）选项组，设置 Gravity（重力）的值为 70；展开 Air（空气）选项组，设置 Air Resistance（空气阻力）的值为 2，如图 10.39 所示。

10 展开 Aux System（辅助系统）选项组，从 Emit（发射器）右侧的下拉列表框中选择 Continuously 选项，设置 Particles/sec（每秒发射粒子数量）的值为 48，Life[%]（生命）的值为 0.7，从 Type（类型）右侧的下拉列表框中选择 Sphere 选项，设置 Size（大小）的值为 3，Opacity（不透明度）的值为 39，从 Transfer Mode（类型）右侧的下拉列表框中选择 Add 选项，如图 10.40 所示。

图 10.38　Particle（粒子）参数设置

图 10.39　Physics（物理学）参数设置

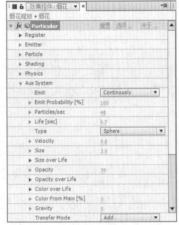

图 10.40　Aux System（辅助系统）参数设置

11 在时间线面板中选择"烟花"层，按 Ctrl+D 组合键，将"烟花"层复制出"烟火"层，并将复制后的文字层重命名为"烟花 2"层，如图 10.41 所示。

12 将时间调整到 0:00:01:15 帧的位置，选中"烟花 2"层，将"烟花 2"层的入点拖动至

0:00:01:15 帧的位置，如图 10.42 所示。根据需要可以移动其位置。

图 10.41 复制图层　　　　　　　　　　　图 10.42 图层设置

13 这样就完成了"烟花绽放"的整体制作，按小键盘上的 0 键，即可在合成窗口中预览当前
动画效果。

10.4 穿越时空隧道

特效解析

　　本例主要讲解利用 CC Flo Motion
（CC 两点扭曲）特效制作穿越时空隧
道效果。

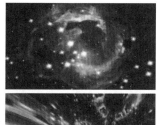

知 识 点

　　CC Flo Motion（CC 两点扭曲）
特效

工程文件：第10章\穿越时空隧道\穿越时空隧道.aep
视频文件：movie\10.4 穿越时空隧道.avi

操作步骤

01 执行菜单栏中的【文件】|【打开项目】命令，选择配套光盘中的"工程文件 \ 第 10 章 \
穿越时空隧道 \ 穿越时空隧道练习 .aep"文件，将"穿越时空隧道练习 .aep"文件打开。

02 为"银河"层添加【CC 两点扭曲】特效。在【效果和预设】面板中展开【扭曲】特效组，然
后双击 CC Flo Motion（CC 两点扭曲）特效，如图 10.43 所示，合成窗口效果如图 10.44 所示。

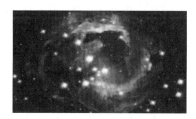

图 10.43 添加特效　　　　　　　　　　　图 10.44 添加特效后效果

03 在【效果控件】面板中，修改 CC Flo Motion（CC 两点扭曲）特效的参数，设置 Knot 1
的值为（507,214），Knot 2 的值为（423,283），将时间调整到 0:00:00:00 帧的位置，设置

Amount 1 的值为 0，Amount 2 的值为 0，单击 Amount 1 和 Amount 2 左侧的码表按钮，在当前位置设置关键帧，如图 10.45 所示，合成窗口效果如图 10.46 所示。

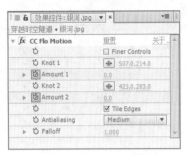

图 10.45　设置 0 秒关键帧

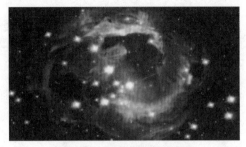

图 10.46　设置关键帧后效果

04 将时间调整到 0:00:03:19 帧的位置，设置 Amount 1 的值为 138，Amount 2 的值为 114，系统会自动设置关键帧，如图 10.47 所示，合成窗口效果如图 10.48 所示。

图 10.47　设置 CC Flo Motion（CC 两点扭曲）参数

图 10.48　设置【CC 两点扭曲】后效果

05 这样就完成了"穿越时空隧道"的整体制作，按小键盘上的 0 键，即可在合成窗口中预览动画效果。

10.5　地图定位

特效解析

本例主要通过讲解利用【网格】特效制作定位点，通过【无线电波】特效的应用，制作出光圈效果。

知识点

1.【无线电波】特效
2.【网格】特效

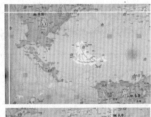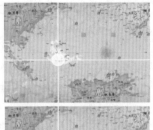

工程文件：第10章\地图定位\地图定位.aep
视频文件：movie\10.5 地图定位.avi

操作步骤

10.5.1 制作光圈

01 执行菜单栏中的【合成】|【新建合成】命令，打开【合成设置】对话框，设置【合成名称】为"光圈"，【宽度】为 720，【高度】为 480，【帧速率】为 25，并设置【持续时间】为 0:00:00:10，如图 10.49 所示。

02 执行菜单栏中的【层】|【新建】|【纯色】命令，打开【纯色设置】对话框，设置【名称】为"光"，【颜色】为黑色，如图 10.50 所示。

图 10.49 合成设置

图 10.50 纯色设置

03 选中"光"层，在【效果和预设】面板中展开【生成】特效组，双击【无线电波】特效，如图 10.51 所示。

04 在【效果控制】面板中，展开【描边】选项组，从【配置文件】右侧的下拉列表框中选择【入点锯齿】选项，设置【颜色】为白色，【开始宽度】的值为 40，【末端宽度】的值为 40，如图 10.52 所示。

图 10.51 添加【无线电波】特效

图 10.52 参数设置

10.5.2 制作定位效果

01 执行菜单栏中的【合成】|【新建合成】命令，打开【合成设置】对话框，设置【合成名称】

为"地图定位",【宽度】为 720,【高度】为 480,【帧速率】为 25, 并设置【持续时间】为 0:00:05:00, 如图 10.53 所示。

02 执行菜单栏中的【文件】|【打开导入】|【文件】命令, 打开【导入文件】对话框, 选择配套光盘中的"工程文件 \ 第 10 章 \ 地图定位 \ 背景 .jpg"素材, 单击【导入】按钮,"背景 .jpg"素材将导入到【项目】面板中, 如图 10.54 所示。

图 10.53 合成设置

图 10.54 【导入文件】对话框

03 在【项目】面板中, 选择"背景 .jpg"素材, 将其拖动到"地图定位"合成的时间线面板中, 如图 10.55 所示。

图 10.55 添加素材

04 执行菜单栏中的【图层】|【新建】|【纯色】命令, 打开【纯色设置】对话框, 设置【名称】为"网格",【颜色】为黑色, 如图 10.56 所示。

05 选中"网格"层, 在【效果和预设】特效面板中展开【生成】特效组, 双击【网格】特效, 如图 10.57 所示。

图 10.56 纯色设置

图 10.57 添加【网格】特效

06 将时间调整到 0:00:00:00 帧的位置, 在【效果控件】面板中, 设置【锚点】的值为 (-842,-600),【边角】的值为 (24,40), 单击【边角】左侧的码表按钮 , 在当前位置添加关键帧, 如图 10.58 所示。

07 将时间调整到 0:00:00:20 帧的位置, 设置【边角】的值为 (127,92), 将时间调整到

0:00:01:05 帧的位置，设置【边角】的值为（127,92），将时间调整到 0:00:01:15 帧的位置，设置【边角】的值为（257,249），将时间调整到 0:00:02:00 帧的位置，设置【边角】的值为（257,249），将时间调整到 0:00:02:14 帧的位置，设置【边角】的值为（400,416），将时间调整到 0:00:02:24 帧的位置，设置【边角】的值为（400,416），将时间调整到 0:00:03:13 帧的位置，设置【边角】的值为（518,64），将时间调整到 0:00:03:23 帧的位置，设置【边角】的值为（518,64），将时间调整到 0:00:04:24 帧的位置，设置【边角】的值为（577,350），系统会自动添加关键帧，如图 10.59 所示。

图 10.58 参数设置

图 10.59 关键帧设置

08 在【项目】面板中，选择"光圈"合成，将其拖动到"地图定位"合成的时间线面板中，并将"光圈"合成的入点拖动至 0:00:00:20 帧的位置，如图 10.60 所示。

09 在时间线面板中选择"光圈"层，按 Ctrl+D 组合键，将"光圈"层复制，并将其入点拖动至 0:00:01:15 帧的位置，如图 10.61 所示。

图 10.60 拖动图层入点

图 10.61 复制并拖动图层

10 在时间线面板中选择"光圈"层，按 Ctrl+D 组合键，将"光圈"层复制，并将其入点拖动至 0:00:02:15 帧的位置，如图 10.62 所示。

11 在时间线面板中选择"光圈"层，按 Ctrl+D 组合键，将"光圈"层复制，并将其入点拖动至 0:00:03:15 帧的位置，如图 10.63 所示。最后分别移动光圈位置与十字线对齐。

图 10.62 设置光圈入点

图 10.63 复制并设置图层

12 将时间调整到 0:00:00:00 帧的位置，选中"背景 .jpg"层，按 P 键打开【位置】属性，设置【位置】的值为（530,240），单击【位置】左侧的码表按钮，在当前位置添加关键帧，如图 10.64 所示。

13 将时间调整到 0:00:05:00 帧的位置，设置【位置】的值为（190,240），系统会自动添加关键帧，如图 10.65 所示。

图 10.64　0:00:00:00 帧的位置关键帧设置　　　　图 10.65　0:00:05:00 帧的位置关键帧设置

14 这样就完成了"地图定位"的整体制作，按小键盘上的 0 键，即可在合成窗口中预览当前动画效果。

10.6　纸张翻页

特效解析

　　本例主要讲解通过修改素材的位置制作出位置动画效果，从而了解关键帧的使用。

知识点

　　CC Page Turn（CC 卷页）特效

工程文件：第10章\纸张翻页\纸张翻页.aep
视频文件：movie\10.6　纸张翻页.avi

操作步骤

10.6.1　制作翻页动画

01 执行菜单栏中的【合成】|【新建合成】命令，打开【合成设置】对话框，设置【合成名称】为"纸张翻页"，【宽度】为 720，【高度】为 480，【帧速率】为 25，并设置【持续时间】为 0:00:06:00，如图 10.66 所示。

02 执行菜单栏中的【文件】|【导入】|【文件】命令，打开【导入文件】对话框，选择配套光盘中的"工程文件\第 10 章\纸张翻页\背景 .jpg、背景 1.jpg、背景 2.jpg、背景 3.jpg、背景 4.jpg 和背景 5.jpg"素材，单击【导入】按钮，"背景 .jpg、背景 1.jpg、背景 2.jpg、背景 3.jpg、背景 4.jpg 和背景 5.jpg"素材将导入到【项目】面板中，如图 10.67 所示。

图 10.66　合成设置

图 10.67　【导入文件】对话框

03　在【项目】面板中，选择"背景 1.jpg、背景 2.jpg、背景 3.jpg、背景 4.jpg 和背景 5.jpg"素材，将其拖动到"纸张翻页"合成的时间线面板中，打开"背景 1.jpg 和背景 2.jpg"层的三维开关，如图 10.68 所示。

图 10.68　添加素材

04　选中"背景 1.jpg"层，在【效果和预设】面板中展开【扭曲】特效组，双击 CC Page Turn（CC 卷页）特效，如图 10.69 所示。

05　在【效果控件】面板中，从 Controls（控制器）右侧的下拉列表框中选择 Classic UI 选项，设置 Back Page（背页）为【4. 背景 4.jpg】，Back Opacity（背页不透明度）的值为 100，如图 10.70 所示。

06　将时间调整到 0:00:00:00 帧的位置，设置 Fold Position（折叠位置）的值为（451,180），单击码表按钮，在当前位置添加关键帧，Fold Direction（折叠方向）的值为 −30，单击码表按钮，在当前位置添加关键帧，Fold Radius（折叠半径）的值为 120，单击码表按钮，在当前位置添加关键帧，Light Direction（光方向）的值为 60，单击码表按钮，在当前位置添加关键帧，如图 10.71 所示。

图 10.69　CC Page Turn（CC 卷页）特效

图 10.70　参数设置

图 10.71　0:00:00:00 帧的位置参数设置

07　将时间调整到 0:00:02:00 帧的位置，设置 Fold Position（折叠位置）的值为（−4,180），Fold Direction（折叠方向）的值为 −90，Fold Radius（折叠半径）的值为 4，Light Direction（光

方向）的值为 -60，系统会自动添加关键帧，如图 10.72 所示。

08 选中"背景 2.jpg"层，在【效果和预设】面板中展开【扭曲】特效组，双击 CC Page Turn（CC 卷页）特效，如图 10.73 所示。

图 10.72　0:00:02:00 帧的位置参数设置

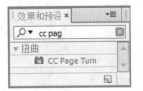

图 10.73　CC Page Turn（CC 卷页）特效

09 在【效果控件】面板中，设置 Controls（控制器）为 Classic UI，Back Page（背页）为【5. 背景 5.jpg】，Back Opacity（背页不透明度）的值为 100，如图 10.74 所示。

10 将时间调整到 0:00:02:00 帧的位置，按 P 键打开【位置】属性，设置【位置】的值为（360,240,0），单击码表按钮，在当前位置添加关键帧，将时间调整到 0:00:02:01 帧的位置，设置【位置】的值为（360,240,-1），系统会自动添加关键帧，如图 10.75 所示。

图 10.74　参数设置

图 10.75　关键帧设置

11 将时间调整到 0:00:02:09 帧的位置，设置 Fold Position（折叠位置）的值为（585,240），单击码表按钮，在当前位置添加关键帧，设置 Fold Direction（折叠方向）的值为 -30，单击码表按钮，在当前位置添加关键帧，设置 Fold Radius（折叠半径）的值为 120，单击码表按钮，在当前位置添加关键帧，设置 Light Direction（光方向）的值为 60，单击码表按钮，在当前位置添加关键帧，如图 10.76 所示。

12 将时间调整到 0:00:04:09 帧的位置，设置 Fold Position（折叠位置）的值为（-4,182），Fold Direction（折叠方向）的值为 -90，Fold Radius（折叠半径）的值为 4，Light Direction（光方向）的值为 -60，系统会自动添加关键帧，如图 10.77 所示。

图 10.76　参数设置

图 10.77　关键帧设置

10.6.2　创建总合成

01　执行菜单栏中的【合成】|【新建合成】命令,打开【合成设置】对话框,设置【合成名称】为"总合成",【宽度】为 720,【高度】为 480,【帧速率】为 25, 并设置【持续时间】为 0:00:06:00, 如图 10.78 所示。

02　在【项目】面板中,选择"背景.jpg"和"纸张翻页"素材,将其拖动到"总合成"合成的时间线面板中,打开"纸张翻页"层的三维开关,如图 10.79 所示。

03　选中"纸张翻页"层,按 P 键打开【位置】属性,设置【位置】的值为(478,286,300),按 S 键打开【缩放】属性,设置【缩放】的值为(110,110,110),按 R 键打开【方向】属性, 设置【方向】的值为(0,0,10),如图 10.80 所示。

图 10.78　合成设置

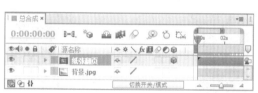

图 10.79　添加素材

图 10.80　参数设置

04　这样就完成了"纸张翻页"的整体制作, 按小键盘上的 0 键, 即可在合成窗口中预览当前动画效果。

10.7　爆炸冲击波

特效解析

　　本例主要讲解利用【毛边】特效制作爆炸冲击波效果。

知识点

1.【毛边】特效
2.【梯度渐变】特效
3. Shine(发光)特效

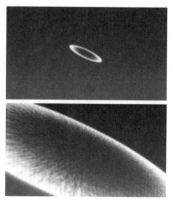
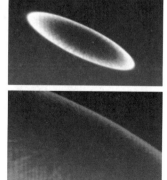

工程文件:第10章\爆炸冲击波\爆炸冲击波.aep
视频文件:movie\10.7　爆炸冲击波.avi

操作步骤 ⬇

10.7.1 绘制圆形路径

01 执行菜单栏中的【合成】|【新建合成】命令,打开【合成设置】对话框,设置【合成名称】为"路径",【宽度】为720,【高度】为405,【帧速率】为25,并设置【持续时间】为0:00:03:00。

02 执行菜单栏中的【图层】|【新建】|【纯色】命令,打开【纯色设置】对话框,设置【名称】为"白色",【颜色】为白色,如图10.81所示。

03 选中"白色"图层,在工具栏中选择【椭圆工具】 ◯ ,在"白色"层上绘制一个圆形路径,如图10.82所示。

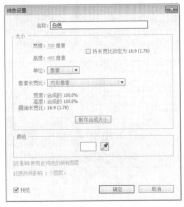

图 10.81　纯色设置

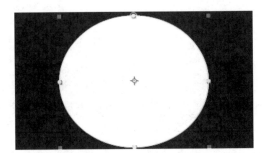

图 10.82　白色层路径显示效果

04 将"白色"层复制一份,并将其重命名为"黑色",将其颜色改为黑色。

05 单击"黑色"图层其左侧的灰色三角形按钮 ▼ ,展开【蒙版】选项组,打开【蒙版1】卷展栏,设置【蒙版扩展】的值为-20,如图10.83所示,合成窗口效果如图10.84所示。

图 10.83　设置遮罩扩展参数

图 10.84　设置遮罩扩展后效果

06 为"黑色"层添加【毛边】特效。在【效果和预设】面板中展开【风格化】特效组,然后双击【毛边】特效。

07 在【效果控件】面板中,修改【毛边】特效的参数,设置【边界】的值为300,【边缘锐度】的值为10,【比例】的值为10,【复杂度】的值为10。将时间调整到0:00:00:00帧的位置,设置【演化】的值为0,单击【演化】左侧的码表按钮 ◯ ,在当前位置设置关键帧。

08 将时间调整到0:00:02:00帧的位置,设置【演化】的值为-5x,系统会自动设置关键帧,如图 10.85 所示，合成窗口效果如图 10.86 所示。

图 10.85　设置【毛边】参数

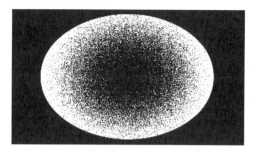

图 10.86　设置【毛边】后效果

10.7.2　制作"冲击波"

01 执行菜单栏中的【合成】|【新建合成】命令，打开【图像合成】对话框，设置【合成名称】为"爆炸冲击波"，【宽度】为 720，【高度】为 405，【帧速率】为 25，并设置【持续时间】为 0:00:02:00。

02 执行菜单栏中的【图层】|【新建】|【纯色】命令，打开【纯色设置】对话框，设置【名称】为"背景"，【颜色】为黑色。

03 为"背景"层添加特效。在【效果和预设】面板中展开【生成】特效组，然后双击【梯度渐变】特效。

04 在【效果控件】面板中，修改【梯度渐变】特效的参数，设置【结束颜色】为暗红色（R:143；G:11；B:11），如图 10.87 所示，合成窗口效果如图 10.88 所示。

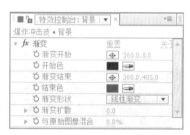

图 10.87　渐变参数设置

图 10.88　设置【渐变】后效果

05 打开"爆炸冲击波"合成，在【项目】面板中，选择"路径"合成，将其拖动到"爆炸冲击波"合成的时间线面板中。

06 为"路径"层添加 Shine（光）特效。在【效果和预设】面板中展开 Trapcode 特效组，然后双击 Shine（光）特效。

07 在【效果控件】面板中，修改 Shine（光）特效的参数，设置 Ray Length（光线长度）的值为 0.4，Boost Light（光线高度）的值为 1.7，从 Colorize...（着色）右侧的下拉列表框中选择 Fire（火焰）选项，如图 10.89 所示。合成窗口效果如图 10.90 所示。

08 打开"路径"层的三维开关，单击"路径"图层其左侧的灰色三角形按钮 ▼，展开【变换】选项组，设置【方向】的值为（0,17,335），【X 轴旋转】的值为 -72，【Y 轴旋转】的值为 124，【Z 轴旋转】的值为 27，单击【缩放】左侧的【约束比例】按钮，取消约束，将时间调整到 0:00:00:00 帧的位置，设置【缩放】的值为（0,0,100），单击【缩放】左侧的码

表按钮 ⏱，在当前位置设置关键帧，如图 10.91 所示，合成窗口效果如图 10.92 所示。

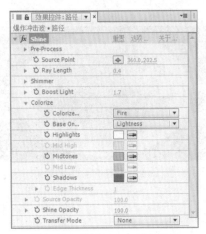

图 10.89　设置 Shine（光）参数

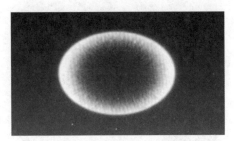

图 10.90　设置 Shine（光）后效果

图 10.91　设置参数

图 10.92　设置参数后效果

09 将时间调整到 0:00:02:00 帧的位置，设置【缩放】的值为（300,300,100），系统会自动设置关键帧，如图 10.93 所示，合成窗口效果如图 10.94 所示。

图 10.93　设置【缩放】关键帧

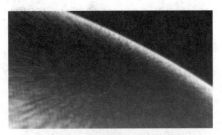

图 10.94　设置【缩放】后效果

10 选中"路径"层，将时间调整到 0:00:01:15 帧的位置，按 T 键展开【不透明度】属性，设置【不透明度】的值为 100，单击左侧的码表按钮 ⏱，在当前位置设置关键帧。

11 将时间调整到 0:00:02:00 帧的位置，设置【不透明度】的值为 0，系统会自动设置关键帧，如图 10.95 所示。

12 这样就完成了"爆炸冲击波"的整体制作，按小键盘上的 0 键，即可在合成窗口中预览动画效果。

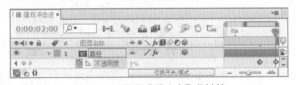

图 10.95　设置【透明度】关键帧

10.8 意 境 风 景

特效解析

　　本例主要讲解利用 CC Hair（CC毛发）、CC Rainfall（CC 下雨）特效制作意境风景的效果。

知 识 点

1.【分形杂色】特效
2. CC Hair（CC 毛发）特效
3. CC Rainfall（CC 下雨）特效

工程文件：第10章\意境风景\意境风景.aep
视频文件：movie\10.8 意境风景.avi

操作步骤

10.8.1 制作风效果

01 执行菜单栏中的【合成】|【新建合成】命令，打开【合成设置】对话框，设置【合成名称】为"风"，【宽度】为 720，【高度】为 480，【帧速率】为 25，并设置【持续时间】为 0:00:05:00，如图 10.96 所示。

02 执行菜单栏中的【图层】|【新建】|【纯色】命令，打开【纯色设置】对话框，设置【名称】为"风"，【颜色】为黑色，如图 10.97 所示。

03 选中"风"层，在【效果和预设】面板中展开【杂色和颗粒】特效组，双击【分形杂色】特效，如图 10.98 所示。

图 10.96 合成设置　　　　图 10.97 纯色设置　　　图 10.98 添加【分形杂色】特效

04 将时间调整到 0:00:00:00 帧的位置，在【效果控件】面板中，展开【变换】选项栏，设置【缩放】的值为 20，单击【演化】左侧的码表按钮 ，在当前位置添加关键帧，如图 10.99 所示。

05 将时间调整到 0:00:04:24 帧的位置，设置【演化】为 2x，系统会自动添加关键帧，如图 10.100 所示。

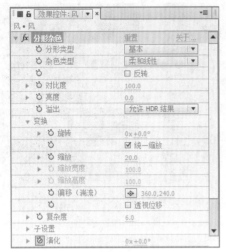

图 10.99　参数设置

图 10.100　关键帧设置

10.8.2　制作动态效果

01 执行菜单栏中的【合成】|【新建合成】命令，打开【合成设置】对话框，设置【合成名称】为 "意境风景"，【宽度】为 720，【高度】为 480，【帧速率】为 25，并设置【持续时间】为 0:00:05:00，如图 10.101 所示。

02 执行菜单栏中的【文件】|【导入】|【文件】命令，打开【导入文件】对话框，选择配套光盘中的 "工程文件 \ 第 10 章 \ 意境风景 \ 背景 .jpg" 素材，单击【导入】按钮，"背景 .jpg" 素材将导入到【项目】面板中，如图 10.102 所示。

图 10.101　合成设置

图 10.102　【导入文件】对话框

03 在【项目】面板中，选择 "背景 .jpg" 素材和 "风" 合成，将其拖动到 "意境风景" 合成的时间线面板中，如图 10.103 所示。

04 执行菜单栏中的【图层】|【新建】|【纯色】命令，打开【纯色设置】对话框，设置【名称】

为"草",【颜色】为黑色，如图 10.104 所示。

图 10.103　添加素材

图 10.104　纯色设置

05 选中"风"层，单击左侧图层开关按钮 ⊙，将此图层关闭，如图 10.105 所示。

06 选中"草"层，单击工具栏中的【矩形工具】按钮，选择矩形工具，在【合成】窗口中拖动绘制一个矩形蒙版区域，如图 10.106 所示。

图 10.105　图层设置

图 10.106　创建矩形蒙版

07 选中"草"层，在【效果和预设】面板中展开【模拟】特效组，双击 CC Hair（CC 毛发）特效，如图 10.107 所示。

08 在【效果控件】面板中设置 Length（长度）的值为 50，Thickness（粗度）的值为 1，Weight（重量）的值为 –0.1，Density（密度）的值为 250，展开 Hairfall Map（毛发贴图）选项组，从 Map Layer（贴图层）右侧的下拉列表框中选择【2. 风】选项，设置 Add Noise（噪波叠加）的值为 25%；

图 10.107　添加 CC Hair（CC 毛发）特效

展开 Hair Color（毛发颜色）选项组，设置 Color（颜色）为绿色（R:155；G:219；B:0），Opacity（不透明度）的值为 100%；展开 Light（灯光）选项组，设置 Light Direction（灯光方向）的值为 135；展开 Shading（阴影）选项组，设置 Specular（镜面）的值为 45，如图 10.108 所示。

09 选中"背景"层，在【效果和预设】面板中展开【模拟】特效组，然后双击 CC Rainfall（CC 下雨）特效，如图 10.109 所示。

10 在【效果控件】面板中，为 CC Rainfall（CC 下雨）特效设置参数，修改 Speed（速度）

的值为 4000，Opacity（不透明度）的值为 50，如图 10.110 所示。

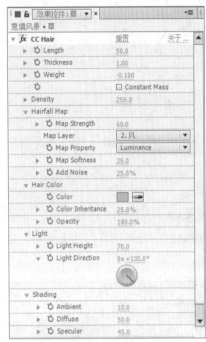

图 10.108　参数设置

图 10.109　添加 CC Rainfall（CC 下雨）特效

图 10.110　参数设置

11 这样就完成了"意境风景"的整体制作，按小键盘上的 0 键，即可在合成窗口中预览当前动画效果。

第 *11* 章

After Effects CC影视特效与电视栏目包装案例解析

特效镜头及宣传片制作

内容摘要

如今，令人眼花缭乱的特效镜头及主题宣传片头充斥着我们的眼球，缤纷的特效镜头与媒体宣传片在电视中随处可见，这些节目是如何制作的呢？本章就通过 3 个实例，讲解特效镜头及宣传片相关的制作过程。通过本章的学习，可以掌握特效镜头及宣传片的制作技巧。

教学目标

▶ 学习影视汇聚镜头的表现
▶ 学习影视快速搜索镜头的制作
▶ 掌握电视宣传片动画的制作技巧

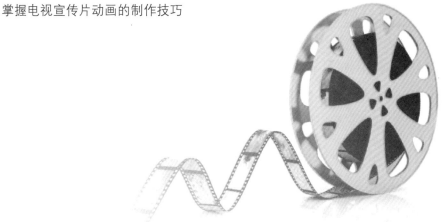

11.1 影视汇聚镜头表现——穿越水晶球

特效解析 ⊙

　　本例主要讲解影视汇聚特效合成制作，利用 Particle（粒子）特效以及【极坐标】特效制作真实的星空效果，利用【灯光工厂】特效制作光绚丽的光效，掌握 Null Layer（捆绑层）命令的使用。

知识点 ⊙

1.【湍流置换】特效
2.【极坐标】特效
3.【曲线】特效
4. CC Lens（CC 镜头）特效
5. CC Particle World（CC 粒子世界）特效

　　工程文件：第11章\穿越水晶球\穿越水晶球.aep
　　视频文件：movie\11.1　影视汇聚镜头表现——穿越水晶球.avi

操作步骤 ⊙

11.1.1　制作合成Light_b

01　执行菜单栏中的【合成】|【新建合成】命令，打开【合成设置】对话框，设置【合成名称】为"合成 Light_b"，【宽度】为 1024，【高度】为 576，【帧速率】为 25，并设置【持续时间】为 0:00:10:00，如图 11.1 所示。

02　执行菜单栏中的【文件】|【导入】|【文件】命令，打开【导入文件】对话框，选择配套光盘中的"工程文件 \ 第 11 章 \ 穿越水晶球 \ 背景 .jpg、light_b.jpg、Light_A.jpg"素材，

如图 11.2 所示。单击【导入】按钮，"背景 .jpg、light_b.jpg 和 LightA.jpg"素材将导入到【项目】面板中。

图 11.1　合成设置

图 11.2　【导入文件】对话框

03　打开"合成 Light_b"合成，在【项目】面板中，选择 light_b.jpg 素材，将其拖动到"合成 Light_b"合成的时间线面板中，如图 11.3 所示。

04　选中 light_b.jpg 层，按 Enter 键重新命名为 light_b1.jpg，如图 11.4 所示。

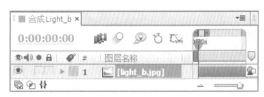

图 11.3　添加素材

图 11.4　重命名设置

05　选中 light_b1.jpg 层，按 P 键展开【位置】属性，设置【位置】数值为（522,342），参数如图 11.5 所示。

06　选中 light_b1.jpg 层，在【效果和预设】面板中展开【扭曲】特效组，双击【湍流置换】特效，如图 11.6 所示，效果如图 11.7 所示。

图 11.5　参数设置

图 11.6　添加【湍流置换】特效

07　在【效果控件】面板中，设置【大小】数值为 66，参数如图 11.8 所示，效果如图 11.9 所示。

提示　【湍流置换】特效可以使图像产生各种凸起、旋转等动荡不安的效果。

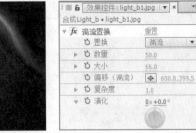

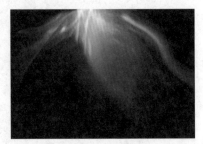

图 11.7　效果图　　　　　　　　图 11.8　参数设置　　　　　　　　图 11.9　效果图

08　在【效果控件】面板中，按住 Alt 键的同时用鼠标单击【演化】左侧的码表按钮 ，在"合成 Light_b"的时间线面板中输入"time*50"，如图 11.10 所示。

09　选中 light_b1.jpg 层，按 Ctrl+D 组合键复制出 light_b.jpg2 层，按 Enter 键重新命名为 light_b2.jpg，如图 11.11 所示。

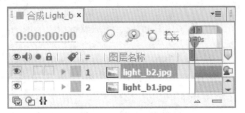

图 11.10　表达式设置　　　　　　　　　　图 11.11　复制层设置

10　选中 light_b2.jpg 层，按 P 键展开【位置】属性，设置【位置】数值为（478,396），如图 11.12 所示。

11　选中 light_b2.jpg 层，设置该层的叠加模式为【屏幕】，如图 11.13 所示。

图 11.12　参数设置　　　　　　　　　　图 11.13　叠加模式设置

提示　屏幕模式与正片叠底模式正好相反，它将图像下一层的颜色与当前颜色结合起来，产生比两种颜色都浅的第 3 种颜色，并将当前层的互补色与下一层颜色复合，显示较亮的颜色。

12　选中 light_b2.jpg 层，按 Ctrl+D 组合键复制出 light_b3.jpg 层，按 Enter 键重命名为 light_b3.jpg，如图 11.14 所示。

13　选中 light_b3.jpg 层，按 P 键展开【位置】属性，设置【位置】数值为（434,120）；按 R 键展开【旋转】属性，设置【旋转】为 180，如图 11.15 所示。

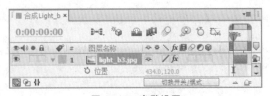

图 11.14　复制层设置　　　　　　　　　　图 11.15　参数设置

14 这样就完成了"合成 Light_b"合成的制作，预览其中几帧动画效果，如图 11.16 所示。

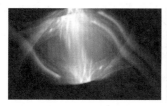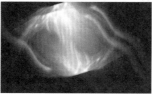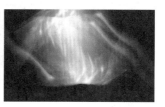

图 11.16　动画效果

11.1.2　制作合成Light_A

01 执行菜单栏中的【合成】|【新建合成】命令，打开【合成设置】对话框，新建一个【合成名称】为"合成 Light_A"，【宽度】为 1024，【高度】为 576，【帧速率】为 25，【持续时间】为 0:00:10:00 秒的合成。

02 打开"合成 Light_A"合成，在【项目】面板中选择 Light_A.jpg 素材，将其拖动到"合成 Light_A"合成的时间线面板中，如图 11.17 所示。

03 选中 LightA.jpg 层，按 Enter 键重新命名为 LightA1.jpg，如图 11.18 所示。

图 11.17　添加素材

图 11.18　重命名设置

04 选中 LightA1.jpg 层，在【效果和预设】面板中展开【扭曲】特效组，双击【湍流置换】特效，如图 11.19 所示，效果如图 11.20 所示。

图 11.19　添加【湍流置换】特效

图 11.20　效果图

05 在【效果控件】面板中，设置【大小】数值为 66，参数如图 11.21 所示，效果如图 11.22 所示。

图 11.21　参数设置

图 11.22　效果图

06 在【效果控件】面板中，按住 Alt 键的同时用鼠标单击【演化】左侧的码表按钮，在"合成 Light_A" 的时间线面板中输入 "time*50"，如图 11.23 所示。

07 选中 LightA1.jpg 层，按 Ctrl+D 组合键复制出一个副本层，按 Enter 键重新命名为 LightA2.jpg，如图 11.24 所示。

图 11.23　表达式设置

图 11.24　复制层设置

08 选中 LightA2.jpg 层，按 P 键展开【位置】属性，设置【位置】数值为（492,185），如图 11.25 所示。

09 选中 LightA2.jpg 层，设置该层的叠加模式为【屏幕】，如图 11.26 所示。

图 11.25　参数设置

图 11.26　叠加模式设置

10 这样就完成了"合成 Light_A"合成的制作，预览其中几帧动画效果，如图 11.27 所示。

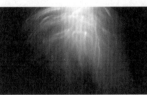

图 11.27　动画效果

11.1.3　制作合成A_B

01 执行菜单栏中的【合成】|【新建合成】命令，打开【合成设置】对话框，新建一个【合成名称】为"合成 A_B"，【宽度】为 1024，【高度】为 576，【帧速率】为 25，【持续时间】为 0:00:10:00 秒的合成。

02 打开"合成 A_B"，在【项目】面板中选择"合成 Light_b"，将其拖动到"合成 A_B"的时间线面板中，如图 11.28 所示。

图 11.28　添加合成

03 选中"合成 Light_b"层，按 Enter 键重新命名为"合成 Light_b1"，如图 11.29 所示。

04 选中"合成 Light_b1"层，按 P 键展开【位置】属性，设置【位置】数值为（530,290）；按 S 键展开【缩放】属性，设置【缩放】数值为（90,90），参数如图 11.30 所示。

05 选中"合成 Light_b1"层，在【效果和预设】面板中展开【扭曲】特效组，双击【极坐标】特效，如图 11.31 所示，画面效果如图 11.32 所示。

提示　【极坐标】特效可以将图像的直角坐标和极坐标进行相互转换，产生变形效果。

图 11.29　重命名设置

图 11.30　参数设置

06 在【效果控件】面板中，设置【插值】数值为 100%，从【转换类型】右侧的下拉列表框中选择【矩形到极线】选项，参数如图 11.33 所示，效果如图 11.34 所示。

图 11.31　添加【极坐标】特效

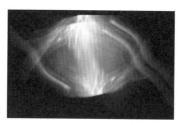

图 11.32　效果图

图 11.33　参数设置

07 更改颜色设置，选中"合成 Light_b1"层，在【效果和预设】面板中展开【颜色校正】特效组，双击【曲线】特效，如图 11.35 所示。

08 在【效果控件】面板中，从【通道】右侧的下拉列表框中选择 RGB 通道选项，调整曲线形状，如图 11.36 所示。

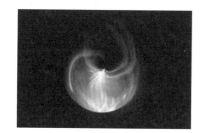

图 11.34　效果图

图 11.35　添加【曲线】特效

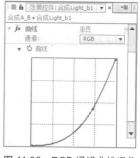

图 11.36　RGB 通道曲线调节

09 从【通道】右侧的下拉列表框中选择【红色】通道选项，调整曲线形状，如图 11.37 所示。

10 从【通道】右侧的下拉列表框中选择【蓝色】通道选项，调整曲线形状，如图 11.38 所示，此时画面效果如图 11.39 所示。

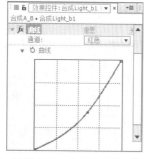

图 11.37　红色通道曲线调节

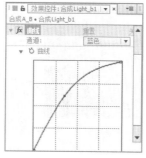

图 11.38　蓝色通道曲线调节

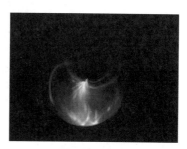

图 11.39　效果图

11 选中"合成 Light_b1"层，按 Ctrl+D 组合键复制出"合成 Light_b2"，如图 11.40 所示。

12 选中"合成 Light_b2"层，设置该层的叠加模式为【相加】，如图 11.41 所示。

图 11.40　复制层设置

图 11.41　叠加模式设置

13 调整"合成 Light_b2"层位置，选中"合成 Light_b2"层，按 P 键展开【位置】属性，设置【位置】数值为（506,290）；按 R 键展开【旋转】属性，设置【旋转】数值为 180，参数如图 11.42 所示。

14 在【项目】面板中选择"合成 Light_A"，将其拖动到"合成 A_B"的时间线面板中，如图 11.43 所示。

图 11.42　参数设置

图 11.43　添加合成

15 选中"合成 Light_A"层，按 Enter 键重新命名为"合成 Light_A1"，并设置其叠加模式为【相加】，如图 11.44 所示。

16 选中"合成 Light_A1"层，按 P 键展开【位置】属性，设置【位置】数值为（520,240），如图 11.45 所示。

图 11.44　重命名设置

图 11.45　参数设置

17 选中"合成 Light_A1"层，在【效果和预设】面板中展开【扭曲】特效组，双击【极坐标】特效，如图 11.46 所示，画面效果如图 11.47 所示。

18 在【效果控件】面板中，设置【插值】数值为 100%，从【转换类型】右侧的下拉列表框中选择【矩形到极线】选项，参数如图 11.48 所示，效果如图 11.49 所示。

图 11.46　添加【极坐标】特效

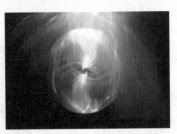

图 11.47　效果图

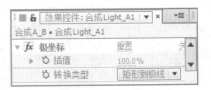

图 11.48　参数设置

19 选中"合成 Light_A1"层，在【效果和预设】面板中展开【扭曲】特效组，双击 CC Lens（CC

镜头）特效，如图 11.50 所示，此时画面效果如图 11.51 所示。

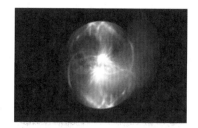

图 11.49　效果图

图 11.50　添加 CC Lens
（CC 镜头）特效

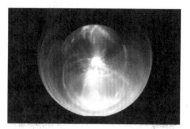

图 11.51　效果图

20　在【效果控件】面板中，设置 Center（中心）数值为（512,340），Size（大小）数值为 38，如图 11.52 所示，效果如图 11.53 所示。

21　颜色调节，选中"合成 Light_A1"层，在【效果和预设】面板中展开【颜色校正】特效组，双击【曲线】特效，如图 11.54 所示。

图 11.52　参数设置

图 11.53　效果图

图 11.54　添加【曲线】特效

22　在【效果控件】面板中，从【通道】右侧的下拉列表框中选择 RGB 通道选项，调整曲线形状，如图 11.55 所示。

23　从【通道】右侧的下拉列表框中选择【红色】通道选项，调整曲线形状，如图 11.56 所示。

24　从【通道】右侧的下拉列表框中选择【绿色】通道选项，调整曲线形状，如图 11.57 所示。

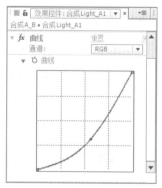

图 11.55　RGB 通道曲线调节

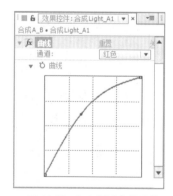

图 11.56　红色通道曲线调节

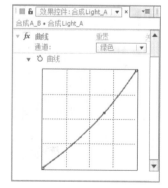

图 11.57　绿色通道形状调节

25　从【通道】右侧的下拉列表框中选择【蓝色】通道选项，调整曲线形状，如图 11.58 所示。

26　选中"合成 Light_A1"层，按 Ctrl+D 组合键复制出"合成 Light_A2"，如图 11.59 所示。

27　选中"合成 Light_A2"层，在【效果控件】面板中将 CC Lens（CC 镜头）特效删除，所剩特效如图 11.60 所示，画面效果如图 11.61 所示。

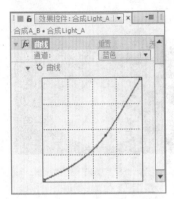

图 11.58 蓝色通道形状调节

图 11.59 复制层设置

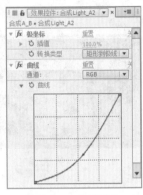

图 11.60 特效设置

28 按 P 键展开【位置】属性,设置【位置】数值为(502,256);按 S 键展开【缩放】属性,设置【缩放】数值为（50,50）,如图 11.62 所示。

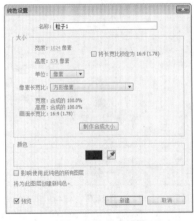

图 11.61 效果图

图 11.62 参数设置

29 执行菜单栏中的【图层】|【新建】|【纯色】命令,打开【纯色设置】对话框,设置【名称】为"粒子 1",【宽度】为 1024,【高度】为 576,【颜色】为黑色,如图 11.63 所示。

30 选中"粒子 1"层,在【效果和预设】面板中展开【模拟】特效组,双击 CC Particle World（CC 粒子仿真世界）特效,如图 11.64 所示。

图 11.63 纯色设置

图 11.64 添加 CC Particle World（CC 粒子仿真世界）特效

31 在【效果控件】面板中,设置 Birth Rate（出生率）数值为 0.6,展开 Producer（发生器）选项组,设置 Radius X（X 轴半径）数值为 0.145,Radius Y（Y 轴半径）数值为 0.135,Radius Z（Z 轴半径）数值为 0.805,参数如图 11.65 所示,效果如图 11.66 所示。

32 展开 Physics（物理学）选项组，从 Animation（动画）右侧的下拉列表框中选择 Twirl（扭转）选项，设置 Velocity（速度）数值为 0.06，Gravity（重力）数值为 0，参数如图 11.67 所示，效果如图 11.68 所示。

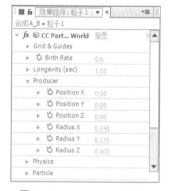

图 11.65　Producer（发生器）参数设置

图 11.66　效果图

图 11.67　Physics（物理学）参数设置

33 展开 Particle（粒子）选项组，从 Particle Type（粒子类型）右侧的下拉列表框中选择 Faded Sphere（球形衰减）选项，设置 Birth Size（产生粒子大小）数值为 0.14，Death Size（死亡粒子大小）数值为 0.09，参数如图 11.69 所示，效果如图 11.70 所示。

图 11.68　效果图

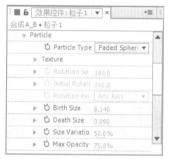

图 11.69　Particle（粒子）参数设置

图 11.70　画面效果

34 选中"粒子 1"层，在【效果和预设】面板中展开【扭曲】特效组，双击 CC Lens（CC 镜头）特效，如图 11.71 所示，此时画面效果如图 11.72 所示。

35 在【效果控件】面板中，设置 Center（中心）数值为（514,294），Size（大小）数值为 38，如图 11.73 所示，效果如图 11.74 所示。

图 11.71　添加 CC Lens（CC 镜头）特效

图 11.72　效果图

图 11.73　参数设置

36 选中"粒子1"层，设置该层的叠加模式为【相加】，如图 11.75 所示。

图 11.74　效果图

图 11.75　叠加模式设置

37 选中"粒子1"层，按 Ctrl+D 组合键复制出另一个"粒子1"，按 Enter 键重新命名为"粒子2"，如图 11.76 所示。

38 选中"粒子2"层，在【效果控件】面板中设置 Size 为 28，如图 11.77 所示，效果如图 11.78 所示。

图 11.76　复制层设置

图 11.77　参数设置

图 11.78　效果图

39 这样就完成了"合成 A_B"的制作，预览其中几帧动画效果，如图 11.79 所示。

图 11.79　动画效果

11.1.4　制作粒子层

01 执行菜单栏中的【合成】|【新建合成】命令，打开【合成设置】对话框，新建一个【合成名称】为"总合成"，设置【宽度】为 1024，【高度】为 576，【帧速率】为 25，【持续时间】为 0:00:10:00 秒的合成，如图 11.80 所示。

02 执行菜单栏中的【图层】|【新建】|【纯色】命令，打开【纯色设置】对话框，设置【名称】为"粒子1"，【宽度】为 1024，【高度】为 576，【颜色】为黑色，如图 11.81 所示。

03 选中"粒子1"层，在【效果和预设】面板中展开【模拟】特效组，然后双击 CC Particle World（CC 仿真粒子世界）特效，如图 11.82 所示，画面效果如图 11.83 所示。

04 在【效果控件】面板中，设置 Birth Rate（出生率）数值为 20，Longevity（寿命）数值为 6，展开 Producer（发生器）选项组，设置 Radius X（X 轴半径）数值为 0.29，Radius Y（Y 轴

半径）数值为 0.3，Radius Z（Z 轴半径）数值为 2，参数如图 11.84 所示，效果如图 11.85
所示。

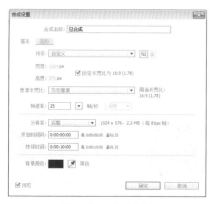

图 11.80　合成设置

图 11.81　纯色设置

图 11.82　添加 CC Particle World
（CC 粒子仿真世界）特效

图 11.83　效果图

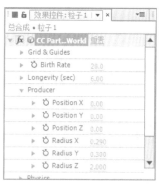

图 11.84　Producer（发生
器）参数设置

05 在【效果控件】面板中，展开 Physics（物理学）选项组，设置 Velocity（速度）数值为 0，
Gravity（重力）数值为 0，参数如图 11.86 所示，效果如图 11.87 所示。

图 11.85　效果图

图 11.86　Physics（物理学）参数设置

图 11.87　效果图

06 在【效果控件】面板中，展开 Particle（粒子）选项组，从 Particle Type（粒子类型）右侧
的下拉列表框中选择 Faded Sphere（球形衰减）选项，设置 Birth Size（产生粒子）数值
为 0.08，Death Size（死亡粒子）数值为 0.07；展开 Opacity Map（不透明度贴图）选项组，

将白色区域补充完整，设置 Birth Color（产生粒子大小颜色）为白色，Death Color（死亡粒子大小颜色）为浅蓝色（R:219；G:238；B:250），参数设置如图 11.88 所示，效果如图 11.89 所示。

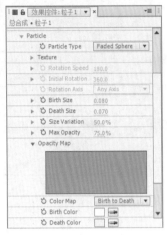

图 11.88　Particle（粒子）参数设置

图 11.89　效果图

07 选中"粒子 1"层，将时间调整到 0:00:03:16 帧的位置，在【效果控件】面板中，设置 Birth Rate（出生率）数值为 20，单击码表按钮，在当前位置添加关键帧，将时间调整到 0:00:03:19 帧的位置，设置 Birth Rate（出生率）数值为 0，系统会自动创建关键帧，如图 11.90 所示。

08 选中"粒子 1"层，以 0:00:03:19 帧的位置为起点，向前拖动"粒子 1"层，如图 11.91 所示。

图 11.90　关键帧设置

图 11.91　设置起点

09 拖动"粒子 1"层后面边缘，将所缺部分补齐，如图 11.92 所示。

10 选中"粒子 1"层，单击运动模糊按钮，如图 11.93 所示。

图 11.92　"粒子 1"层设置

图 11.93　开启运动模糊

11 执行菜单栏中的【图层】|【新建】|【摄像机】命令，打开【摄相机设置】对话框，设置【名称】为"摄像机 1"，从【预设】右侧的下拉列表框中选择【24 毫米】选项，单击 OK 按钮，如图 11.94 所示。

12 执行菜单栏中的【图层】|【新建】|【空对象】命令，该层会自动创建到"总合成"的时

间线面板中，如图 11.95 所示。

图 11.94　新建摄相机

图 11.95　创建虚拟物体

13 选中"空 1"层，按 Enter 键重新命名为"捆绑"，单击三维层按钮 ，如图 11.96 所示。

14 选中"摄像机 1"层，在时间线面板中展开【父级】属性，将"捆绑"层父子到"摄像机 1"层，如图 11.97 所示。

图 11.96　重命名设置

图 11.97　父子约束

15 选中"捆绑"层，按 P 键展开【位置】属性，按 R 键展开【旋转】属性，将时间调整到 0:00:00:00 帧的位置，设置【位置】数值为（512,288,2685），【Z 轴旋转】数值为 0，单击各属性的码表按钮，在当前位置添加关键帧；将时间调整到 0:00:05:21 帧的位置，设置【位置】数值为（512,288,-2685），【Z 轴旋转】数值为 -123，系统会自动创建关键帧，如图 11.98 所示。

16 确定"捆绑"层起到作用以后，继续制作粒子，选中"粒子 1"层，按 Ctrl+D 组合键复制出另一个"粒子 1"层，并重命名为"粒子 2"，如图 11.99 所示。

图 11.98　关键帧设置

图 11.99　复制层设置

17 选中"粒子 2"层，设置叠加模式为【屏幕】，如图 11.100 所示。

18 在【效果控件】面板中，展开 Producer（发生器）选项组，设置 Position Y（Y 轴位置）数值为 0.24，参数如图 11.101 所示，效果如图 11.102 所示。

图 11.100　叠加模式设置

19 在【效果控件】面板中，展开 Particle（粒子）选项组，设置 Birth Size（产生粒子）数值为 0.47，Death Size（死亡粒子）数值为 1，Max Opacity（最大不透明度）数值为 20%，Birth Color（产生粒子颜色）为红色（R:157；G:4；B:4），Death Color（死亡粒子颜色）为浅红色（R:237；G:28；B:116），参数如图 11.103 所示，效果如图 11.104 所示。

—

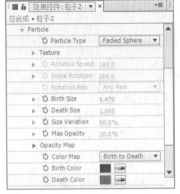

图 11.101　Producer（发生器）参数设置

图 11.102　效果图

图 11.103　Particle（粒子）参数设置

图 11.104　效果图

20 选中"粒子 2"层，按 T 键展开【不透明度】属性，设置【不透明度】数值为 80%，如图 11.105 所示。

21 选中"粒子 2"层，按 Ctrl+D 组合键复制出"粒子 3"层，如图 11.106 所示。

图 11.105　【不透明度】设置

图 11.106　复制层设置

22 选中"粒子 3"层，在【效果控件】面板中展开 Producer（发生器）选项组，设置 Position Y（Y 轴位置）数值为 –0.24，参数如图 11.107 所示，效果如图 11.108 所示。

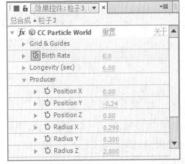

图 11.107　Producer（发生器）参数设置

图 11.108　效果图

23 在【效果控件】面板中，展开 Particle（粒子）选项组，设置 Brith Color（产生粒子颜色）为紫色（R:145；G:22；B:250），Death Color（死亡粒子颜色）为蓝色（R:46；G:94；B:249），参数如图 11.109 所示，画面效果如图 11.110 所示。

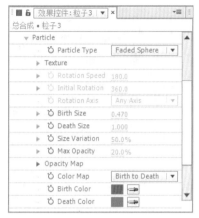

图 11.109 Particle（粒子）参数设置

图 11.110 效果图

11.1.5 添加设置素材

01 在【项目】面板中，选择 Light_A.jpg 素材，将其拖动到"总合成"的时间线面板中，如图 11.111 所示。

02 选中 Light_A.jpg 层，按 Enter 键重新命名为"Light_A.jpg 蓝 1"，并设置叠加模式为【屏幕】，如图 11.112 所示。

图 11.111 添加素材

03 选中"Light_A.jpg 蓝 1"层，打开三维层按钮，按 P 键展开【位置】属性，设置【位置】数值为（546,240,1387）；按 R 键展开【旋转】属性，设置【方向】数值为（29,354,358），如图 11.113 所示。

图 11.112 重命名设置

图 11.113 参数设置

04 选中"Light_A.jpg 蓝 1"层，在【效果和预设】面板中展开【颜色校正】特效组，双击【曲线】特效，如图 11.114 所示。

05 在【效果控件】面板中，从【通道】右侧的下拉列表框中选择【蓝色】选项，调整曲线形状，如图 11.115 所示。

06 从【通道】右侧的下拉列表框中选择 RGB 选项，调整曲线形状，如图 11.116 所示。

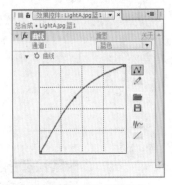

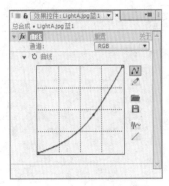

图 11.114　添加【曲线】特效　　　　图 11.115　蓝色形状调节　　　　图 11.116　RGB 形状调节

07 选中 "Light_A.jpg 蓝 1" 层，按 Ctrl+D 组合键复制出另一个 "Light_A.jpg 蓝 2" 层，按 Enter 键重新命名为 "Light_A.jpg 蓝 2"，如图 11.117 所示。

08 选中 "Light_A.jpg 蓝 2" 层，按 P 键展开【位置】属性，设置【位置】数值为（549,212,143）；按 R 键展开【旋转】属性，设置【方向】数值为（347,32,83），如图 11.118 所示。

图 11.117　重命名设置

图 11.118　参数设置

09 选中 "LightA.jpg 蓝 2" 层，按 Ctrl+D 组合键复制出另一个 "LightA.jpg 蓝 3" 层，如图 11.119 所示。

10 选中 "LightA.jpg 蓝 3" 层，按 P 键展开【位置】属性，设置【位置】数值为（513,212,–670）；按 R 键展开【旋转】属性，设置【旋转】数值为（51,4,343），如图 11.120 所示。

图 11.119　重命名设置

图 11.120　参数设置

11 再次在【项目】面板中，选择 LightA.jpg 素材，将其拖动到 "总合成" 的时间线面板中，如图 11.121 所示。

12 选中 Light_A.jpg 层，按 Enter 键重新命名为 "Light_A.jpg 红 1"，并设置叠加模式为【屏幕】，如图 11.122 所示。

图 11.121　添加素材

13 选中"Light_A.jpg 红 1"层，打开三维层按钮 ，按 P 键展开【位置】属性，设置【位置】数值为（477,329,1387）；按 R 键展开【旋转】属性，设置【方向】数值为（359,19,198），如图 11.123 所示。

图 11.122　重命名设置

图 11.123　参数设置

14 选中"Light_A.jpg 红 1"层，在【效果和预设】面板中展开【颜色校正】特效组，双击【曲线】特效，如图 11.124 所示。

15 在【效果控件】面板中，从【通道】右侧的下拉列表框中选择【红色】选项，调整曲线形状，如图 11.125 所示。

16 从【通道】右侧的下拉列表框中选择 RGB 选项，调整曲线形状，如图 11.126 所示。

图 11.124　添加【曲线】特效

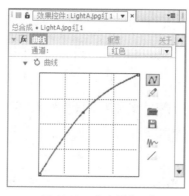

图 11.125　红色形状调节

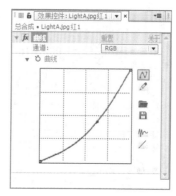

图 11.126　RGB 形状调节

17 选中"Light_A.jpg 红 1"层，按 Ctrl+D 组合键复制出另一个"Light_A.jpg 红 2"层，如图 11.127 所示。

18 选中"Light_A.jpg 红 2"层，按 P 键展开【位置】属性，设置【位置】数值为（425,303,143）；按 R 键展开【旋转】属性，设置【方向】数值为（335,329,227），如图 11.128 所示。

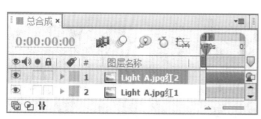

图 11.127　复制层设置

图 11.128　参数设置

19 选中"Light_A.jpg 红 2"层，按 Ctrl+D 组合键复制出另一个"Light_A.jpg 红 3"层，如图 11.129 所示。

20 选中"Light_A.jpg 红 3"层，按 P 键展开【位置】属性，设置【位置】数值为（490,323,-674）；按 R 键展开【旋转】属性，设置【方向】数值为（327,1,170），如图 11.130 所示。

图 11.129　重命名设置

图 11.130　参数设置

21 选中"Light_A.jpg 蓝 1、Light_A.jpg 蓝 2、Light_A.jpg 蓝 3、Light_A.jpg 红 1、Light_A.jpg 红 2、Light_A.jpg 红 3"层；将时间调整到 0:00:05:02 帧的位置，按 T 键展开【不透明度】属性，设置【不透明度】数值为 100，单击码表按钮，在当前位置添加关键帧；将时间调整到 0:00:05:24 帧的位置，设置【不透明度】数值为 0，系统会自动创建关键帧，如图 11.131 所示。

22 在【项目】面板中，选择"合成 A_B"合成，将其拖动到"总合成"的时间线面板中，如图 11.132 所示。

图 11.131　关键帧设置

23 选中"合成 A_B"合成，按 Enter 键重新命名为"合成 A_B1"，打开三维层，设置叠加模式为【屏幕】，如图 11.133 所示。

图 11.132　添加素材

图 11.133　层设置

24 选中"合成 A_B1"层，设置【位置】数值为（512,288,-2109），如图 11.134 所示。

25 选中"合成 A_B1"层，选择工具栏中的【椭圆工具】，在"总合成"窗口中绘制椭圆形蒙版，如图 11.135 所示。

26 选中"合成 A_B1"层，按 F 键展开【蒙版羽化】属性，设置【蒙版羽化】数值为（50,50），如图 11.136 所示。

图 11.134　复制关键帧

图 11.135　绘制蒙版

图 11.136　蒙版羽化

27 选中"合成 A_B1"层，按 Ctrl+D 组合键复制出"合成 A_B2"层，设置蒙版 1 模式为【相减】；按 P 键展开【位置】属性，设置【位置】数值为（512,288,-2109），如图 11.137 所示。

28 在【项目】面板中，选择"背景.jpg"合成，将其拖动到"总合成"的时间线面板中，打开三维层，设置叠加模式为【屏幕】，【位置】数值为（471,256,−2695），【方向】数值为（0,0,257），如图 11.138 所示。

图 11.137 参数设置

图 11.138 添加素材

11.1.6 制作灯光动画

01 执行菜单栏中的【图层】|【新建】|【纯色】命令，打开【纯色设置】对话框，设置【名称】为"灯光 1"，【宽度】数值为 1024 像素，【高度】数值为 576 像素，【颜色】为黑色，如图 11.139 所示。

02 选中"灯光 1"层，在【效果和预设】面板中展开【生成】特效组，双击【镜头光晕】特效，如图 11.140 所示。

03 选中"灯光 1"层，设置该层的叠加模式为【相加】，如图 11.141 所示，效果如图 11.142 所示。

04 在【效果控件】面板中，设置【光晕中心】数值为（510,290），从【镜头类型】右侧的下拉列表框中选择【105 毫米定焦】选项，如图 11.143 所示，效果如图 11.144 所示。

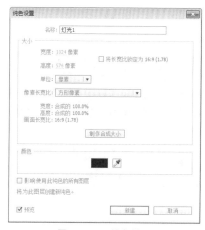

图 11.139 纯色设置

图 11.140 添加【镜头光晕】特效

图 11.141 叠加模式设置

图 11.142 效果图

图 11.143 参数设置

图 11.144 效果图

05 选中"灯光1"层，将时间调整到0:00:00:00帧的位置，设置【光晕亮度】数值为0，单击码表按钮，在当前位置添加关键帧；将时间调整到0:00:00:03帧的位置，设置【光晕亮度】数值为170，系统会自动创建关键帧；将时间调整到0:00:00:06帧的位置，设置【光晕亮度】数值为0，如图11.145所示。

图 11.145　关键帧设置

06 在【效果和预设】面板中展开【颜色校正】特效组，双击【色调】特效，如图11.146所示，效果如图11.147所示。

图 11.146　添加【色调】特效

图 11.147　效果图

07 在【效果和预设】面板中展开【颜色校正】特效组，双击【曲线】特效，如图11.148所示。

08 在【效果控件】面板中，从【通道】右侧的下拉列表框中选择【红色】选项，调整曲线形状，如图11.149所示。

09 从【通道】右侧的下拉列表框中选择【蓝色】选项，调整曲线形状，如图11.150所示。

图 11.148　添加【曲线】特效

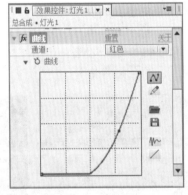

图 11.149　红色曲线调节

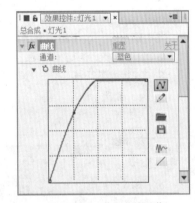

图 11.150　蓝色曲线调节

10 选中"灯光1"层，按Ctrl+D组合键复制出"灯光2"层，将时间调整到0:00:00:15帧的位置，设置【光晕亮度】数值为0，单击码表按钮，在当前位置添加关键帧；将时间调整到0:00:00:20帧的位置，设置【光晕亮度】数值为170，系统会自动创建关键帧；将时间调整到0:00:01:01帧的位置，设置【光晕亮度】数值为0，如图11.151所示。

11 在【效果控件】面板中，设置【光晕中心】数值为（922,38），如图11.152所示，效果如图11.153所示。

12 选中"灯光2"层，按Ctrl+D组合键复制出"灯光3"层，将时间调整到0:00:01:11帧的位置，设置【光晕亮度】数值为 0，单击码表按钮，在当前位置添加关键帧；将时间调整到 0:00:01:17 帧的位置，设置【光晕亮度】数值为 170，系统会自动创建关键帧；将时间调整到 0:00:01:23 帧的位置，设置【光晕亮度】数值为 0，如图 11.154 所示。

图 11.151　关键帧设置

图 11.152　参数设置

图 11.153　效果图

图 11.154　关键帧设置

13 在【效果控件】面板中，设置【光晕中心】数值为（86,548），如图 11.155 所示，效果如图 11.156 所示。

图 11.155　参数设置

图 11.156　效果图

14 选中"灯光 3"层，按 Ctrl+D 组合键复制出"灯光 4"层，将时间调整到 0:00:02:08 帧的位置，设置【光晕亮度】数值为 0，单击码表按钮，在当前位置添加关键帧；将时间调整到 0:00:02:14 帧的位置，设置【光晕亮度】数值为 170，系统会自动创建关键帧；将时间调整到 0:00:02:20 帧的位置，设置【光晕亮度】数值为 0，如图 11.157 所示。

15 在【效果控件】面板中，设置【光晕中心】数值为（86,548），如图 11.158 所示，效果如图 11.159 所示。

图 11.157　关键帧设置

图 11.158　参数设置

16 选中"灯光 4"层，按 Ctrl+D 组合键复制出"灯光 5"层，将时间调整到 0:00:03:07 帧的位置，设置【光晕亮度】数值为 0，单击码表按钮，在当前位置添加关键帧；将时间调整到 0:00:03:13 帧的位置，设置【光晕亮度】数值为 170，系统会自动创建关键帧；将时间调整到 0:00:03:19 帧的位置，设置【光晕亮度】数值为 0，如图 11.160 所示。

图 11.159 效果图

图 11.160 关键帧设置

17 在【效果控件】面板中，设置【光晕中心】数值为（936,32），如图 11.161 所示，效果如图 11.162 所示。

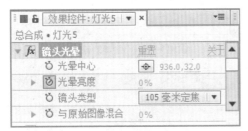

图 11.161 参数设置

图 11.162 效果图

18 选中"灯光 5"层，按 Ctrl+D 组合键复制出"灯光 6"层，将时间调整到 0:00:04:05 帧的位置，设置【光晕亮度】数值为 0，单击码表按钮，在当前位置添加关键帧；将时间调整到 0:00:04:10 帧的位置，设置【光晕亮度】数值为 170，系统会自动创建关键帧；将时间调整到 0:00:04:17 帧的位置，设置【光晕亮度】数值为 0，如图 11.163 所示。

图 11.163 关键帧设置

19 在【效果控件】面板中，设置【光晕中心】数值为（936,32），如图 11.164 所示，效果如图 11.165 所示。

图 11.164 参数设置

图 11.165 效果图

20 这样"穿越水晶球"合成就制作完成了，按小键盘上的 0 键预览效果。

11.2　影视快速搜索镜头表现——星球爆炸

特效解析 ⊗

　　本例主要讲解影视快速搜索特效，利用【碎片】特效制作地球的爆炸，利用 CC Radial Fast Blur（CC 快速放射模糊）特效制作爆炸前耀眼的光效，掌握捆绑层的使用以及层的叠加模式的设置。

知 识 点 ⊗

　　1.【椭圆工具】 🔵
　　2. 父级关系的设置
　　3.【空对象】命令
　　4.【分形杂色】特效

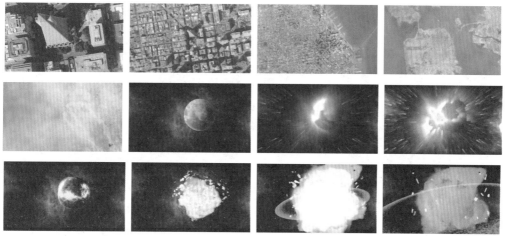

工程文件：第11章\星球爆炸\星球爆炸.aep

视频文件：movie\11.2　影视快速搜索镜头表现——星球爆炸.avi

操作步骤 ⊗

11.2.1　制作地球合成

01 执行菜单栏中的【合成】|【新建合成】命令，打开【合成设置】对话框，设置【合成名称】为 "地球"，【宽度】为 1024，【高度】为 576，【帧速率】为 25，并设置【持续时间】为 0:00:10:00，如图 11.166 所示。

02 执行菜单栏中的【文件】|【导入】|【文件】命令，打开【导入文件】对话框，选择配套光盘中的 "工程文件 \ 第 11 章 \ 星球爆炸 \01.jpg、02.jpg、03.jpg、04.jpg、05.jpg、06.jpg、07.jpg、earthStill.png、spaceBG.jpg、venusbump.jpg、venusmap.jpg、爆炸素材

.mov"素材,如图 11.167 所示。单击【导入】按钮,选中将导入到【项目】面板中。

图 11.166　合成设置

图 11.167　【导入文件】对话框

03 将导入的 01.jpg、02.jpg、03.jpg、04.jpg、05.jpg、06.jpg、07.jpg、earthStill.png 素材依次拖动到"地球"合成的时间线面板中,如图 11.168 所示。

04 选中 01.jpg 层,按 S 键展开【缩放】属性,设置【缩放】数值为(26,26);按 P 键展开【位置】属性,设置【位置】数值为(426,276),参数如图 11.169 所示。

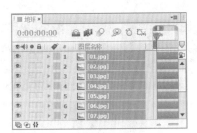

图 11.168　素材设置

图 11.169　01.jpg 层参数设置

05 为了使 01 层与 02 层更加融合,选择工具栏中的【椭圆工具】,在 01 层上绘制一个椭圆蒙版,如图 11.170 所示。

06 选中 01 层,按 F 键展开【蒙版羽化】属性,设置【蒙版羽化】数值为(267,267),如图 11.171 所示。

图 11.170　绘制蒙版

图 11.171　羽化蒙版

07 展开父子链接属性,将 01 层设置为 02 层的子层,如图 11.172 所示。

08 用同样的方法对 02 层进行对位,选中 02.jpg 层,按 S 键展开【缩放】属性,设置【缩放】数值为(25,25);按 P 键展开【位置】属性,设置【位置】数值为(419,273),参数如图 11.173

所示。

图 11.172　父子链接设置

图 11.173　02.jpg 层参数设置

09　选择工具栏中的【椭圆工具】 ◯，在 02 层上绘制一个椭圆蒙版，如图 11.174 所示。

10　选中 02 层，按 F 键展开【蒙版羽化】属性，设置【蒙版羽化】数值为（267,267），如图 11.175 所示。

图 11.174　绘制蒙版

图 11.175　羽化蒙版

11　展开父子链接属性，将 02 层设置为 03 层的子层，如图 11.176 所示。

12　选中 03.jpg 层，按 S 键展开【缩放】属性，设置【缩放】数值为（25,25）；按 P 键展开【位置】属性，设置【位置】数值为（418,273），参数如图 11.177 所示。

图 11.176　父子链接设置

图 11.177　03.jpg 层参数设置

13　选择工具栏中的【椭圆工具】 ◯，在 03 层上绘制一个椭圆蒙版，如图 11.178 所示。

14　选中 03 层，按 F 键展开【蒙版羽化】属性，设置【蒙版羽化】数值为（267,267），如图 11.179 所示。

图 11.178　绘制蒙版

图 11.179　羽化蒙版

15　展开父子链接属性，将 03 层设置为 04 层的子层，如图 11.180 所示。

16　选中 04.jpg 层，按 S 键展开【缩放】属性，设置【缩放】数值为（25,25）；按 P 键展开【位置】属性，设置【位置】数值为（418,273），参数如图 11.181 所示。

图 11.180 父子链接设置

图 11.181 04.jpg 层参数设置

17 选择工具栏中的【椭圆工具】 ⬭，在 04 层上绘制一个椭圆蒙版，如图 11.182 所示。

18 选中 04 层，按 F 键展开【蒙版羽化】属性，设置【蒙版羽化】数值为（267,267），如图 11.183 所示。

图 11.182 绘制蒙版

图 11.183 羽化蒙版

19 展开父子链接属性，将 04 层设置为 05 层的子层，如图 11.184 所示。

20 选中 05.jpg 层，按 S 键展开【缩放】属性，设置【缩放】数值为（12,12）；按 P 键展开【位置】属性，设置【位置】数值为（397,274），参数如图 11.185 所示。

图 11.184 父子链接设置

图 11.185 05.jpg 层参数设置

21 选择工具栏中的【椭圆工具】 ⬭，在 05 层上绘制一个椭圆蒙版，如图 11.186 所示。

22 选中 05 层，按 F 键展开【蒙版羽化】属性，设置【蒙版羽化】数值为（267,267），如图 11.187 所示。

图 11.186 绘制蒙版

图 11.187 羽化蒙版

23 展开父子链接属性，将 05 层设置为 06 层的子层，如图 11.188 所示。

24 选中 06.jpg 层，按 S 键展开【缩放】属性，设置【缩放】数值为（12,12）；按 P 键展开【位置】属性，设置【位置】数值为（387,305），参数如图 11.189 所示。

图 11.188　父子链接设置

图 11.189　06.jpg 层参数设置

25 选择工具栏中的【椭圆工具】，在 06 层上绘制一个椭圆蒙版，如图 11.190 所示。

26 选中 06 层，按 F 键展开【蒙版羽化】属性，设置【蒙版羽化】数值为（600,600），如图 11.191 所示。

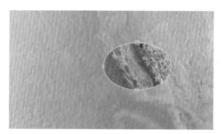

图 11.190　绘制蒙版

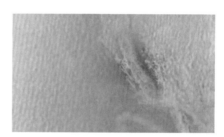

图 11.191　羽化蒙版

27 展开父子链接属性，将 06 层设置为 07 层的子层，如图 11.192 所示。

28 选中 07.jpg 层，按 S 键展开【缩放】属性，设置【缩放】数值为（73,73）；按 P 键展开【位置】属性，设置【位置】数值为（301,214），参数如图 11.193 所示。

图 11.192　父子链接设置

图 11.193　07.jpg 层参数设置

29 选择工具栏中的【椭圆工具】，在 07 层上绘制一个椭圆蒙版，如图 11.194 所示。

30 选中 07 层，按 F 键展开【蒙版羽化】属性，设置【蒙版羽化】数值为（267,367），如图 11.195 所示。

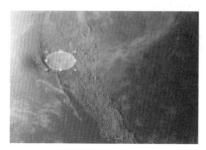

图 11.194　绘制蒙版

图 11.195　羽化蒙版

31 展开父子链接属性，将 07 层设置为 earthStill 层的子层，如图 11.196 所示。

32 选中 01 层，选择 02.jpg、03.jpg、04.jpg、05.jpg、06.jpg、07.jpg、earthStill.png 共 7 层，设置捆绑层为 01，如图 11.197 所示。

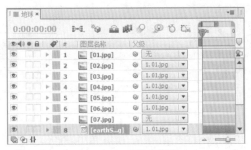

图 11.196　父子链接设置　　　　　　　　　　图 11.197　捆绑层设置

33 选中 01 层，按 S 键展开【缩放】属性，将时间调整到 0:00:00:00 帧的位置，设置【缩放】数值为（100,100），单击码表按钮，在当前位置添加关键帧；将时间调整到 0:00:03:10 帧的位置，设置【缩放】数值为（0,0），系统会自动创建关键帧，如图 11.198 所示。

34 设置【位置】数值为（544,251），选中两个关键帧，单击鼠标右键，在弹出的快捷菜单中选择【关键帧辅助】|【指数比例】命令，如图 11.199 所示。

图 11.198　01 层关键帧设置　　　　　　　　图 11.199　指数比例命令

35 将时间调整到 0:00:02:24 帧的位置，删除 01 层后面的关键帧，如图 11.200 所示。

36 选择工具栏中的【椭圆工具】 ⬭，在 earthStill 层上绘制一个椭圆蒙版，如图 11.201 所示。

37 展开【蒙版 1】选项组，设置【蒙版扩展】数值为 –271，效果如图 11.202 所示。

图 11.200　删除关键帧

图 11.201　绘制蒙版　　　　　　　　　　图 11.202　设置 Mask Expansion 数值

38 执行菜单栏中的【图层】|【新建】|【空对象】命令，设置【名称】为"捆绑层"，如图 11.203 所示。

39 选中"捆绑层",将时间调整到 0:00:00:00 帧的位置,按 R 键展开【旋转】属性,设置【旋转】数值为 180,单击码表按钮,在当前位置添加关键帧;将时间调整到 0:00:02:24 帧的位置,设置【旋转】数值为 0,系统会自动创建关键帧,如图 11.204 所示。

图 11.203　新建【空对象】

图 11.204　关键帧设置

40 执行菜单栏中的【图层】|【新建】|【纯色】命令,打开【纯色设置】对话框,设置【名称】为"云 1",【颜色】为白色,如图 11.205 所示。

41 选中"云 1"层,在【效果和预设】面板中展开【杂色和颗粒】特效组,双击【分形杂色】特效,如图 11.206 所示。

42 在【效果控件】面板中,从【分形类型】右侧的下拉列表框中选择【动态】选项,设置【对比度】数值为 100,【亮度】数值为 −37,参数如图 11.207 所示,为了画面美观,将"捆绑层"隐藏,效果如图 11.208 所示。

图 11.205　纯色设置

图 11.206　添加【分形杂色】特效

图 11.207　参数设置

43 选中"云 1"层,将该层的叠加模式设置为【屏幕】,如图 11.209 所示,效果如图 11.210 所示。

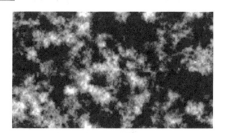

图 11.208　效果图

图 11.209　叠加模式设置

44 将时间调整到 0:00:00:00 帧的位置,设置【不透明度】数值为 0,单击码表按钮,在当前位置添加关键帧;将时间调整到 0:00:00:20 帧的位置,设置【缩放】数值为（1000,1000）,

单击码表按钮；将时间调整到 0:00:00:24 帧的位置，设置【不透明度】数值为 100；将时间调整到 0:00:01:14 帧的位置，设置【不透明度】数值为 100；将时间调整到 0:00:01:20 帧的位置，设置【不透明度】数值为 0，【缩放】数值为（28,28），参数如图 11.211 所示。

图 11.210　效果图

图 11.211　关键帧设置

45 选中"云 1"层，按 Ctrl+D 组合键，复制出另一个"云 1"并重命名为"云 2"，如图 11.212 所示。

46 选中"云 2"层，将时间调整到 0:00:00:15 帧的位置，按 [键，如图 11.213 所示。

图 11.212　复制层

图 11.213　层设置

47 选中"云 2"层，按 Ctrl+D 组合键，复制出另一个"云 2"并重命名为"云 3"，如图 11.214 所示。

48 选中"云 3"层，将时间调整到 0:00:01:05 帧的位置，按 [键，如图 11.215 所示。

图 11.214　复制层

图 11.215　层设置

49 将时间调整到 0:00:01:05 帧的位置，设置【不透明度】数值为 0，单击码表按钮，在当前位置添加关键帧；将时间调整到 0:00:02:04 帧的位置，设置【不透明度】数值为 100；将时间调整到 0:00:02:00 帧的位置，设置【缩放】数值为（1000,1000）；将时间调整到 0:00:02:06 帧的位置，设置【不透明度】数值为 100；将时间调整到 0:00:02:15 帧的位置，设置【不透明度】数值为 0，【缩放】数值为（28,28），参数如图 11.216 所示。

图 11.216　关键帧设置

50 将"云 1、云 2、云 3"3 个层父子到"捆绑层"上，如图 11.217 所示。

51 选中"地球"合成中的所有层，单击快速模糊按钮，如图 11.218 所示。

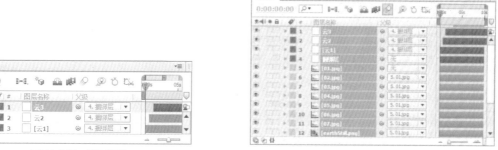

图 11.217　捆绑设置

图 11.218　快速模糊设置

52 这样就完成了"地球"合成的动画效果，预览其中几帧，如图 11.219 所示。

图 11.219　动画效果

11.2.2　制作球面模糊合成

01 执行菜单栏中的【合成】|【新建合成】命令，打开【合成设置】对话框，设置【合成名称】
为"球面模糊"，【宽度】为 1024，【高度】为 576，【帧
速率】为 25，并设置【持续时间】为 00:00:10:00。

02 将【项目】面板中的 venusmap.jpg 素材拖动到"球面
模糊"合成的时间线面板中，如图 11.220 所示。

图 11.220　素材设置

03 选中 venusmap.jpg 层，在【效果和预设】面板中展开
【颜色校正】特效组，双击【色相／饱和度】特效，如
图 11.221 所示，效果如图 11.222 所示。

04 在【效果控件】面板中，设置【主饱和度】数值为
−48，【主亮度】数值为 −43，如图 11.223 所示，效果
如图 11.224 所示。

图 11.221　添加特效

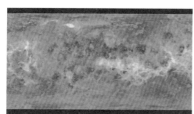

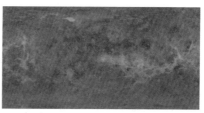

图 11.222　画面效果　　　　图 11.223　参数设置　　　　图 11.224　效果图

11.2.3　制作球面合成

01　执行菜单栏中的【合成】|【新建合成】命令，打开【合成设置】对话框，设置【合成名称】为"球面"，【宽度】为 1024，【高度】为 576，【帧速率】为 25，并设置【持续时间】为 0:00:10:00。

02　将【项目】面板中的 venusmap.jpg 素材拖动到"球面"合成的时间线面板中，如图 11.225 所示。

03　选中 venusmap.jpg 层，在【效果和预设】面板中展开【颜色校正】特效组，双击【色相／饱和度】特效，如图 11.226 所示，效果如图 11.227 所示。

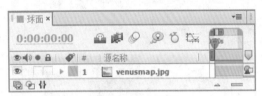

图 11.225　素材设置　　　　　　　　　　　　　　　图 11.226　添加【色相／饱和度】特效

04　在【效果控件】面板中，设置【主饱和度】数值为 −48，【主亮度】数值为 −43，如图 11.228 所示，效果如图 11.229 所示。

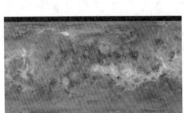
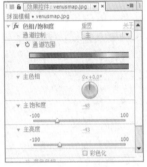

图 11.227　画面效果　　　　　　图 11.228　参数设置　　　　　　图 11.229　效果图

11.2.4　制作球面高光合成

01　执行菜单栏中的【合成】|【新建合成】命令，打开【合成设置】对话框，设置【合成名称】为"球面高光"，【宽度】为 1024，【高度】为 576，【帧速率】为 25，并设置【持续时间】为 0:00:10:00。

02　将【项目】面板中的 venusmap.jpg 素材拖动到"球面高光"合成的时间线面板中，如图 11.230 所示。

03　选中 venusmap.jpg 层，在【效果和预设】中展开【颜色校正】特效组，双击【色相／饱和度】特效，如图 11.231 所示，效果如图 11.232 所示。

图 11.230　素材设置　　　　　　　　　　　　　　　图 11.231　添加【色相／饱和度】特效

04　在【效果控件】面板中，设置【主饱和度】数值为 −48，【主亮度】数值为 −43，如图 11.233 所示，效果如图 11.234 所示。

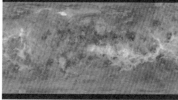

图 11.232　画面效果

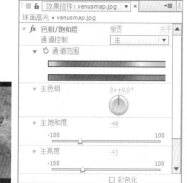

图 11.233　参数设置

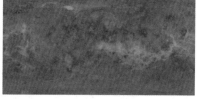

图 11.234　效果图

11.2.5　制作球面纹理合成

01　执行菜单栏中的【合成】|【新建合成】命令，打开【合成设置】对话框，设置【合成名称】为"球面纹理"，【宽度】为 1024，【高度】为 576，【帧速率】为 25，并设置【持续时间】为 0:00:10:00。

02　将【项目】面板中的 venusbump.jpg 素材拖动到"球面纹理"合成的时间线面板中，如图 11.235 所示。

图 11.235　素材设置

03　选中 venusbump.jpg 层，在【效果和预设】面板中展开【通道】特效组，双击【反转】特效，如图 11.236 所示，效果如图 11.237 所示。

图 11.236　添加【反转】特效

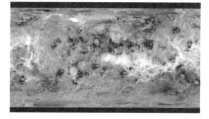

图 11.237　画面效果

04　在【效果和预设】面板中展开【颜色校正】特效组，双击【曲线】特效，如图 11.238 所示，默认曲线形状如图 11.239 所示。

05　调整曲线形状，如图 11.240 所示，效果如图 11.241 所示。

06　下面对颜色进行调整，在【效果和预设】面板中展开【颜色校正】特效组，双击【色调】特效，如图 11.242 所示，此时效果如图 11.243 所示。

07　在【效果控件】面板中，设置【将白色映射到】为橘黄色（R:255；G:120；B:0），如图 11.244 所示，效果如图 11.245 所示。

08　选中 venusbump.jpg 层，按 Ctrl+D 组合键复制出另一个 venusbump.jpg 层，并重命名为 venusbump2.jpg 层，如图 11.246 所示。

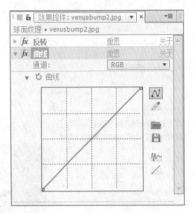

图 11.238　添加【曲线】特效

图 11.239　默认曲线形状

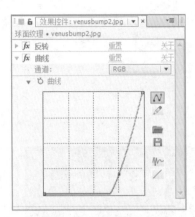

图 11.240　调整曲线形状

图 11.241　效果图

图 11.242　添加【色调】特效

图 11.243　效果图

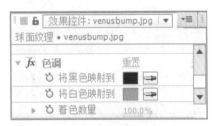

图 11.244　参数设置

图 11.245　效果图

09　选中 venusbump2.jpg 层，在【效果控件】面板中删除【色调】特效，设置 venusbump.jpg
层的【轨道遮罩】为【亮度遮罩 venusbump2.jpg】，如图 11.247 所示。

图 11.246　复制层

图 11.247　蒙版跟踪模式

11.2.6　制作合成

01　执行菜单栏中的【合成】|【新建合成】命令，打开【合成设置】对话框，设置【合成名称】
为"合成"，【宽度】为 1024，【高度】为 576，【帧速率】为 25，并设置【持续时间】为
0:00:10:00。

02 将【项目】面板中的"球面模糊、球面、球面高光、球面纹理"素材拖动到"合成"的时间线面板中，如图 11.248 所示。

03 选中"球面模糊"层，在【效果和预设】面板中展开【透视】特效组，双击 CC Sphere（CC 球体）特效，如图 11.249 所示，将"球面、球面高光、球面纹理"隐藏，效果如图 11.250 所示。

图 11.248　素材设置

图 11.249　添加 CC Sphere（CC 球体）特效

图 11.250　效果图

04 在【效果控件】面板中，展开 Light（灯光）选项组，设置 Light Intensity（灯光亮度）数值为 50，参数如图 11.251 所示，效果如图 11.252 所示。

05 展开 Shading（阴影）选项组，设置 Ambient（环境光）数值为 75，参数如图 11.253 所示，效果如图 11.254 所示。

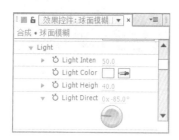

图 11.251　Light（灯光）参数设置

图 11.252　效果图

图 11.253　Shading（阴影）参数设置

06 将时间调整到 0:00:00:00 帧的位置，设置 Y Rotation（Y 轴旋转）数值为 0，单击码表按钮，在当前位置添加关键帧，将时间调整到 0:00:03:19 帧的位置，设置 Y Rotation（Y 轴旋转）数值为 180，如图 11.255 所示。

07 在【效果和预设】面板中展开【颜色校正】特效组，双击【曲线】特效，如图 11.256 所示。

图 11.254　效果图

图 11.255　关键帧设置

图 11.256　添加【曲线】特效

08 调整曲线形状，如图 11.257 所示，效果如图 11.258 所示。

09 在【效果和预设】面板中展开【模糊和锐化】特效组，双击 CC Radial Fast Blur（CC 快速放射模糊）特效，如图 11.259 所示，效果如图 11.260 所示。

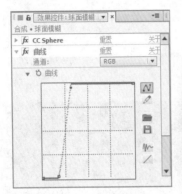

图 11.257　调整曲线形状

图 11.258　效果图

图 11.259　添加【CC 快速放射模糊】特效

10 选中"球面"层，将该层调整为显示，在【效果和预设】面板中展开【透视】特效组，双击 CC Sphere（CC 球体）特效，如图 11.261 所示，效果如图 11.262 所示。

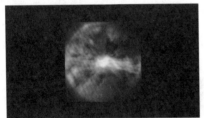

图 11.260　效果图

图 11.261　添加 CC Sphere（CC 球体）特效

图 11.262　效果图

11 将时间调整到 0:00:00:00 帧的位置，设置 Rotation Y（Y 轴旋转）数值为 0，单击码表按钮，在当前位置添加关键帧，将时间调整到 0:00:03:19 帧的位置，设置 Rotation Y（Y 轴旋转）数值为 180，如图 11.263 所示。

12 在【效果控件】面板中展开【颜色校正】特效组，双击【曲线】特效，如图 11.264 所示。

13 调整曲线形状，如图 11.265 所示，效果如图 11.266 所示。

图 11.263　关键帧设置

图 11.264　添加【曲线】特效

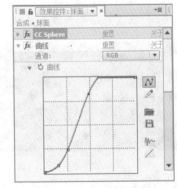

图 11.265　调整曲线形状

14 在【效果和预设】面板中展开【风格化】特效组，双击【发光】特效，如图 11.267 所示，效果如图 11.268 所示。

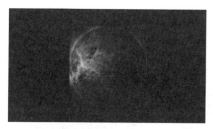

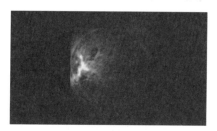

图 11.266 效果图 　　　图 11.267 添加【发光】特效 　　　图 11.268 效果图

15　设置【发光半径】数值为 45，从【合成原始项目】右侧的下拉列表框中选择【顶端】选项，【发光颜色】为【A 和 B 颜色】，设置【颜色 A】为橘黄色（R:206；G:73；B:0），参数如图 11.269 所示，效果图 11.270 所示。

16　选中"球面高光"层，在【效果和预设】面板中展开【透视】特效组，双击 CC Sphere（CC 球体）特效，如图 11.271 所示，效果如图 11.272 所示。

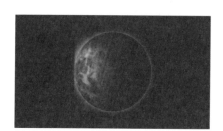

图 11.269 【发光】参数设置 　　　图 11.270 效果图 　　　图 11.271 添加 CC Sphere （CC 球体）特效

17　在【效果控件】面板中，展开 Light（灯光）选项组，设置 Light Intensity（灯光亮度）数值为 249，Light Height（灯光高度）数值为 −40，Light Direction（灯光方向）数值为 −62，参数如图 11.273 所示，效果如图 11.274 所示。

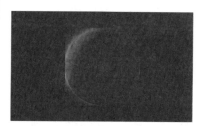

图 11.272 效果图 　　　图 11.273 Light（灯光）参数设置 　　　图 11.274 效果图

18　展开 Shading（阴影）选项组，设置 Specular（高光）数值为 100，参数如图 11.275 所示，效果如图 11.276 所示。

图 11.275　Shading 参数设置

图 11.276　效果图

19 将时间调整到 0:00:00:00 帧的位置，设置 Rotation Y（Y 轴旋转）数值为 0，单击码表按钮，在当前位置添加关键帧；将时间调整到 0:00:03:19 帧的位置，设置 Rotation Y（Y 轴旋转）数值为 180，如图 11.277 所示。

20 选中"球面高光"层，设置其叠加模式为【屏幕】，如图 11.278 所示，效果如图 11.279 所示。

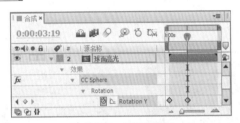

图 11.277　关键帧设置

图 11.278　叠加模式设置

21 选中"球面纹理"层，在【效果和预设】面板中展开【透视】特效组，双击 CC Sphere（CC 球体）特效，如图 11.280 所示，效果如图 11.281 所示。

图 11.279　效果图

图 11.280　添加 CC Sphere（CC 球体）特效

图 11.281　效果图

22 在【效果控件】面板中，展开 Light（灯光）选项组，设置 Light Intensity（灯光亮度）数值为 200，参数如图 11.282 所示，效果如图 11.283 所示。

23 展开 Shading（阴影）选项组，设置 Ambient（环境光）数值为 100，参数如图 11.284 所示，效果如图 11.285 所示。

24 将时间调整到 0:00:00:00 帧的位置，设置 Rotation Y（Y 轴旋转）数值为 0，单击码表按钮，在当前位置添加关键帧；将时间调整到 0:00:03:19 帧的位置，设置 Rotation Y（Y 轴旋转）数值为 180，如图 11.286 所示。

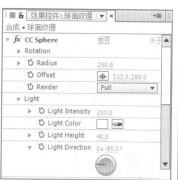

图 11.282　Light（灯光）参数设置

图 11.283　效果图

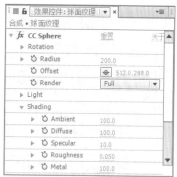

图 11.284　Shading（阴影）参数设置

25 在【效果和预设】特效面板中展开【风格化】特效组，双击【发光】特效，如图 11.287 所示，效果如图 11.288 所示。

图 11.285　效果图

图 11.286　关键帧设置

图 11.287　添加【发光】特效

26 设置【发光阈值】数值为 40%，【发光半径】数值为 45，参数如图 11.289 所示，效果如图 11.290 所示。

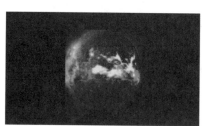

图 11.288　效果图

图 11.289　【发光】参数设置

图 11.290　效果图

11.2.7　制作光圈合成

01 执行菜单栏中的【合成】|【新建合成】命令，打开【合成设置】对话框，新建一个【合成名称】为"光圈"，【宽度】为 1024，【高度】为 576，【帧速率】为 25，【持续时间】为 0:00:10:00 秒的合成，如图 11.291 所示。

02 执行菜单栏中的【图层】|【新建】|【纯色】命令，打开【纯色设置】对话框，设置【名称】为"橘黄边缘"，【颜色】为橘黄色（R:218；G:108；B:0），如图 11.292 所示。

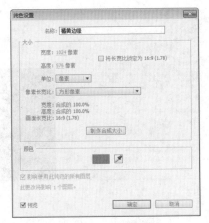

图 11.291　合成设置　　　　　　　　　　图 11.292　纯色设置

03 选中"橘黄边缘"层，选择工具栏中的【椭圆工具】，在"橘黄边缘"层上按 Shift+Ctrl 组合键从中心绘制一个正圆蒙版，如图 11.293 所示。

04 执行菜单栏中的【图层】|【新建】|【纯色】命令，打开【纯色设置】对话框，设置【名称】为"黑圈"，【颜色】为黑色，如图 11.294 所示。

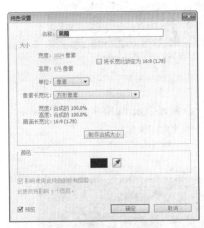

图 11.293　绘制蒙版　　　　　　　　　　图 11.294　纯色设置

05 选中"黑圈"层，选择工具栏中的【椭圆工具】，在"黑圈"层上按 Shift+Ctrl 组合键从中心绘制一个正圆蒙版，如图 11.295 所示。

06 选中"黑圈"层，在【效果和预设】面板中展开【风格化】特效组，双击【毛边】特效，如图 11.296 所示，此时画面效果如图 11.297 所示。

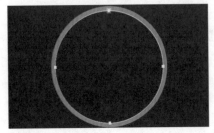

图 11.295　绘制蒙版　　　图 11.296　添加【毛边】特效　　　图 11.297　画面效果

07 在【效果控件】面板中，设置【边界】数值为 150，【边缘锐度】数值为 5，【比例】数值为 10，参数如图 11.298 所示，效果如图 11.299 所示。

图 11.298 参数设置

图 11.299 画面效果

11.2.8 制作总合成

01 执行菜单栏中的【合成】|【新建合成】命令，打开【合成设置】对话框，新建一个【合成名称】为 "总合成"，【宽度】为 1024，【高度】为 576，【帧速率】为 25，【持续时间】为 0:00:10:00 秒的合成。

02 将【项目】面板中的 spaceBG.jpg 素材拖动到 "总合成" 的时间线面板中，如图 11.300 所示。

03 选中 spaceBG.jpg 层，按 P 键展开【位置】属性，设置【位置】数值为（512,289），参数如图 11.301 所示，效果如图 11.302 所示。

图 11.300 素材设置

图 11.301 参数设置

04 在【效果和预设】面板中展开【颜色校正】特效组，双击【色调】特效，如图 11.303 所示，此时画面效果如图 11.304 所示。

图 11.302 效果图

图 11.303 添加【色调】特效

图 11.304 效果图

05 设置【将白色映射到】为蓝色（R:0；G:198；B:255），如图 11.305 所示，效果如图 11.306 所示。

06 选中 spaceBG.jpg 层，将时间调整到 0:00:03:15 帧的位置，设置【着色数量】数值为 100，单击码表按钮，在当前位置添加关键帧；将时间调整到 0:00:04:11 帧的位置，设置【着色数量】数值为 0，系统会自动创建关键帧，如图 11.307 所示。

图 11.305　参数设置

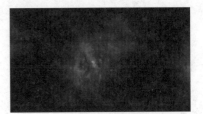

图 11.306　效果图

07 在【效果和预设】面板中展开【颜色校正】特效组，双击【曲线】特效，如图 11.308 所示。

图 11.307　关键帧设置

图 11.308　添加【曲线】特效

08 将时间调整到 0:00:03:16 帧的位置，单击【曲线】左侧的码表按钮，在当前位置添加关键帧；将时间调整到 0:00:04:01 帧的位置，调整曲线形状，系统会自动创建关键帧；将时间调整到 0:00:04:11 帧的位置，调整曲线形状与起始形状相同，如图 11.309 所示。

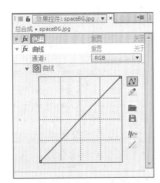
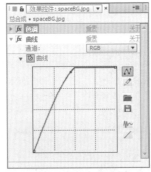
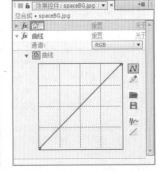

图 11.309　曲线调整

09 此时画面色彩变化如图 11.310 所示。

图 11.310　画面效果

10 将【项目】面板中的"地球"合成拖动到"总合成"的时间线面板中，将时间调整到 0:00:04:12 帧的位置，按 Alt+] 组合键，切断后面的素材，如图 11.311 所示。

图 11.311　素材设置

11 选中"地球"合成,在【效果和预设】面板中展开【颜色校正】特效组,双击【色阶】特效,如图 11.312 所示,画面效果如图 11.313 所示。

图 11.312　添加【色阶】特效

图 11.313　效果图

12 在【效果控件】面板中,将时间调整到 0:00:03:17 帧的位置,单击【直方图】左侧的码表按钮,在当前位置添加关键帧;将时间调整到 0:00:04:13 帧的位置,拖动下方白色滑块向黑色滑块拖动,直到与黑色滑块重合,系统会自动创建关键帧,如图 11.314 所示。

图 11.314　关键帧设置

13 将【项目】面板中的"合成"拖动到"总合成"的时间线面板中,将其入点放在 0:00:03:15 帧的位置,如图 11.315 所示。

14 将时间调整到 0:00:03:15 帧的位置,选中"合成"层,设置【位置】数值为(591,256),【缩放】数值为(66,66),按 T 键展开【不透明度】属性,设置【不透明度】数值为 0,单击码表按钮,在当前位置添加关键帧;将时间调整到 0:00:04:10 帧的位置,设置【不透明度】数值为 100%,如图 11.316 所示。

图 11.315　素材设置　　图 11.316　关键帧设置

15 选择工具栏中的【椭圆工具】,在"合成"层上绘制一个椭圆蒙版,如图 11.317 所示。

16 选中"合成"层,按 F 键展开【蒙版羽化】属性,设置【蒙版羽化】数值为(25,25),如图 11.318 所示。

17 在【效果和预设】面板中展开【模拟】特效组,双击【碎片】特效,如图 11.319 所示,此时从合成窗口中可以看到添加【碎片】特效后的效果,如图 11.320 所示。

18 因为当前图像的显示视图为线框,所以从图像中看到的只是线框效果。在【效果控件】面板中,选择【碎片】特效,从【视图】右侧的下拉列表框中选择【已渲染】选项,打开【形状】选项组，从【图案】右侧的下拉列表框中选择【玻璃】选项，设置【重复】的数量为40，如图 11.321 所示。

图 11.317　绘制蒙版

图 11.318　蒙版羽化

图 11.319　双击【碎片】特效

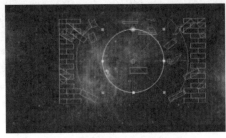

图 11.320　图像效果

图 11.321　【形状】选项组参数设置

19　展开【作用力 1】选项组，设置【强度】数值为 6，将时间调整到 0:00:05:10 帧的位置，设置【半径】数值为 0，单击码表按钮，在当前位置添加关键帧；将时间调整到 0:00:05:18 帧的位置，设置【半径】数值为 2，系统会自动创建关键帧，如图 11.322 所示。

> **提示**　【图案】右侧的下拉列表框中有许多破碎的类型，可以根据自己的喜好以及画面需求来进行选择。

20　展开【物理学】选项组，设置【重力】数值为 0，如图 11.323 所示。

21　展开【灯光】选项组，将时间调整到 0:00:04:10 帧的位置，设置【环境光】数值为 0.25，单击码表按钮，在当前位置添加关键帧；将时间调整到 0:00:05:16 帧的位置，设置【环境光】数值为 2，如图 11.324 所示。

图 11.322　【作用力 1】选项组参数设置

图 11.323　【物理学】选项组参数设置

图 11.324　关键帧设置

22　执行菜单栏中的【图层】|【新建】|【调整图层】命令，设置【名称】为"发光层"，如图 11.325 所示。

23 选中"发光层"，将时间调整到 0:00:03:15 帧的位置，按 Alt+[组合键，切断前面的素材；将时间调整到 0:00:04:09 帧的位置，按 Alt+] 组合键，切断后面的素材，如图 11.326 所示。

图 11.325 新建层

图 11.326 层设置

24 在【效果和预设】面板中展开【风格化】特效组，双击【发光】特效，如图 11.327 所示，此时从合成窗口中可以看到添加特效后的效果，如图 11.328 所示。

图 11.327 添加【发光】特效

图 11.328 效果图

25 在【效果控件】面板中，设置【发光半径】数值为 20，从【发光颜色】下拉列表框中选择【A 和 B 颜色】选项，参数如图 11.329 所示，效果如图 11.330 所示。

图 11.329 参数设置

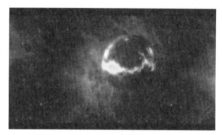

图 11.330 效果图

26 执行菜单栏中的【图层】|【新建】|【调整图层】命令，设置【名称】为"模糊层"，如图 11.331 所示。

27 选中"模糊层"，将时间调整到 0:00:03:15 帧的位置，按 Alt+[组合键，切断前面的素材；将时间调整到 0:00:04:09 帧的位置，按 Alt+] 组合键，切断后面的素材，如图 11.332 所示。

图 11.331 新建层

图 11.332 层设置

28 在【效果和预设】面板中展开【模糊和锐化】特效组，然后双击 CC Radial Fast Blur（CC

快速放射模糊）特效，如图 11.333 所示，此时从合成窗口中可以看到添加特效后的效果，如图 11.334 所示。

图 11.333　添加【CC 快速放射模糊】特效

图 11.334　效果图

29　在【效果控件】面板中，设置 Amount（数量）数值为 80，从 Zoom（缩放）下拉列表框中选择 Brightest（变亮）选项，参数如图 11.335 所示，效果如图 11.336 所示。

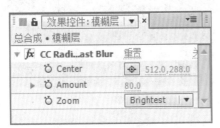

图 11.335　参数设置

图 11.336　效果图

30　将【项目】面板中的"爆炸素材"拖动到"总合成"的时间线面板中，如图 11.337 所示。将其入点设置在 0:00:05:08 帧的位置。

31　选中"爆炸素材"层，按 P 键展开【位置】属性，设置【位置】数值为（596,279），【缩放】数值为（117,117），并设置其叠加模式为【屏幕】，如图 11.338 所示。

图 11.337　素材设置

图 11.338　参数设置

32　将时间调整到 0:00:05:08 帧的位置，按 T 键展开【不透明度】属性，设置【不透明度】数值为 0，单击码表按钮，在当前位置添加关键帧；将时间调整到 0:00:05:14 帧的位置，设置【不透明度】数值为 100%，系统会自动创建关键帧；将时间调整到 0:00:06:04 帧的位置，设置【不透明度】数值为 100%；将时间调整到 0:00:06:09 帧的位置，设置【不透明度】数值为 0，如图 11.339 所示。

33　选中"爆炸素材"层，在【效果和预设】面板中展开【颜色校正】特效组，双击【色阶】特效，如图 11.340 所示。

图 11.339　【不透明度】关键帧设置

34　在【效果控件】面板中，设置【输入黑色】数值为 36，【输入白色】数值为 278，如图 11.341

所示。

图 11.340　添加【色阶】特效

图 11.341　参数设置

35　选中"爆炸素材"层，按 Ctrl+D 组合键复制出第 2 个"爆炸素材"，并重命名为"爆炸素材 2"，设置其【位置】数值为（596,299），如图 11.342 所示。

36　选中"爆炸素材 2"层，将时间调整到 0:00:05:15 帧的位置，按 [键，如图 11.343 所示。

图 11.342　复制素材

图 11.343　层设置

37　选中"爆炸素材 2"层，按 Ctrl+D 组合键复制出第 2 个"爆炸素材 2"，并重命名为"爆炸素材 3"，如图 11.344 所示。

38　选中"爆炸素材 3"层，将时间调整到 0:00:05:19 帧的位置，按 [键，如图 11.345 所示。

图 11.344　复制素材

图 11.345　层设置

39　将【项目】面板中的"光圈"合成拖动到"总合成"的时间线面板中，如图 11.346 所示。

40　选中"光圈"合成，并将其叠加模式设置为【屏幕】，将时间调整到 0:00:05:15 帧的位置，按 Alt+[组合键切断前面的素材，如图 11.347 所示。

图 11.346　素材设置

图 11.347　层设置

41　打开三维层 ，按 P 键展开【位置】属性，设置【位置】数值为（544,288,-279），按 R 键展开【旋转】属性，设置【X 轴旋转】数值为 -74，【Y 轴旋转】数值为 10，【Z 轴旋转】数值为 3，如图 11.348 所示。

42　按 S 键展开【缩放】属性，将时间调整到 0:00:05:15 帧的位置，设置【缩放】数值为（30,30,30），单击码表按钮，在当前位置添加关键帧；将时间调整到 0:00:06:19 帧的位置，设置【缩放】数值为（260,260,260），系统会自动创建关键帧，如图 11.349 所示。

图 11.348　参数设置

图 11.349　【缩放】关键帧设置

43 这样就完成了"星球爆炸"的制作，按小键盘上的 0 键预览效果，其中几帧动画如图 11.350 所示。

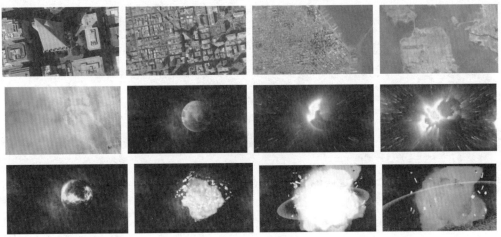

图 11.350　动画流程画面

11.3　电视宣传片——自然之韵

特效解析 ⬇

　　本例重点考察 AE 中三维层的使用，然后通过摄像机和虚拟物体层的配合使用，制作出具有立体感的彩圈旋转及位移动画，最终完成本片的动画制作。

知识点 ⬇

　　1．三维层的运用
　　2．空物体与摄像机的应用
　　3．四色渐变着色应用
　　4．蒙版的综合应用

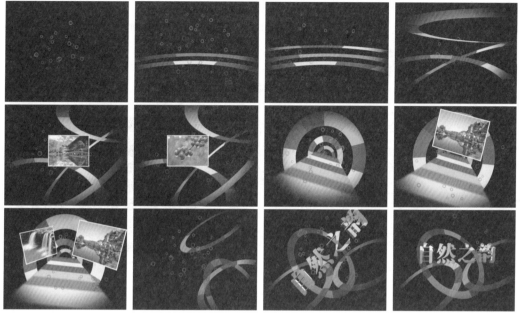

工程文件：第11章\自然之韵\自然之韵.aep
视频文件：movie\11.3 电视宣传片——自然之韵.avi

操作步骤 ⬇

11.3.1 制作彩圈动画

01 执行菜单栏中的【合成】|【新建合成】对话框，打开【合成设置】对话框，设置【合成名称】为 "场景 1"，并将其【持续时间】设置为 0:00:04:00，单击【确定】按钮，创建合成，如图 11.351 所示。

02 执行菜单栏中的【文件】|【导入】|【文件】命令，或者在【项目】面板中双击，打开【导入文件】对话框，选择配套光盘中的 "工程文件 \ 第 11 章 \ 自然之韵 \ 自然之韵 .psd" 素材，如图 11.352 所示。

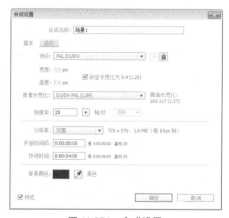

图 11.351 合成设置

图 11.352 【导入文件】对话框

03 单击【导入】按钮，在弹出的对话框中在【导入种类】下拉列表框中选择【素材】选项，然后在【图层选项】选项组中选中【选择图层】单选按钮，在其右侧的下拉列表框中选择【彩圈】素材，单击【确定】按钮，将其导入，如图 11.353 所示。

04 选择【项目】面板中的"彩圈＼自然之韵 .psd"素材，重命名为"彩圈"，并将其移动到时间线面板中，此时，合成窗口中的画面效果如图 11.354 所示。

图 11.353　文件名称对话框

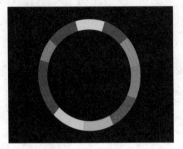

图 11.354　画面效果

05 选择时间线面板中的"彩圈"素材层，将其三维属性打开，如图 11.355 所示。

06 展开"彩圈"素材层的【缩放】属性、【位置】属性和【旋转】属性，并将其【缩放】值调整为（350,350,350），将其旋转属性中的【X 轴旋转】值调整为 -80，其【位置】值调整为（360,517,45），如图 11.356 所示。此时，合成窗口中的画面效果如图 11.357 所示。

图 11.355　打开三维属性

图 11.356　缩放及旋转值

07 按 Ctrl+D 组合键，复制两次，分别重命名复制处的图层为"彩圈 2"和"彩圈 3"，如图 11.358 所示。

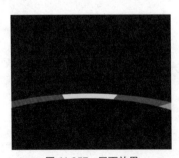

图 11.357　画面效果

图 11.358　复制图层

08 选择"彩圈 2"和"彩圈 3"素材层，展开其【位置】属性值，并修改"彩圈 2"的【位置】属性值为（360,440,45），"彩圈 3"的【位置】属性值为（360,360,45），如图 11.359 所示。此时，从合成窗口中看到的画面效果如图 11.360 所示。

图 11.359 位置属性值

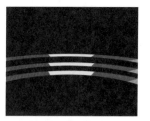

图 11.360 画面效果

09 将时间调整到 0:00:00:00 帧的位置,选择"彩圈"、"彩圈 2"和"彩圈 3"素材层,展开其【旋转】
属性,并修改"彩圈"的【Z 轴旋转】值为 20,"彩圈 2"的【Z 轴旋转】值为 –50,"彩圈 3"
的【Z 轴旋转】值为 60,并为 3 个素材层的【Z 轴旋转】值设置关键帧,如图 11.361 所示。

10 调整时间到 0:00:03:24 帧的位置,修改"彩圈"的【Z 轴旋转】值为 –20,修改"彩圈 2"的【Z
轴旋转】值为 –80,修改"彩圈 3"的【Z 轴旋转】值为 20 ,如图 11.362 所示。

图 11.361 设置【Z 轴旋转】关键帧

图 11.362 修改"彩圈"的【Z 轴旋转】值

11 此时,"彩圈"的旋转动画就制作完成了,预览动画,从合成窗口中可以看到动画效果,其
中几帧画面效果如图 11.363 所示。

图 11.363 彩圈旋转效果

11.3.2 制作气泡

01 执行菜单栏中的【合成】|【新建合成】命令,打开【合成设置】对话框,设置其【合成名称】
为"气泡",单击【确定】按钮新建合成,如图 11.364 所示。

02 执行菜单栏中的【图层】|【新建】|【纯色】命令,打开【纯色设置】对话框,设置其【名
称】为"气泡",【颜色】为白色,单击【确定】按钮,新建固态层,如图 11.365 所示。

03 选择"气泡"纯色层,在【效果和预设】面板中展开【模拟】特效选项,然后双击 CC
Particle World(CC 粒子仿真世界)特效选项,如图 11.366 所示。此时,合成窗口中的画
面效果如图 11.367 所示。

图 11.364　合成设置

图 11.365　纯色设置

图 11.366　添加特效

04 在【效果控件】面板中，展开 CC Particle World（CC 粒子世界）特效中的 Grid&Guide（网格和辅助线）选项，取消选中 Grid 复选框，如图 11.368 所示。此时，合成窗口中的画面效果如图 11.369 所示。

图 11.367　画面效果

图 11.368　添加特效

图 11.369　画面效果

05 修改 CC Particle World（CC 粒子世界）特效中的 Birth Rate（出生率）值为 0.6，如图 11.370 所示。此时，从合成窗口中看到的画面效果如图 11.371 所示。

06 展开特效中的 Producer（发生器）选项组，设置其 Radius X（X 轴半径）值为 0.5，设置其 Radius Y（Y 轴半径）值为 0.35，如图 11.372 所示。此时，从合成窗口中看到的画面效果如图 11.373 所示。

图 11.370　修改参数

图 11.371　画面效果

图 11.372　添加关键帧

07 展开特效中的 Physics（物理学）选项组，设置 Gravity（重力）值为 0，Extra（额外）的值为 0.3，如图 11.374 所示。此时，画面效果如图 11.375 所示。

图 11.373　画面效果

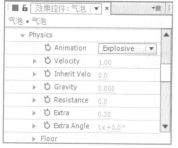

图 11.374　修改参数

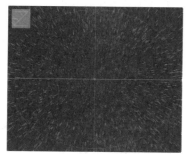

图 11.375　画面效果

08 展开特效的 Particle（粒子）选项组，设置 Particle Type（粒子类型）为 Lens Bubble（锤头泡沫），并修改其 Birth Size（出生大小）的值为 0.3，Death Size（死亡大小）的值为 0.15，如图 11.376 所示。此时，从合成窗口中看到的画面效果如图 11.377 所示。

09 选择"气泡"纯色层，在【效果和预设】面板中展开【生成】特效选项，双击【四色渐变】特效，如图 11.378 所示。此时，合成窗口中的画面效果如图 11.379 所示。

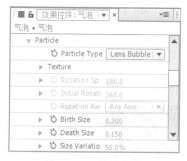

图 11.376　修改参数

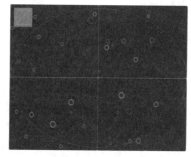

图 11.377　画面效果

图 11.378　添加特效

10 在【效果控件】面板中，展开【四色渐变】特效中的【位置与颜色】选项，设置【点 1】的值为（150,150），【点 2】的值为（520,150），【点 3】的值为（150,450），【点 4】的值为（520,450），并设置【颜色 3】为红色（R:255；G:0；B:84），如图 11.380 所示。此时，合成窗口中的画面效果如图 11.381 所示。

图 11.379　画面效果

图 11.380　修改参数

图 11.381　画面效果

11 选择"气泡"纯色层，展开其 CC Particle World（CC 粒子世界）特效中的 Producer（发生器）选项组，将时间调整到 0:00:03:24 帧的位置，为其 Radius X（X 轴半径）和 Radius Y（Y 轴半径）值设置关键帧，如图 11.382 所示。

12 将时间调整到 0:00:00:00 帧，修改其 Radius X（X 轴半径）值为 0.1，Radius Y（Y 轴半径）值为 0.05，如图 11.383 所示。

图 11.382　设置关键帧

图 11.383　修改关键帧

13 选择"气泡"纯色层，按 Ctrl+D 组合键进行复制，并将复制出的图层命名为"气泡 2"，如图 11.384 所示。此时，合成窗口中的画面效果如图 11.385 所示。

图 11.384　画面效果

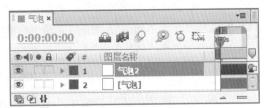

图 11.385　复制图层

14 这样，气泡的制作就完成了，预览动画，其中几帧画面效果如图 11.386 所示。

图 11.386　气泡画面效果

11.3.3　制作整体动画

01 回到"场景 1"合成中，选择【项目】面板中的"气泡"合成，将其移动到时间线面板中"彩圈 3"素材层的上方，如图 11.387 所示。

02 调整时间到 0:00:01:05 帧的位置，选择"彩圈"、"彩圈 2"和"彩圈 3"素材层，展开其【不透明度】属性，然后修改"彩圈"的【不透明度】值为 0，并为其设置关键帧，调整时间为 0:00:01:20 帧，修改"彩圈"的【不透明度】属性值为 100；将时间调整为 0:00:01:15 帧，修改"彩圈 2"的【不透明度】为 0，并为其设置关键帧，调整时间到 0:00:02:05 帧位置，修改其【不透明度】值为 100；将时间调整为 0:00:02:00 帧，修改"彩圈 3"的【不透明度】为 0，并为其设置关键帧，然后将时间调整到 0:00:02:15 帧的位置，修改其【不透明度】属性值为 100，如图 11.388 所示。

图 11.387　时间线面板

图 11.388　制作不透明度动画

03 此时，预览动画，可以从合成窗口中看到不透明度动画效果，其中几帧画面效果如图 11.389 所示。

 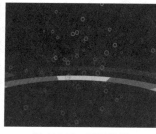 

图 11.389　画面效果

04 执行菜单栏中的【图层】|【新建】|【纯色】命令，打开【纯色设置】对话框，将其【名称】设置为"调节层"，【颜色】设置为黑色，如图 11.390 所示。

05 选择"调节层"，双击【椭圆工具】按钮 ，为其绘制蒙版，如图 11.391 所示。等比例缩小蒙版，如图 11.392 所示。

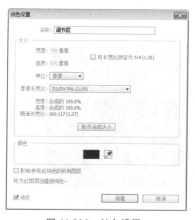

图 11.390　纯色设置

图 11.391　绘制蒙版

图 11.392　修改蒙版

06 选择"调节层"，展开其【蒙版 1】属性，选中【反转】复选框，并将其【蒙版羽化】值调整为（150,150），如图 11.393 所示。

07 此时，场景 1 的制作就完成了，预览动画，从合成窗口中可以看到场景 1 的整体动画效果，其中几帧画面效果如图 11.394 所示。

图 11.393　时间线面板

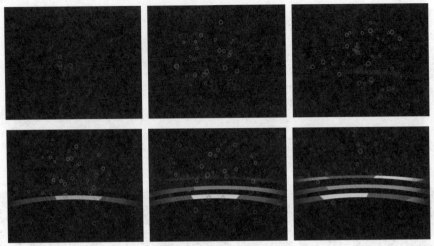

图 11.394　其中几帧动画效果

11.3.4　制作彩圈动画

01 执行菜单栏中的【合成】|【新建合成】命令，打开【合成设置】窗口，并将其【合成名称】设置为"场景 2"，设置其【持续时间】为 0:00:04:10，如图 11.395 所示。

02 选择【项目】中的"彩圈"素材，将其移动到"场景 2"合成中，并重命名为"彩圈 4"，此时，合成窗口中的画面效果如图 11.396 所示。

图 11.395　合成设置

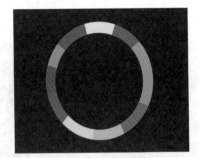

图 11.396　画面效果

03 选择"彩圈 4"素材层，展开其三维属性，然后展开其【缩放】属性、【位置】属性和【旋转】属性，将其【位置】属性值调整为（360,517,0），【缩放】属性值调整为（350,350,350），【旋转】属性中的【X 轴旋转】值调整为 -80，如图 11.397 所示。

04 此时，从合成窗口中看到的画面效果如图 11.398 所示。

05 选择"彩圈 4"，按 Ctrl+D 组合键进行复制，共复制两次，复制出的图层依次为"彩圈 5"和"彩圈 6"，然后调整"彩圈 5"的【位置】属性值为（360,440,0），调整"彩圈 6"的【位置】属性值为（360,370,0），如图 11.399 所示。此时，从合成窗口中看到的画面效果如图 11.400 所示。

图 11.397　调整图层的属性值

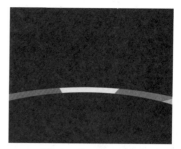

图 11.398　画面效果

图 11.399　调整复制出的图层的位置属性

图 11.400　复制图层后的画面效果

06 将时间调整为 0:00:00:00 帧的位置，展开"彩圈 4"、"彩圈 5"和"彩圈 6"的【Z 轴旋转】属性值，将"彩圈 4"的【Z 轴旋转】属性值调整为 30，"彩圈 5"的【Z 轴旋转】值调整为 60，"彩圈 6"的【Z 轴旋转】值调整为 130，并为 3 个层的【Z 轴旋转】值设置关键帧，如图 11.401 所示。

07 调整时间到 0:00:04:09 帧的位置，修改"彩圈 4"的【Z 轴旋转】值为 0，修改"彩圈 5"的【Z 轴旋转】值为 30，修改"彩圈 6"的【Z 轴旋转】值为 100，如图 11.402 所示。

图 11.401　设置【Z 轴旋转】属性关键帧

图 11.402　修改关键帧

08 将时间调整为 0:00:00:00 帧，展开"彩圈 4"、"彩圈 5"和"彩圈 6"的【位置】属性和【旋转】属性，并为 3 个层的【位置】属性、【X 轴旋转】属性和【Y 轴旋转】属性设置关键帧，如图 11.403 所示。

09 将时间调整到 0:00:00:10 帧的位置，修改"彩圈 4"的【位置】属性值为（650,380,1270），修改其【X 轴旋转】值为 -79，【Y 轴旋转】值为 39；修改"彩圈 5"的【位置】属性值为（115,680,1100），修改其【X 轴旋转】值为 -67，【Y 轴旋转】值为 -5；修改"彩圈 6"的【位置】属性值为（1000,-80,790），修改其【X 轴旋转】值为 -102，【Y 轴旋转】值为 -5，如图 11.404 所示。

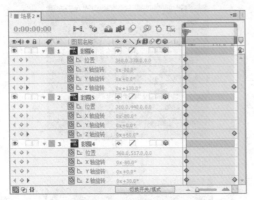

图 11.403　设置关键帧

图 11.404　修改关键帧

10　此时，彩圈动画就制作完成了，预览动画，从合成窗口中可以看到彩圈的动画效果，其中
几帧画面效果如图 11.405 所示。

图 11.405　彩圈动画效果

11.3.5　制作风景动画

01　在【项目】面板中双击，打开【导入文件】对话框，选择配套光盘中的"工程文件\第 11
章\自然之韵\自然之韵 .psd"素材，如图 11.406 所示。

02　单击【导入】按钮，在弹出的文件名称对话框中，在【导入种类】下拉列表框中选择【素材】
选项，然后在【图层选项】选项组中选中【选择图层】单选按钮，在其右侧的下拉列表框
中选择【风景 1】素材，单击【确定】按钮，将其导入，如图 11.407 所示。

图 11.406　【导入文件】对话框

图 11.407　文件名称对话框

03 用同样的方法，将"自然之韵 .psd"素材中的"风景 2"、"风景 3"和"风景 4"导入，然后依次重命名为"风景 1"、"风景 2"、"风景 3"和"风景 4"，如图 11.408 所示。

04 选择【项目】面板中的"风景 1"、"风景 2"、"风景 3"和"风景 4"素材层，将其移动到时间线面板中"彩圈 6"素材层的上方，此时，从合成窗口中看到的画面效果如图 11.409 所示。选择"风景 1"、"风景 2"、"风景 3"和"风景 4"，打开其三维属性。

图 11.408　重命名图层

图 11.409　画面效果

05 将时间调整为 0:00:00:07 帧，选择"风景 1"和"风景 2"素材层，展开其【位置】和【旋转】属性，将"风景 1"的【位置】属性值调整为（840,288,0），将其【Y 轴旋转】值调整为 20，并为其设置关键帧，如图 11.410 所示。

06 将时间调整为 0:00:00;12 帧，修改"风景 1"的【位置】属性值为（380,288,0），【Y 轴旋转】值为 0，如图 11.411 所示。

图 11.410　0:00:00:07 帧的关键帧

图 11.411　0:00:00:12 帧的关键帧

07 调整时间到 0:00:01:02 帧的位置，修改其【位置】属性值为（300,288,0），并为其【Y 轴旋转】值设置延时帧，如图 11.412 所示。

08 调整时间到 0:00:01:07 帧，修改其【位置】值为（-140,288,0），修改其【Y 轴旋转】值为 -20，如图 11.413 所示。

图 11.412　0:00:01:02 帧的关键帧

图 11.413　0:00:01:07 帧的关键帧

09 此时，从合成窗口中可以看到"风景1"的动画效果，其中几帧画面效果如图11.414所示。

图 11.414　画面效果

10 调整时间到0:00:01:06帧的位置，调整"风景2"的【位置】值为（885,144,0），调整其【Y轴旋转】值为20，并为其设置关键帧，如图11.415所示。

11 调整时间为0:00:01:11帧，修改其【位置】属性值为（440,144,0），修改其【Y轴旋转】值为0，如图11.416所示。

图 11.415　0:00:01:06帧的关键帧　　　　　　图 11.416　0:00:01:11帧的关键帧

12 将时间调整为0:00:02:01帧，修改其【位置】属性值为（340,144,0），并为其【Y轴旋转】值设置延时帧，如图11.417所示。

13 调整时间为0:00:02:06帧，修改其【位置】属性值为（-100,144,0），【Y轴旋转】值为-20，如图11.418所示。

图 11.417　0:00:02:01帧的关键帧　　　　　　图 11.418　00:00:02:06帧的关键帧

14 此时，从合成窗口中可以看到动画效果，其中几帧画面效果如图11.419所示。

图 11.419　画面效果

15 用同样的方法，为"风景 3"和"风景 4"制作动画，预览动画，从合成窗口中看到风景图
的动画效果，其中几帧画面效果如图 11.420 所示。

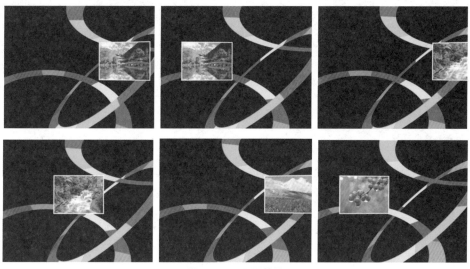

图 11.420　画面效果

16 执行菜单栏中的【图层】|【新建】|
【摄像机】命令，打开【摄像机设置】
对话框，在【预设】右侧的下拉列表
框中选择【50 毫米】选项，单击【确定】
按钮，创建摄像机层，如图 11.421
所示。

17 选择摄像机层，展开其【位置】
和【旋转】属性，将时间调整为
0:00:03:24 帧，调整摄像机的【位置】
属性值为（360,288,-1100），并为
【位置】属性和【X 轴旋转】属性设
置关键帧，如图 11.422 所示。

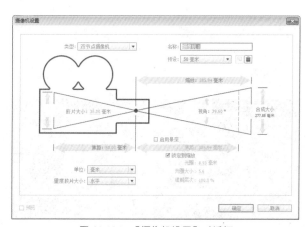

图 11.421　【摄像机设置】对话框

18 将时间调整到 0:00:04:05 帧的位置，修改摄像机的位置属性值为（360,288,1128），修改其
【X 轴旋转】值为 23，如图 11.423 所示。

图 11.422　设置摄像机层的关键帧

图 11.423　修改摄像机的关键帧

19 此时，从合成窗口中看到的其中几帧画面效果如图 11.424 所示。

图 11.424　画面效果

11.3.6　调整画面

01 执行菜单栏中的【图层】|【新建】|【纯色】命令,打开【纯色设置】对话框,将其【名称】设置为"调整层",单击【确定】按钮,新建纯色层,如图 11.425 所示。

02 选择"调整层",双击工具栏中的【椭圆工具】为其绘制蒙版,此时,合成窗口中的画面效果如图 11.426 所示。

03 等比例缩小蒙版,如图 11.427 所示。

04 选择"调整层",展开其蒙版属性,选中【蒙版 1】右侧的【反转】复选框,并设置其【蒙版羽化】值为(150,150),如图 11.428 所示。此时,合成窗口中的画面效果如图 11.429 所示。

图 11.425　【纯色设置】对话框

图 11.426　添加蒙版

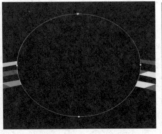

图 11.427　缩小蒙版

图 11.428　蒙版设置

05 选择"调整层",将其移动到"风景 4"素材层的下方,如图 11.430 所示。此时,从合成窗口中看到的画面效果如图 11.431 所示。

图 11.429　画面效果

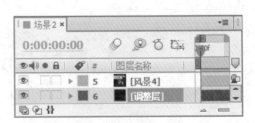

图 11.430　移动图层

06 进入"场景 1"合成中,选择"气泡"图层,按 Ctrl+C 组合键进行复制,回到"场景 2"

合成中，按 Ctrl+V 组合键粘贴，并将其重命名为"气泡 2"，将其移动到"彩圈 4"素材层的下方，如图 11.432 所示。

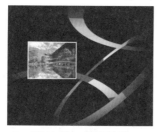

图 11.431　画面效果

图 11.432　移动图层

07 此时，场景 2 的合成就制作完成了，预览动画，从合成窗口中可看到场景 2 的动画效果，其中几帧画面效果如图 11.433 所示。

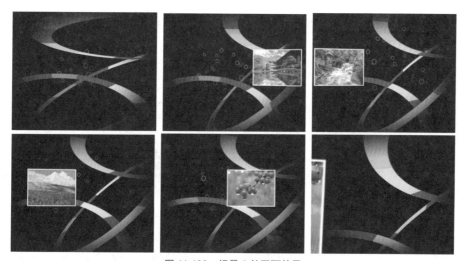

图 11.433　场景 2 的画面效果

11.3.7　制作彩圈动画

01 执行菜单栏中的【合成】|【新建合成】命令，打开【合成设置】对话框，将其【合成名称】设置为"场景 3"，其【持续时间】设置为 4 秒，单击【确定】按钮创建合成，如图 11.434 所示。

02 执行菜单栏中的【文件】|【导入】|【文件】命令，打开【导入文件】对话框，选择配套光盘中的"工程文件＼第 11 章＼自然之韵＼自然之韵 .psd"素材，如图 11.435 所示。

03 单击【导入】按钮，在【图层选项】选项组中选中【选择图层】单选按钮，在其右侧的下拉列表框中选择【圈圈】素材，单击【确定】按钮，将其导入，如图 11.436 所示。

图 11.434　【合成设置】对话框

04 将"自然之韵.psd"素材中的"条条"也导入合成中,在【项目】面板中,将"圈圈\自然之韵.psd"重命名为"圈圈",将"条条\自然之韵.psd"重命名为"条条",如图 11.437 所示。

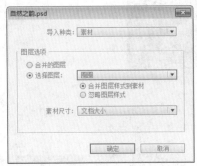

图 11.435　【导入文件】对话框　　　　图 11.436　文件名称对话框　　　　图 11.437　重命名素材

05 将【项目】面板中的"圈圈"和"条条"素材移动到场景 3 的时间线面板中,如图 11.438 所示。此时,合成窗口中的画面效果如图 11.439 所示。

06 选择"圈圈"和"条条"素材层,展开其三维属性,然后调整"条条"素材层的中心点,如图 11.440 所示。

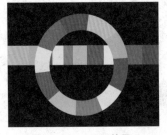

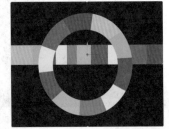

图 11.438　时间线面板　　　　　　图 11.439　画面效果　　　　　图 11.440　调整图层的中心点位置

07 展开"圈圈"素材层的【位置】属性和"条条"素材层的【旋转】属性,调整"条条"素材层的【位置】属性值为(360,310,0),【X 轴旋转】值为 -86,【Z 轴旋转】值为 -90;调整"圈圈"的【位置】属性值为(360,288,2000),如图 11.441 所示。此时,合成窗口中的画面效果如图 11.442 所示。

图 11.441　调整图层的位置属性　　　　　图 11.442　调整图层位置属性后的画面效果

08 选择"圈圈"素材层，按 Ctrl+D 组合键进行复制，共复制 3 次，并分别将复制出的图层重命名为"圈圈 2"、"圈圈 3"和"圈圈 4"，如图 11.443 所示。

09 选择"圈圈 2"、"圈圈 3"和"圈圈 4"素材层，展开其【位置】属性，调整"圈圈 2"的【位置】值为（360,288,700），调整"圈圈 3"的【位置】值为（360,288,40），调整"圈圈 4"的【位置】属性值为（360,288,4000），如图 11.444 所示。此时，合成窗口中的画面效果如图 11.445 所示。

图 11.443 复制图层

图 11.444 时间线面板

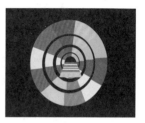

图 11.445 画面效果

10 将时间调整到 0:00:00:00 的位置，选择"圈圈"、"圈圈 2"、"圈圈 3"和"圈圈 4"素材层，展开其【旋转】属性，设置"圈圈"的【Z 轴旋转】值为 50，"圈圈 2"的【Z 轴旋转】值为 –15，"圈圈 3"的【Z 轴旋转】值为 90，"圈圈 4"的【Z 轴旋转】值为 –30，并为 4 个层的【Z 轴旋转】值设置关键帧，如图 11.446 所示。

11 调整时间为 0:00:03:24 帧，修改"圈圈"的【Z 轴旋转】值为 10 ，修改"圈圈 2"的【Z 轴旋转】值为 –70，修改"圈圈 3"的【Z 轴旋转】值为 25 ，修改"圈圈 4"的【Z 轴旋转】值为 –70，如图 11.447 所示。

图 11.446 设置关键帧

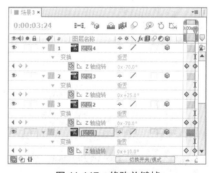

图 11.447 修改关键帧

12 这样就完成了圈圈的旋转动画,预览动画,从合成窗口中看到的其中几帧画面效果如图11.448所示。

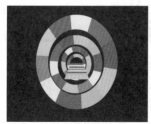 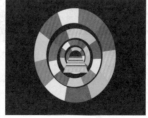 

图 11.448 画面效果

After Effects CC 影视特效与电视栏目包装案例解析

11.3.8 制作虚拟物体层动画

01 执行菜单栏中的【图层】|【新建】|【空对象】命令，创建虚拟物体层，将其重命名为"虚拟物体层"，并打开该层三维属性，如图 11.449 所示。

02 将时间调整为 0:00:00:00 帧，选择除"虚拟物体层"外的所有图层，然后在其右侧的父子关系下拉列表框中选择【虚拟物体层】选项，如图 11.450 所示。

图 11.449　创建虚拟物体层

图 11.450　父子关系

03 选择"虚拟物体层"，展开其【位置】属性和【旋转】属性中的【Z 轴旋转】属性，将时间调整到 0:00:00:00 帧的位置，调整"虚拟物体层"的【位置】属性值为（360,288,1500），并为其设置关键帧，如图 11.451 所示。

04 将时间调整到 0:00:00:15 帧的位置，修改"虚拟物体层"的【位置】属性值为（360,288,-800），如图 11.452 所示。

图 11.451　设置关键帧

图 11.452　修改位置属性关键帧

05 预览动画，其中几帧画面效果如图 11.453 所示。

图 11.453　画面效果

06 将时间调整到 0:00:01:20 帧的位置，设置其【Z 轴旋转】值为 15，并为其设置关键帧，如图 11.454 所示。

07 调整时间为 0:00:02:05 帧，修改其【Z 轴旋转】值为 -10，如图 11.455 所示。

图 11.454　0:00:01:20 帧的关键帧

图 11.455　0:00:02:05 帧的关键帧

08 选择"虚拟物体层",将时间调整到 0:00:02:05 帧的位置,按 Alt+] 组合键,自定义该层的出点,如图 11.456 所示。

09 此时,预览动画,从合成窗口中看到的其中几帧画面效果如图 11.457 所示。

图 11.456　自定义层的出点

  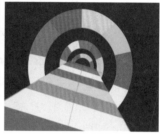

图 11.457　画面效果

11.3.9　制作风景动画

01 在【项目】面板中双击,打开【导入文件】对话框,选择配套光盘中的"工程文件 \ 第 11 章 \ 自然之韵 \ 自然之韵 .psd"素材,如图 11.458 所示。

02 单击【导入】按钮,在弹出的文件名称对话框中,在【图层选项】选项组中选中【选择图层】单选按钮,在其右侧的下拉列表框中选择【风景 5】素材,单击【确定】按钮,将其导入,如图 11.459 所示。

图 11.458　【导入文件】对话框

图 11.459　文件名称对话框

03 导入"风景6"素材，然后在【项目】面板中分别重命名为"风景5"和"风景6"，如图 11.460 所示。将"风景5"和"风景6"素材移动到时间线面板中，此时，从合成窗口中看到的画面效果如图 11.461 所示。

04 选择"风景5"和"风景6"素材层，展开其三维属性，然后选择"风景5"展开其【位置】属性、【缩放】属性和【旋转】属性，将时间调整为 0:00:01:00 帧的位置，将"风景5"【位置】属性值调整为（370,210,100），调整其【缩放】属性值为（0,0,0），调整其【Y轴旋转】值为 −84，调整其【Z轴旋转】值为 15，并为其【位置】属性、【缩放】属性和【Y轴旋转】属性设置关键帧，如图 11.462 所示。

图 11.460 【项目】面板

图 11.461 画面效果

图 11.462 设置关键帧

05 调整时间到 0:00:01:07 帧的位置，修改其【缩放】属性为（100,100,100），修改其【Y轴旋转】值为 0，如图 11.463 所示。

06 将时间调整为 0:00:01:15 帧，修改其【位置】属性值为（370,210,−250），如图 11.464 所示。

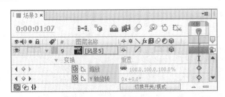
图 11.463 修改关键帧

图 11.464 0:00:01:15 帧的关键帧

07 将时间调整到 0:00:02:00 帧的位置，修改其【位置】属性值为（500,240,−215），修改其【Y轴旋转】值为 35，如图 11.465 所示。

08 调整时间到 0:00:03:00 帧的位置，修改其【位置】属性值为（500,240,−1050），如图 11.466 所示。

图 11.465 0:00:02:00 帧的关键帧

图 11.466 0:00:03:00 帧的关键帧

09 此时，"风景5"的动画就制作完成了，预览动画，可以从合成窗口中看到"风景5"的动画效果，其中几帧画面效果如图 11.467 所示。

  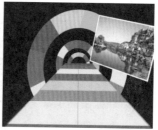

图 11.467　画面效果

10 选择"风景 6"素材层，展开其【位置】属性、【缩放】属性和【旋转】属性中的【Y 轴旋转】和【Z 轴旋转】属性，将时间调整到 0:00:01:20 帧的位置，调整其【位置】属性值为（320,240,35），调整其【缩放】属性值为（0,0,0），调整其【Y 轴旋转】值为 -90，调整其【Z 轴旋转】值为 -15，并为其【位置】属性、【缩放】属性和【Y 轴旋转】属性设置关键帧，如图 11.468 所示。

11 调整时间到 0:00:02:00 帧的位置，修改其【位置】属性值为（210,240,-230），修改【缩放】属性值为（100,100,100），修改其【Y 轴旋转】值为 -30，如图 11.469 所示。

图 11.468　设置"风景 6"关键帧

图 11.469　0:00:02:00 帧的关键帧

12 将时间调整到 0:00:02:15 帧的位置，修改其【位置】属性值为（210,255,-160），如图 11.470 所示。

13 调整时间为 0:00:03:00 帧，修改其【位置】属性值为（210,280,-1120），如图 11.471 所示。

图 11.470　0:00:02:15 帧的关键帧

图 11.471　0:00:03:00 帧的关键帧

14 这样就完成了"风景 6"的制作，预览动画，从合成窗口中看到其中几帧画面效果如图 11.472 所示。

图 11.472　画面效果

11.3.10 调整场景3的整体效果

01 执行菜单栏中的【图层】|【新建】|【纯色】命令，或打开【纯色设置】对话框，设置其【名称】为"调节层2"，单击【确定】按钮，创建纯色层，如图 11.473 所示。

02 选择时间线中的"调节层2"固态层，双击工具栏中的【椭圆工具】，为其添加蒙版，如图 11.474 所示。

03 等比例缩小蒙版，如图 11.475 所示。

04 选择"调节层2"，展开其【蒙版】属性，将其【蒙版羽化】属性值调整为（130,130)，并选中【蒙版1】右侧的【反转】复选框，如图 11.476 所示。此时，画面效果如图 11.477 所示。

05 选择"调节层2"，将其移动到"风景5"素材层的下方，如图 11.478 所示。

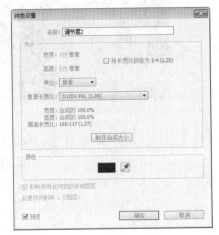

图 11.473 纯色设置

图 11.474 添加蒙版

图 11.475 等比例缩小蒙版

图 11.476 蒙版属性

图 11.477 画面效果

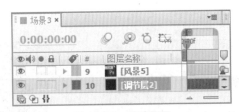

图 11.478 移动图层

06 选择【项目】面板中的"气泡"合成，将其移动到"场景3"合成中"圈圈4"的上方，并将其重命名为"气泡3"，如图 11.479 所示。

07 执行菜单栏中的【图层】|【新建】|【摄像机层】命令，打开【摄像机设置】对话框，将其【名称】设置为【摄像机2】，在【预设】右侧的下拉列表框中选择【50毫米】选项，单击【确定】按钮，创建摄像机层，如图 11.480 所示。

08 将时间调整到 0:00:03:00 帧的位置，展开"摄像机2"层的【旋转】属性中的【Z轴旋转】属性，并为其设置关键帧，如图 11.481 所示。

09 将时间调整为 0:00:03:05 帧，修改其【Z轴旋转】值为 140，如图 11.482 所示。

10 此时，场景3的合成就完成了，预览动画，可以从合成窗口中看到场景3的整体动画效果，其中几帧画面效果如图 11.483 所示。

图 11.479　添加气泡素材

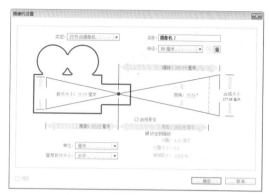

图 11.480　【摄像机设置】对话框

图 11.481　设置关键帧

图 11.482　修改关键帧

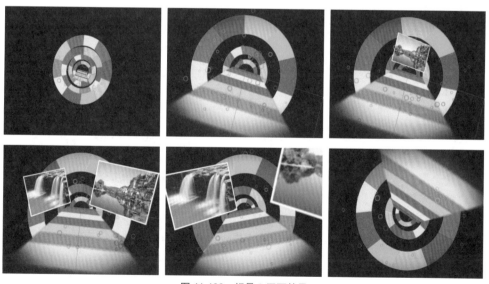

图 11.483　场景 3 画面效果

11.3.11　场景4的合成

01 执行【合成】|【新建合成】命令，打开【合成设置】对话框，设置其【合成名称】为"场景4"，单击【确定】按钮，创建合成，如图 11.484 所示。

02 选择【项目】面板中的"彩圈"素材，将其移动到"场景4"的时间线面板中，并为其重命名为"彩圈7"，此时，从合成窗口中看到的画面效果如图 11.485 所示。

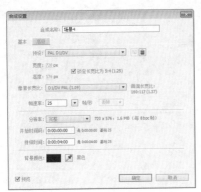

图 11.484 【合成设置】对话框

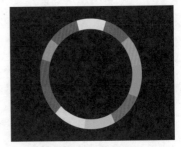

图 11.485 画面效果

03 选择"彩圈 7"素材层，打开其三维属性，然后按 Ctrl+D 组合键进行复制，共复制两次，复制出的图层依次为"彩圈 8"和"彩圈 9"，如图 11.486 所示。

04 将时间调整到 0:00:00:00 帧的位置，选择"彩圈 7"、"彩圈 8"和"彩圈 9"素材层，展开其【旋转】属性中的【Z 轴旋转】属性，调整"彩圈 7"的【Z 轴旋转】值为 30，调整"彩圈 8"的【Z 轴旋转】值为 90，调整"彩圈 9"的【Z 轴旋转】值为 150，并为 3 个层的【Z 轴旋转】属性设置关键帧，如图 11.487 所示。

图 11.486 复制图层

图 11.487 设置关键帧

05 调整时间到 0:00:03:24 帧的位置，修改"彩圈 7"的【Z 轴旋转】值为 -10，修改"彩圈 8"的【Z 轴旋转】值为 60，修改"彩圈 9"的【Z 轴旋转】值为 120，如图 11.488 所示。

06 展开 3 个层的【旋转】属性中的【X 轴旋转】和【Y 轴旋转】属性，调整"彩圈 7"的【X 轴旋转】值为 -40，【Y 轴旋转】值为 -28；调整"彩圈 8"的【X 轴旋转】值为 116，【Y 轴旋转】值为 -28；调整"彩圈 9"的【X 轴旋转】值为 120，【Y 轴旋转】值为 -24，如图 11.489 所示。此时，合成窗口中的画面效果如图 11.490 所示。

图 11.488 修改关键帧

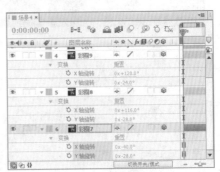

图 11.489 调整旋转属性值

07 展开3个层的【位置】属性，将时间调整为 0:00:00:00 帧，调整"彩圈7"的【位置】属性值为（920,730,0),调整"彩圈8"的【位置】属性值为（290,-130,0),调整"彩圈9"的【位置】属性值为（1050,430,0),并为3个素材层的【位置】属性设置关键帧，如图 11.491 所示。

图 11.490　画面效果

图 11.491　设置位置属性关键帧

08 将时间调整到 0:00:01:00 帧的位置，修改"彩圈7"的【位置】属性值为（360,288,0),修改"彩圈8"的【位置】属性值为（600,288,0),修改"彩圈9"的【位置】属性值为（198,430,-100),如图 11.492 所示。

09 选择3个图层，展开其【不透明度】属性，修改"彩圈7"的【不透明度】属性值为 50%，修改"彩圈8"的【不透明度】属性值为 60%，修改"彩圈9"的【不透明度】属性值为 80%，如图 11.493 所示。

图 11.492　修改关键帧

图 11.493　修改不透明度属性值

10 此时，彩圈动画就制作完成了，预览动画，可以从合成窗口中看到彩圈的动画效果，其中几帧画面效果如图 11.494 所示。

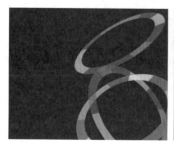

图 11.494　画面效果

11 执行菜单栏中的【文件】|【导入】|【文件】命令，选择配套光盘中的"工程文件＼第 11 章＼自然之韵＼文字＼文字.001.tga"素材，如图 11.495 所示。

12 单击【导入】按钮，在弹出的对话框中选中【预乘 - 有彩色遮罩】单选按钮，单击【确定】按钮，导入素材，如图 11.496 所示。

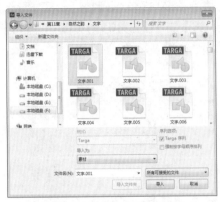

图 11.495 【导入文件】对话框

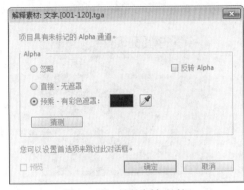

图 11.496 解释素材对话框

13 选择刚刚导入的素材，重命名为"文字"，并将其移动到"场景 4"中，放于最上方，如图 11.497 所示。

14 选择"文字"层，将其入点定位在 0:00:00:20 帧的位置，如图 11.498 所示。

图 11.497 添加素材

15 选择【项目】面板中的"气泡"，将其移动到时间线中"文字"素材层的下方，并将其重命名为"气泡 4"，如图 11.499 所示。

图 11.498 定位入点

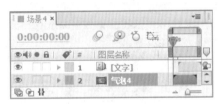

图 11.499 添加素材

16 此时，预览动画，合成窗口中的其中几帧画面效果如图 11.500 所示。

图 11.500 画面效果

17 进入"场景 1"合成，选择"调节层"，按 Ctrl+C 组合键进行复制，然后到"场景 4"中，按 Ctrl+V 组合键进行粘贴，将其移动到"文字"素材层的下方，并为其重命名为"调节层 3"，如图 11.501 所示。

18 此时，"场景 4"的合成就完成了，预览动画，从合成窗口中可以看到"场景 4"的整体动画效果，其中几帧画面效果如图 11.502 所示。

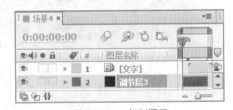

图 11.501 复制图层

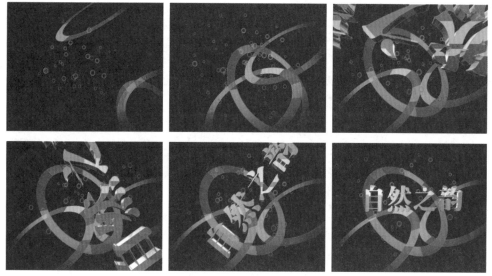

图 11.502　场景 4 的画面效果

11.3.12　最终合成

01　执行菜单栏中的【合成】|【新建合成】命令，打开【合成设置】对话框，将其【合成名称】
　　设置为"自然之韵"，设置其【持续时间】为 0:00:14:09，单击【确定】按钮，创建合成，
　　如图 11.503 所示。

02　选择【项目】面板中的"场景 1"、"场景 2"、"场景 3"和"场景 4"，将其移动到"自然之
　　韵"中，如图 11.504 所示。

图 11.503　【合成设置】对话框

图 11.504　时间线面板

03　移动"场景 2"，将其入点定位于 0:00:03:20 帧的位置，然后依次将"场景 3"的入点定位
　　于 0:00:07:10 帧的位置，将"场景 4"的入点定位于 0:00:10:10 帧的位置，如图 11.505 所示。

04　展开"场景 1"和"场景 3"的【不透明度】属性，将时间调整到 0:00:03:20 帧的位置，为"场
　　景 1"的【不透明度】属性设置关键帧，然后调整时间到 0:00:04:00 帧的位置，修改其【不
　　透明度】属性值为 0，如图 11.506 所示。

图 11.505　定位各层入点

图 11.506　"场景 1"的关键帧

05 调整时间到 0:00:07:20 帧的位置,选择"场景 3",将其【不透明度】属性值调整为 0,并为其设置关键帧,将时间调整为 0:00:08:00 帧,修改其【不透明度】属性值为 100%,如图 11.507 所示。

06 调整时间到 0:00:10:10 帧的位置,为"场景 3"的【不透明度】属性设置延时帧,然后将时间调整为 0:00:10:15 帧,修改其【不透明度】属性值为 0,如图 11.508 所示。

图 11.507　"场景 3"的关键帧

图 11.508　0:00:10:15 帧的关键帧

07 此时,自然之韵的合成就制作完成了,预览动画,可以从合成窗口中看到整个片子的动画效果。

第 *12* 章

电视频道包装专业表现

内容摘要

本章主要讲解电视频道包装制作的案例，通过详细地分析其制作手法和制作步骤，再现电视频道包装过程，以更好地让读者掌握电视频道包装的制作技巧，吸取精华快速掌握，并步入高手之列。

教学目标

▶ 学习影视强档的制作方法
▶ 学习幸福最前线的制作方法
▶ 掌握女性风尚电视频道包装的制作方法
▶ 掌握娱乐栏目包装的制作技巧

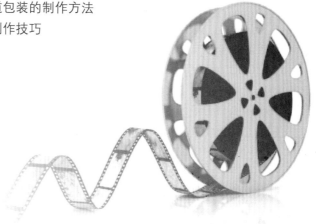

12.1 影视频道包装——影视强档

特效解析 ⌄

本例讲解影视强档效果。首先导入素材，并通过【径向擦除】特效以及素材的叠加，制作出影视强档效果。

知 识 点 ⌄

1. 轴心点的修改技巧
2. 擦除效果的制作
3. 素材位置的调整
4. 层模式的应用
5. 【轨道蒙版】的使用

工程文件：第12章\影视强档\影视强档.aep
视频文件：movie\12.1 影视频道包装——影视强档.avi

操作步骤 ⌄

12.1.1 导入素材并制作动画

01 执行菜单栏中的【合成】|【新建合成】命令，打开【合成设置】对话框，设置【合成名称】为"影视强档"，【宽度】为720，【高度】为480，【帧速率】为25，并设置【持续时间】为0:00:05:00，如图12.1所示。

02 执行菜单栏中的【文件】|【导入】|【文件】命令，打开【导入文件】对话框，选择配套光盘中的"工程文件\第12章\影视强档\背景.psd、扫光.mov、影视频道.mov、新年精彩影视强档.mov、爆炸.mov"，素材，单击【导入】按钮，如图12.2所示，将"背景.psd"以合成的方式导入，素材将导入到【项目】面板中。

03 在【项目】面板中，展开"背景"文件夹，将所有素材拖动到时间线面板中，并分别重命名，并分别设置"自定义"层的模式为【叠加】，"花01"和"花02"层的模式为【屏幕】，时间线面板中的效果如图 12.3 所示。

图 12.1 合成设置

图 12.2 导入素材

04 将时间调整到 0:00:00:00 帧的位置，在时间线面板中选择"光 02"层，在工具栏中单击【向后平移（锚点）工具】按钮，将"光 02"的中心点拖动到光的底部，如图 12.4 所示。然后按 R 键展开【旋转】选项，单击【旋转】左侧的码表按钮，在当前时间设置一个关键帧，如图 12.5 所示。

图 12.3 添加素材

图 12.4 合成窗口中的效果

05 将时间调整到 0:00:02:00 帧的位置，修改【旋转】属性的值为 18，系统会自动添加关键帧，如图 12.6 所示。

图 12.5 添加关键帧

图 12.6 0:00:02:00 帧时，【旋转】属性的值

06 调整时间到 0:00:04:24 帧的位置，修改【旋转】属性的值为 -6，系统会自动添加关键帧，如图 12.7 所示。

07 将时间调整到 0:00:00:00 帧的位置，在时间线面板中选择"光 01"层，在工具栏中单击【向后平移（锚点）工具】按钮，将"光 01"的

图 12.7 0:00:04:24 帧时，【旋转】属性的值

中心点拖动到光的底部，如图 12.8 所示。设置【缩放】的值为（131,131），然后按 R 键展开【旋转】属性，单击【旋转】左侧的码表按钮，在当前时间设置一个关键帧，如图 12.9 所示。

图 12.8　合成窗口的效果

图 12.9　设置【旋转】属性的关键帧

08 将时间调整到 0:00:02:00 帧的位置，修改【旋转】属性的值为 -28，系统会自动添加关键帧，如图 12.10 所示。

09 调整时间到 0:00:04:24 帧的位置，修改【旋转】属性的值为 -4，系统会自动添加关键帧，如图 12.11 所示。并设置"光 01"层的【缩放】为（131,131）。

图 12.10　系统自动添加关键帧

图 12.11　系统自动添加关键帧

12.1.2　制作倒计时动画

01 按 Ctrl+N 组合键，新建一个合成，打开【合成设置】对话框，设置【合成名称】为"倒计时"，【宽度】为 720，【高度】为 480，【帧速率】为 25，并设置【持续时间】为 0:00:06:19，如图 12.12 所示。

02 执行菜单栏中的【图层】|【新建】|【纯色】命令，打开【纯色设置】对话框，设置【名称】为"线框"，【宽度】为 720，【高度】为 576，如图 12.13 所示。

图 12.12　新建倒计时合成

图 12.13　新建纯色

03 单击工具栏中的【椭圆工具】按钮◎，在新创建的固态层上绘制两个椭圆蒙版区域，如图 12.14 所示。

04 在工具栏中单击【钢笔工具】按钮◊，绘制的两条直线路径如图 12.15 所示。

05 在【效果和预设】面板中展开【生成】特效组，然后双击【描边】特效，如图 12.16 所示。

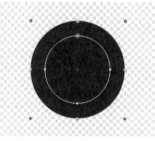

图 12.14　绘制椭圆蒙版

图 12.15　添加钢笔工具

图 12.16　添加【描边】特效

06 在【效果控件】面板中，选中【所有蒙版】复选框，【颜色】调成黑色，设置【画笔大小】的值为 3，【绘画样式】为"在透明背景上"，如图 12.17 所示。此时，合成窗口中可以看到素材效果，如图 12.18 所示。

07 执行菜单栏中的【图层】|【新建】|【纯色】命令，打开【纯色设置】对话框，设置【名称】为"径向擦除"，【宽度】为 720，【高度】为 576，如图 12.19 所示。

图 12.17　描边特效的参数

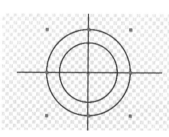

图 12.18　合成窗口的效果

图 12.19　纯色设置

08 在时间线面板中，选择"径向擦除"层，然后按 T 键展开【不透明度】选项组，设置【不透明度】的值为 50%，如图 12.20 所示。

09 单击工具栏中的【椭圆工具】按钮◎，选择椭圆工具，在新创建的固态层上绘制椭圆蒙版区域，使大小与线框层的大圈大小一致，如图 12.21 所示。

图 12.20　修改【不透明度】选项的值

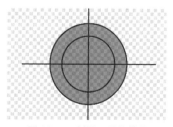

图 12.21　椭圆工具的效果

10 在【效果和预设】面板中展开【过渡】特效组,然后双击【径向擦除】特效,如图 12.22 所示。

11 将时间调整到 0:00:00:00 帧的位置,在【效果控件】面板中,修改【过渡完成】的值为 100%,【擦除】为"逆时针",单击【过渡完成】左侧的码表按钮 ⚬,如图 12.23 所示。此时,合成窗口中可以看到素材效果,如图 12.24 所示。

图 12.22 添加【径向擦除】特效　　图 12.23 【径向擦除】特效的参数　　图 12.24 合成窗口的参数

12 调整时间到 0:00:00:16 帧的位置,修改【过渡完成】的值为 0%,如图 12.25 所示,此时,合成窗口中可以看到素材效果如图 12.26 所示。

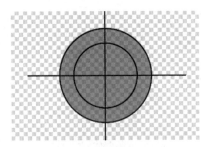

图 12.25 【径向擦除】特效的参数　　　　　图 12.26 合成窗口的参数

13 在时间线面板中选择"径向擦除"层,按 Alt+] 组合键,将"径向擦除"的结束点设置在当前位置,如图 12.27 所示。

14 在时间线面板中选择"径向擦除"层,按 Ctrl+D 组合键,命名为"径向擦除 反",如图 12.28 所示。

图 12.27 设置径向擦除的结束点　　　　　图 12.28 复制"径向擦除 反"层

15 调整时间到 0:00:00:17 帧的位置,在时间线面板中选择"径向擦除 反"层,按 [键,将"径向擦除 反"的入点设置在当前位置,如图 12.29 所示。

16 在时间线面板中选择"径向擦除 反"层,然后在【效果控件】面板中,修改【过渡完成】

的值为 0%，如图 12.30 所示。

图 12.29　设置径向擦除 反的入点

图 12.30　径向擦除的参数

17 调整时间到 0:00:01:08 帧的位置，然后在【效果控件】面板中，修改【过渡完成】的值为 100%，在【擦除】下拉列表框中选择【顺时针】选项，如图 12.31 所示。

18 执行菜单栏中的【图层】|【新建】|【文本】命令，或者单击工具栏中的【横排文字工具】按钮**T**，输入文字"1"，如图 12.32 所示。设置文字的字体为"汉仪粗黑简"，字号为 270 像素，填充的颜色为黑色，如图 12.33 所示。

图 12.31　径向擦除的参数

图 12.32　新建文字 1 层

图 12.33　设置文字参数

19 调整时间到 0:00:01:08 帧的位置，按 Alt+] 组合键，将"1"的结束点设置在当前位置，如图 12.34 所示。

20 按 Ctrl+D 组合键，复制 4 个文字层，将文字层从上到下在合成窗口中分别改成"5，4，3，2"，并首尾相接，在时间线面板中的效果如图 12.35 所示。

图 12.34　设置文字层 T1 的结束点

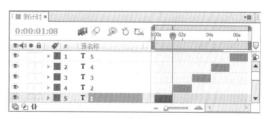

图 12.35　时间线面板的效果

图 11.28　添加合成

21 选中"径向擦除和径向擦除 反"层，按 Ctrl+D 组合键，复制 4 层，并将出入点调成首尾相接的效果，如图 12.36 所示。

22 在时间线面板中选择影视强档合成中的"胶片"层，在【效果和预设】面板中展开【风格化】特效组，然后双击【动态拼贴】特效，如图 12.37 所示。

23 在【效果控件】面板中，修改【输出高度】的值为 400，选中【镜像边缘】复选框，如图 12.38 所示。

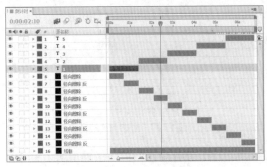

图 12.36　时间线面板的效果

图 12.37　添加【动态
拼贴】特效

图 12.38　【动态拼贴】
特效的参数

24 调整时间到 0:00:00:00 帧的位置，在时间线面板中选择影视强档合成中的"胶片"层，按 P 键展开【位置】属性，单击【位置】左侧的码表按钮 ，在当前时间设置一个关键帧，如图 12.39 所示。

25 调整时间到 0:00:04:24 帧的位置，修改【位置】的值为（360,535），系统会自动添加关键帧，如图 12.40 所示。

图 12.39　设置【位置】属性的关键帧

图 12.40　修改【位置】属性的关键帧

26 将"倒计时"合成拖动到"影视强档"时间线面板中。调整时间到 0:00:00:00 帧的位置，在时间线面板中选择影视强档合成中的"倒计时"层，按 S 键展开【缩放】属性，修改【缩放】的值为（32,32），如图 12.41 所示。

27 按 Ctrl+D 组合键，复制 5 层，如图 12.42 所示，分别放在合成窗口中胶带的中央，分别移到位置进行纵向排列，在合成窗口中可以看到素材效果，如图 12.43 所示。

图 12.41　修改【缩放】的值

图 12.42　复制倒计时层

28 在时间线面板中选择影视强档合成中的所有"倒计时"层，在【父级】下拉列表框中选择【胶片】选项，如图 12.44 所示。

图 12.43 合成窗口的效果

图 12.44 选择【胶片】选项

12.1.3 添加立体文字动画

01 在【项目】面板中选择"影视频道.mov"素材，将其拖动到时间面板中，放在"倒计时"层上面，如图 12.45 所示。此时，合成窗口中的效果如图 12.46 所示。

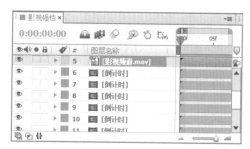

图 12.45 影视频道素材的位置

图 12.46 合成窗口的效果

02 将时间调整到 0:00:00:00 的位置，在时间线面板中，选择"影视频道.mov"层，然后按 T 键展开【不透明度】选项组，单击【不透明度】左侧的码表按钮 ，在当前时间设置一个关键帧，设置【不透明度】的值为 0%，如图 12.47 所示。修改完关键帧位置后，素材的效果也将随之变化，此时，合成窗口中可以看到素材效果，如图 12.48 所示。

图 12.47 设置【不透明度】关键帧

图 12.48 合成窗口的效果

03 将时间调整到 0:00:00:18 帧的位置，修改【不透明度】的值为 100%，系统会自动添加关键帧，如图 12.49 所示。此时，合成窗口中可以看到素材效果，如图 12.50 所示。

04 继续调整时间到 0:00:03:15 帧的位置，为其添加延时帧，如图 12.51 所示。

05 调整时间到 0:00:04:04 帧的位置，修改【不透明度】的值为 0%，系统会自动添加关键帧，如图 12.52 所示。此时，合成窗口中可以看到的素材效果如图 12.53 所示。

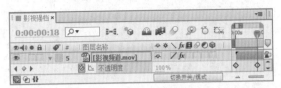

图 12.49　修改【不透明度】的值

图 12.50　合成窗口的效果

图 12.51　添加关键帧

图 12.52　修改【不透明度】的值

06 在时间线面板中选择合成中的所有"影视频道"层，按 Ctrl+D 组合键复制一层"影视频道"，修改名称为"影视频道蒙版"，如图 12.54 所示。

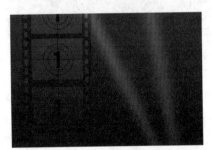

图 12.53　合成窗口的效果

图 12.54　复制影视频道蒙版

07 调整时间到 0:00:02:03 帧的位置，按 Alt+[组合键，将"影视频道蒙版"的入点设置在当前位置，如图 12.55 所示。

08 调整时间到 0:00:03:02 帧的位置，按 Alt+] 组合键，将"影视频道蒙版"的结束点设置在当前位置，如图 12.56 所示。

图 12.55　设置"影视频道蒙版"的入点

图 12.56　设置"影视频道蒙版"的结束点

09 执行菜单栏中的【合成】|【新建】命令，打开【合成设置】对话框，设置【名称】为"扫光"，【宽度】为 720，【高度】为 480，【持续时间】为 0:00:01:05，如图 12.57 所示。

10 在【项目】面板中，选择"扫光 .mov"素材并将其拖动到时间线面板中，时间线面板中的效果如图 12.58 所示。

图 12.57　创建扫光合成

图 12.58　时间线面板

11 调整时间到 0:00:00:15 帧的位置，按 Alt+[组合键，将"扫光"的入点设置在当前位置，如图 12.59 所示。

12 调整时间到 0:00:00:00 帧的位置，按 [键，将"扫光"的入点与时间线对齐，如图 12.60 所示。

图 12.59　设置扫光的入点

图 12.60　入点与时间线对齐

13 按 P 键展开【位置】属性，设置【位置】属性的值为 (−5,240)，如图 12.61 所示。此时，合成窗口中可以看到素材效果，如图 12.62 所示。

图 12.61　设置【位置】属性的值

图 12.62　合成窗口的效果

14 按 Ctrl+D 组合键，复制扫光层，改名为"扫光 复制"，如图 12.63 所示。

15 选择"扫光 复制"层，按 P 键展开【位置】属性，设置【位置】属性的值为 (716,240)，【旋转】为 180，如图 12.64 所示。此时，合成窗口中可以看到素材效果，如图 12.65 所示。

图 12.63　复制扫光层

图 12.64　设置扫光【位置】属性的值

16 在时间线面板中，回到影视频道合成，将"扫光"合成拖放在"影视频道蒙版"层的下面，如图 12.66 所示。

图 12.65　合成窗口的效果

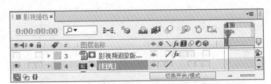

图 12.66　"扫光"层在时间线面板中的位置

17 调整时间到 0:00:01:23 帧的位置，按 [键，将"扫光"层的入点设置在当前位置，如图 12.67 所示。

18 单击时间线面板左下角的 ██ 按钮，打开层混合模式属性。选择"扫光"层，在"扫光"层右侧的下拉列表框中选择【相加】选项，这样就完成了层混合模式的设置，如图 12.68 所示。

图 12.67　设置"扫光"层的入点

图 12.68　设置"扫光"的叠加模式

19 单击窗口左下角的 ██ 按钮，打开层模式属性栏，在"扫光"层右侧 Trk Mat（轨道遮罩）下方的下拉列表框中选择 Alpha 选项，如图 12.69 所示。

20 在【项目】面板中，选择"爆炸"层拖动到时间线面板中，设置图层模式为【相加】，时间线面板中的效果如图 12.70 所示。

图 12.69　设置"扫光"层的跟踪蒙版

图 12.70　"爆炸"层在时间线面板中的位置

21 调整时间到 0:00:02:12 帧的位置，按 [键，将"爆炸"层的入点设置在当前位置，如图 12.71 所示。

22 在【项目】面板中，选择"新年精彩影视"层并将其拖动到时间线面板中，时间线面板中的效果如图 12.72 所示。

图 12.71　设置"爆炸"层的入点

图 12.72　"新年精彩影视"在时间线面板中的位置

23 调整时间到 0:00:03:05 帧的位置，按 [键，将"新年精彩影视"的入点设置在当前位置，如图 12.73 所示。此时，合成窗口中可以看到素材效果，如图 12.74 所示。

图 12.73　设置"新年精彩影视"的入点

图 12.74　合成窗口的效果

24　这样，就完成了影视强档的制作。按空格键或小键盘上的 0 键，可以在合成窗口中预览动画的效果。

12.2　电视栏目包装——幸福最前线

特效解析 ⬇

　　本例讲解幸福最前线电视栏目包装的制作，首先通过位置参数的修改制作出文字及图片的位移动画，然后利用父子关系的设定制作出同步的动画效果，通过梯度渐变的使用制作出渐变字，并利用动态素材为其添加粒子效果，完成最终动画的制作。

知 识 点 ⬇

1. 轴心点的修改技巧
2. 擦除效果的制作
3. 【梯度渐变】特效
4. 【投影】特效

工程文件：第12章\幸福最前线\幸福最前线.aep
视频文件：movie\12.2　电视栏目包装——幸福最前线.avi

操作步骤 ⊙

12.2.1　制作镜头1

01 分别执行菜单栏中的【文件】|【导入】|【文件】命令,或在【项目】面板中双击,打开【导入文件】对话框,选择配套光盘中的"工程文件\第12章\幸福最前线\镜头1.psd、云.mov"素材,如图 12.75 所示。单击【导入】按钮,将素材导入到【项目】面板中,导入设置如图 12.76 所示。

图 12.75　导入素材

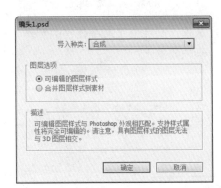

图 12.76　导入选项设置

02 在【项目】面板中,选择"镜头1"合成,按 Ctrl+K 组合键,打开【合成设置】对话框,设置【合成名称】为"镜头1",【宽度】为720,【高度】为480,【帧速率】为25,并设置【持续时间】为 0:00:03:00,如图 12.77 所示。双击打开"镜头1"合成,将其素材调整为与时间线匹配,如图 12.78 所示。

图 12.77　合成设置

图 12.78　时间线面板的素材

03 将时间调整到 0:00:00:00 帧的位置,在时间线面板中选择"和为贵"层,然后按 P 键展开【位置】属性,将【位置】的值修改为(371,249),单击【位置】左侧的码表按钮 ⌚,在当前时间设置一个关键帧,如图 12.79 所示。

04 调整时间到 0:00:02:24 帧的位置,修改【位置】属性的值为(371,305),系统会自动添加关键帧,如图 12.80 所示。此时合成窗口中的效果如图 12.81 所示。

图 12.79　设置【位置】的关键帧

图 12.80　修改【位置】属性的值

05 将时间调整到 0:00:00:00 帧的位置，在时间线面板中选择"谐为美"层，然后按 P 键展开【位置】属性，将【位置】的值修改为（371,251），单击【位置】左侧的码表按钮 ，在当前时间设置一个关键帧，如图 12.82 所示。

图 12.81　合成窗口中的效果

图 12.82　设置【位置】的关键帧

06 调整时间到 0:00:02:24 帧的位置，修改【位置】属性的值为（371,193），系统会自动添加关键帧，如图 12.83 所示。此时合成窗口中的效果如图 12.84 所示。

图 12.83　修改【位置】属性的值

图 12.84　合成窗口中的效果

07 将时间调整到 0:00:00:00 帧的位置，在时间线面板中选择"家和万事兴"层，按 S 键展开【缩放】属性，将【缩放】的值修改为（103,103），然后按 P 键展开【位置】属性，将【位置】的值修改为（377,249），单击【位置】左侧的码表按钮 ，在当前时间设置一个关键帧，如图 12.85 所示。

08 调整时间到 0:00:02:24 帧的位置，修改【位置】属性的值为（417,249），系统会自动添加关键帧，如图 12.86 所示。此时合成窗口中的效果如图 12.87 所示。

图 12.85　设置【位置】的关键帧

图 12.86　修改【位置】属性的值

09 执行菜单栏中的【图层】|【新建】|【空物体】命令，新建名为"空1"的空物体，如图12.88所示。

图 12.87 合成窗口中的效果

图 12.88 新建"空1"层

10 在时间线面板中选择"楼"层，在工具栏中单击【向后平移（锚点）工具】按钮，将"楼"层的中心点拖动到合成窗口的位置，如图12.89所示。

11 按S键展开【缩放】属性，将【缩放】的值修改为（111,111），然后按P键展开【位置】属性，将【位置】的值修改为（488,242），如图12.90所示。

图 12.89 拖动中心点的位置

12 在时间线面板中，将时间调整到 0:00:00:00 帧的位置，选择"空1"层，按P键展开【位置】属性，单击【位置】左侧的码表按钮，在当前时间设置一个关键帧，如图12.91所示。

图 12.90 修改【缩放】和【位置】属性的值

图 12.91 设置【位置】属性的关键帧

13 将时间调整到 0:00:02:24 帧的位置，修改【位置】的值为（340,230），如图12.92所示。

14 将时间调整到 0:00:00:00 帧的位置，在时间线面板中选择"花"层、"楼"层，在【父级】选项下的下拉列表框中选择【空1】选项，如图12.93所示。

图 12.92 修改【位置】的值

图 12.93 选择【父子】关系

15 在【项目】面板中选择"云.mov"素材，将其拖动到时间线面板中，按 Ctrl+Alt+F 组合键，将"云.mov"层与合成匹配，位置如图12.94所示。

16 执行菜单栏中的【图层】|【新建】|【纯色】命令，打开【纯色设置】对话框，设置【颜色】为浅绿色（R:225；G:223；B:199）【名称】为"背景"，如图12.95所示。

图 12.94 将"云 .mov"层与合成窗口匹配

图 12.95 纯色设置

17 在时间线面板中选择"背景"层,将【模式】改为【强光】,如图 12.96 所示。此时,合成窗口中的画面效果如图 12.97 所示。

图 12.96 选择背景层的叠加模式

图 12.97 合成窗口的效果

12.2.2 制作镜头2

01 执行菜单栏中的【文件】|【导入】|【文件】命令,或在【项目】面板中双击,打开【导入文件】对话框,选择配套光盘中的"工程文件 \ 第 12 章 \ 幸福最前线 \ 镜头 2.psd",素材,导入设置如图 12.98 所示。单击【导入】按钮,将素材导入到【项目】面板中。

02 在【项目】面板中,选择"镜头 2"合成,按 Ctrl+K 组合键,打开【合成设置】对话框,设置【合成名称】为"镜头 2",【宽度】为 720,【高度】为 480,【帧速率】为 25,并设置【持续时间】为 0:00:03:00,如图 12.99 所示。双击打开"镜头 2"合成,如图 12.100 所示。

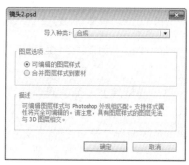

图 12.98 导入选项设置

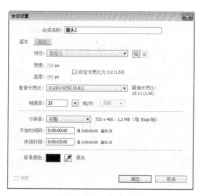

图 12.99 合成设置

03 将时间调整到 0:00:00:00 帧的位置，在时间线面板中选择"和气致祥"层，在工具栏中单击【向后平移（锚点）工具】按钮，将"和气致祥"层的中心点拖动到文字中间的位置，如图 12.101 所示。

图 12.100　时间线面板的效果

图 12.101　调整和气致祥的中心点

04 按 P 键展开【位置】属性，将【位置】的值修改为（229,315），单击【位置】左侧的码表按钮，在当前时间设置一个关键帧，如图 12.102 所示。

05 调整时间到 0:00:02:24 帧的位置，修改【位置】属性的值为（222,300），系统会自动添加关键帧，如图 12.103 所示。

图 12.102　设置【位置】的关键帧

图 12.103　修改【位置】的值

06 将时间调整到 0:00:00:00 帧的位置，在时间线面板中选择"和气生财"层，在【父级】选项下的下拉列表框中选择【和气致祥】选项，如图 12.104 所示。

07 在时间线面板中选择"高楼"层，按 P 键展开【位置】属性，将【位置】的值修改为（378,276），如图 12.105 所示。

图 12.104　选择【父级】关系

图 12.105　设置【位置】的值

08 按 S 键展开【缩放】属性，将【缩放】的值修改为（126,126），如图 12.106 所示。此时，合成窗口中可以看到素材效果，如图 12.107 所示。

09 按 R 键展开【旋转】属性，修改【旋转】的值为 –4，单击【旋转】左侧的码表按钮，在当前时间设置一个关键帧，如图 12.108 所示。

10 调整时间到 0:00:02:24 帧的位置，修改【旋转】的值为 2，系统会自动添加关键帧，如图 12.109 所示。

图 12.106　修改【缩放】的值

图 12.107　合成窗口中的素材效果

图 12.108　设置【旋转】的关键帧

图 12.109　修改【旋转】的值

11 最后，回到"镜头 1"合成中，选择"背景"层和"云"层，按 Ctrl+C 组合键，然后再回到"镜头 2"合成中，按 Ctrl+V 组合键，排列顺序如图 12.110 所示。此时，合成窗口中的效果如图 12.111 所示。

图 12.110　复制背景

图 12.111　合成窗口中的效果

12.2.3　制作镜头3

01 执行菜单栏中的【文件】|【导入）|【文件】命令，或在【项目】面板中双击，打开【导入文件】对话框，选择配套光盘中的"工程文件 \ 第 12 章 \ 幸福最前线 \ 镂空 .psd"，素材，导入设置如图 12.112 所示。单击【导入】按钮，将素材导入到【项目】面板中。

图 12.112　导入选项设置

02 在【项目】面板中，选择"镂空"合成，按 Ctrl+K 组合键打开【合成设置】对话框，设置【合成名称】为"镜头 3"，【宽度】为720，【高度】为 480，【帧速率】为 25，并设置【持续时间】为 0:00:05:00，如图 12.113 所示。双击打开"镜头 3"合成，如图 12.114 所示。

03 将时间调整到 0:00:00:00 帧的位置，在时间线面板中选择"镂空左"层，在工具栏中单击【向后平移（锚点）工具】按钮，将"镂空左"的中心点拖动到整个镂空图案的中央，如图 12.115 所示。

图 12.113　合成设置

图 12.114　时间线的素材

04 在时间线面板中选择"镂空右"层,在工具栏中单击【向后平移（锚点）工具】按钮，将"镂空右"的中心点拖动到整个镂空图案的中央,如图 12.116 所示。

图 12.115　调整"镂空左"的中心点

图 12.116　调整"镂空右"的中心点

05 在时间线面板中选择"镂空左、镂空右"层,然后按 S 键展开【缩放】属性,将【缩放】的值修改为（80,80）,如图 12.117 所示。

06 在时间线面板中选择"镂空左"层,然后按 P 键展开【位置】属性,将【位置】的值修改为（361,200）,单击【位置】左侧的码表按钮，在当前时间设置一个关键帧,如图 12.118所示。

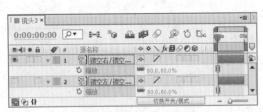

图 12.117　修改【缩放】选项的值

图 12.118　设置【位置】的关键帧

07 将时间调整到 0:00:02:00 帧的位置,修改【位置】的值为（120,200）,系统会自动添加关键帧,如图 12.119 所示。此时,合成窗口中的素材效果如图 12.120 所示。

08 将时间调整到 0:00:00:00 帧的位置,在时间线面板中选择"镂空右"层,然后按 P 键展开【位置】属性,将【位置】的值修改为（361,200）,单击【位置】左侧的码表按钮，在当前时间设置一个关键帧,如图 12.121 所示。

09 将时间调整到 0:00:02:00 帧的位置,修改【位置】的值为（603,200）,系统会自动添加关键帧,如图 12.122 所示。此时,合成窗口中的效果如图 12.123 所示。

图 12.119　修改【位置】的值

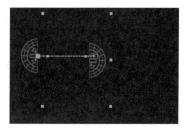

图 12.120　合成窗口中的素材效果

图 12.121　设置【位置】的关键帧

图 12.122　修改【位置】的值

10 执行菜单栏中的【图层】|【新建】|【文本】命令，输入文字"幸福最前线"，如图 12.124 所示。设置文字的字体为"汉仪雪君体简"，字号为 100 像素，垂直缩放为 112，水平缩放为 107，填充的颜色为红色（R:255；G:0；B:0），如图 12.125 所示。

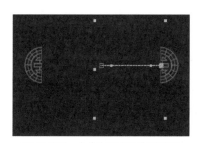

图 12.123　合成窗口中的素材效果

图 12.124　合成窗口中的素材效果

11 按 P 键展开【位置】属性，将【位置】的值修改为（359,200），如图 12.126 所示。

12 在【效果和预设】面板中展开【生成】特效组，然后双击【梯度渐变】特效，如图 12.127 所示。

图 12.125　【字符】面板的参数

图 12.126　修改文字层【位置】的值

图 12.127　添加【梯度渐变】特效

13 在【效果控件】面板中，设置【渐变起点】的值为（336,160），【起始颜色】的值为（R:255；G:187；B:114），如图 12.128 所示。

14 设置【渐变终点】的值为（372,287），【结束颜色】为橙色（R:243；G:97；B:0），如图 12.129 所示。

15 在【效果和预设】面板中展开【透视】特效组，然后双击【斜角 Alpha】特效，如图 12.130 所示。

图12.128 设置【渐变起点】及颜色

图12.129 设置【渐变终点】及颜色

图12.130 添加【斜角Alpha】特效

16 在【效果控件】面板中，设置【灯光颜色】为土黄色（R:231；G:187；B:136）。此时，合成窗口中的效果如图12.131所示。

17 在【效果和预设】特效面板中展开【透视】特效组，然后双击【投影】特效，如图12.132所示。

18 在【效果控件】面板中，设置【不透明度】的值为62%，【柔和度】的值为18，如图12.133所示。此时，合成窗口中的效果如图12.134所示。

图12.131 合成窗口中的效果

图12.132 添加【投影】特效

图12.133 设置【不透明度】和【柔和度】的值

19 将时间调整到0:00:02:00帧的位置，在时间线面板中选择"幸福最前线"层，单击工具栏中的【矩形工具】按钮，选择矩形工具，在"幸福最前线"层上绘制一个矩形蒙版区域，如图12.135所示。

图12.134 合成窗口中的效果

图12.135 绘制矩形蒙版区域

20 按M键，单击【蒙版路径】左侧的码表按钮，在当前时间设置一个关键帧，如图12.136所示。

21 将时间调整到0:00:00:00帧的位置，将矩形蒙版调整为合成窗口中的效果，如图12.137所示。系统会自动添加关键帧，时间线的效果如图12.138所示。

图12.136 设置【蒙版路径】的关键帧

22 执行菜单栏中的【文件】|【导入】|【文件】命令，或在【项目】面板中双击，打开【导入文件】对话框，选择配套光盘中的"工程文件\第12章\幸福最前线\城市全景图.psd"素材，

导入设置如图 12.139 所示。

图 12.137　合成窗口中的效果

图 12.138　【蒙版路径】的关键帧

23 在【项目】窗口中选择"城市全景图"素材,将其拖动到时间线面板中,位置如图 12.140 所示。此时,合成窗口中的效果如图 12.141 所示。

图 12.139　设置导入文件

图 12.140　时间线面板中的图层排列方式

24 在工具栏中单击【向后平移（锚点）工具】按钮，将素材"城市全景图"的中心点拖动到合成窗口如图 12.142 所示的位置。

图 12.141　合成窗口中的效果

图 12.142　合成窗口中的效果

25 在时间线面板中，将时间调整到 0:00:00:00 帧的位置，选择"城市全景图"层，然后按 P 键展开【位置】属性，将【位置】的值修改为（360,411），如图 12.143 所示。按 S 键展开【缩放】属性，将【缩放】的值修改为（108,108），单击【缩放】左侧的码表按钮，在当前时间设置一个关键帧，如图 12.144 所示。

图 12.143　设置【位置】和【缩放】的属性关键帧

26 将时间调整到 0:00:04:24 帧的位置,修改【缩放】的值为（100,100），系统会自动添加关键帧，如图 12.145 所示。

27 在时间线面板中选择"城市全景图"层,在【效果和预设】面板中展开【模糊和锐化】特效组,然后双击【快速模糊】特效，如图 12.146 所示。

图 12.144 合成窗口中的效果

图 12.145 修改【缩放】属性的值

图 12.146 添加【快速
模糊】特效

28 在【效果控件】面板中，设置【模糊度】的值为 5，单击【模糊度】左侧的码表按钮 ，在当前时间设置一个关键帧，如图 12.147 所示。

29 将时间调整到 0:00:00:00 帧的位置，修改【模糊度】的值为 0，如图 12.148 所示。

图 12.147 设置【模糊度】的值

图 12.148 修改【模糊度】的关键帧

30 回到镜头 2 合成中，选择"背景"、"云"层，按 Ctrl+C 组合键，然后再回到镜头 3 合成中，按 Ctrl+V 组合键，排列顺序如图 12.149 所示。此时，合成窗口中的效果如图 12.150 所示。

图 12.149 时间线面板中的排列顺序

图 12.150 合成窗口的效果

31 在时间线面板中，选择"镂空左"、"镂空右"层，按 Ctrl+D 组合键，在时间线面板中排列顺序，如图 12.151 所示。

32 选择"镂空左"、"镂空右"层，按 Shift+Ctrl+C 组合键，创建预合成，设置【预合成】为"镂空"，如图 12.152 所示。

33 将时间调整到 0:00:00:00 帧的位置，双击"镂空"合成，选中镂空合成中的所有层，按 U 键，单击【位置】左侧的码表按钮 ，取消所有的关键帧，如图 12.153 所示。

34 回到"镜头 3"合成，单击时间线面板左下角的 按钮，单击 3D 图层按钮 ，转换为 3D 层，如图 12.154 所示。此时，合成窗口中可以看到素材效果，如图 12.155 所示。

35 按 R 键，展开【旋转】选项，单击【Y 轴旋转】左侧的码表按钮 ，会生成一个关键帧，如图 12.156 所示。

图 12.151　复制图层

图 12.152　设置【预合成】

图 12.153　取消【位置】的关键帧

图 12.154　3D 图层的转换

图 12.155　合成窗口中的素材效果

图 12.156　设置【Y 轴旋转】的关键帧

36　调整时间到 0:00:01:20 帧的位置，修改【Y 轴旋转】选项的值为 1x+180，系统会自动生成关键帧，如图 12.157 所示。

37　按 Alt+] 组合键，将"镂空"的结束点设置在当前位置，如图 12.158 所示。

图 12.157　修改【Y 轴旋转】的值

图 12.158　设置镂空的结束点

38　在时间线面板中选择"幸福最前线"、"镂空左"、"镂空右"层，按 [键，将"幸福最前线"、"镂空左"、"镂空右"层的入点设置在当前位置，如图 12.159 所示。

39　执行菜单栏中的【文件】|【导入】|【文件】命令，或在【项目】面板中双击，打开【导入文件】对话框，选择配套光盘中的"工程文件＼第 12 章＼幸福最前线、粒子 .avi"素材，如图 12.160 所示。

40　在【项目】窗口中选择"粒子"素材，将其拖动到"镜头 3"合成时间线面板中，位置如图 12.161 所示。

图 12.159　设置入点

图 12.160　导入粒子素材

41 调整时间到 0:00:02:05 帧的位置，按 Alt+] 组合键，将"粒子"的结束点与当前帧对齐，如图 12.162 所示。

图 12.161　时间线面板的排列顺序

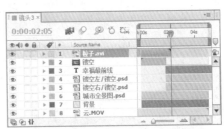

图 12.162　设置"粒子"的结束点

42 按 P 键展开【位置】属性，将【位置】的值修改为（360,203），如图 12.163 所示。

43 按 S 键展开【缩放】属性，将【缩放】的值修改为（56,56），如图 12.164 所示。此时合成窗口中的效果如图 12.165 所示。

图 12.163　修改【位置】的值

图 12.164　修改【缩放】的值

44 将时间调整到 0:00:01:20 帧的位置，然后按 T 键展开【不透明度】属性，单击【不透明度】左侧的码表按钮 ，在当前时间设置一个关键帧，如图 12.166 所示。

图 12.165　合成窗口中的效果

图 12.166　设置【不透明度】的关键帧

45 将时间调整到 0:00:02:05 帧的位置，修改【不透明度】选项的值为 0%，系统会自动添加关键帧，如图 12.167 所示。此时合成窗口中的效果如图 12.168 所示。

图 12.167 修改【不透明度】的值

图 12.168 合成窗口中的效果

46 选中"粒子"层，将【模式】改为【屏幕】，如图 12.169 所示。

47 执行菜单栏中的【合成】|【新建合成】命令，打开【合成设置】对话框，设置【合成名称】为"总合成"，【宽度】为 720，【高度】为 480，【帧速率】为 25，并设置【持续时间】为 0:00:10:00，如图 12.170 所示。

图 12.169 修改【模式】为【屏幕】

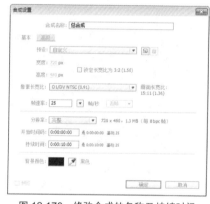

图 12.170 修改合成的名称及持续时间

48 在【项目】窗口中选择"镜头 1、镜头 2、镜头 3"合成，拖动到总合成中，如图 12.171 所示。

49 调整时间到 0:00:02:18 帧的位置，选择镜头 2 合成，将镜头 2 的入点设置在当前帧的位置，如图 12.172 所示。

图 12.171 时间线面板中的素材

图 12.172 设置镜头 2 的入点

50 调整时间到 0:00:05:10 帧的位置，选择镜头 3 合成，将镜头 3 的入点设置在当前帧的位置，如图 12.173 所示。

51 在时间线面板中，选择"镜头 1"合成，在【效果和预设】面板中展开【模糊和锐化】特效组，然后双击【高斯模糊】特效，如图 12.174 所示。

52 调整时间到 0:00:02:15 帧的位置，在【效果控件】面板中，单击【模糊度】左侧的码表按

钮 ◎，在当前时间设置一个关键帧，如图 12.175 所示。

图 12.173　设置镜头 3 的素材效果　　图 12.174　添加【高斯　　图 12.175　设置【模
　　　　　　　　　　　　　　　　　　　　模糊】特效　　　　　　　糊度】的关键帧

53　调整时间到 0:00:03:00 帧的位置，修改【模糊度】的值为 10，系统会自动添加关键帧，如
图 12.176 所示。

54　调整时间到 0:00:02:18 帧的位置，然后按 T 键展开【不透明度】属性，单击【不透明度】
左侧的码表按钮 ◎，在当前时间设置一个关键帧，如图 12.177 所示。

图 12.176　修改【模糊度】的值　　　　　　图 12.177　设置【不透明度】的关键帧

55　调整时间到 0:00:03:00 帧的位置，修改【不
透明度】的值为 0%，系统会自动添加关键
帧，如图 12.178 所示。

56　选中镜头 1 的所有帧，按 Ctrl+C 组合键，
如图 12.179 所示。

57　调整时间到 0:00:05:08 帧的位置，选择镜

图 12.178　修改【不透明度】的值

头 2 合成，按 Ctrl+V 组合键粘贴关键帧，时间线效果如图 12.180 所示。

图 12.179　选择所有关键帧　　　　　　　图 12.180　复制所有关键帧

58　执行菜单栏中的【图层】|【新建】|【纯色】命令，打开【纯色设置】对话框，颜色为黑色，
设置【名称】为"光条 01"，如图 12.181 所示。

59　使用【铅笔工具】绘制一条路径，在时间线面板中选择"光条 01"层，在【效果和预设】
面板中展开 Trapcode 特效组，然后双击 3D Stroke（3D 笔触）特效，如图 12.182 所示。

60　在【效果控件】面板中，设置 Color（颜色）为黄色（R:255；G:192；B:0），Thickness（宽
度）的值为 1.5，Taper Start（锥形开始）的值为 50，Taper End（锥形结束）的值为 50，如
图 12.183 所示。

61　将时间调整到 0:00:00:03 帧的位置，在【效果控件】面板中，修改 Offset（偏移）的值为

－100，单击 Offset（偏移）左侧的码表按钮 ，在当前时间设置一个关键帧，如图 12.184 所示。

图 12.181 纯色设置

图 12.182 添加 3D Stroke
（3D 笔触）特效

图 12.183 3D Stroke（3D 笔触）
特效的参数

62 将时间调整到 0:00:01:17 帧的位置，修改 Offset（偏移）的值为 100，系统会在当前时间设置一个关键帧，如图 12.185 所示。

63 按 Alt+] 组合键，将"光条 01"的结束点设置在当前位置，如图 12.186 所示。

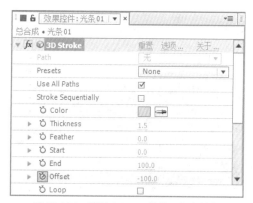

图 12.184 设置 Offset（偏移）的关键帧

图 12.185 修改 Offset（偏移）的值

图 12.186 设置光条 01 的结束点

64 按 Ctrl+D 组合键复制 7 个光条 01 层，排列顺序及其名称如图 12.187 所示。分别调整这些层的路径，形成不同的路径动画效果。

65 调整时间到 0:00:02:10 帧的位置，选择"光条 07"、"光条 08"层，按 Alt+] 组合键，将素材的结束点设置在当前位置，如图 12.188 所示。

66 最后，将所有的光条层排列成如图 12.189 所示的位置。

67 这样，就完成了幸福最前线的制作。按空格键或小键盘上的 0 键，可以在合成窗口中预览动画的效果。

图 12.187 复制光条层

图 12.188 设置光条层的结束点

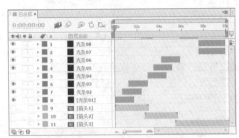

图 12.189 光条层的排列顺序

12.3 女性剧场包装——女性风尚

特效解析 ⬇

　　本例运用三维层，通过虚拟物体层动画的制作、摄像机动画的制作及【碎片】特效制作纷飞的花瓣和使用钢笔工具绘制蒙版，运用蒙版制作转场画面的配合，完成女性风尚的制作。

知识点 ⬇

　　1. 三维层的运用
　　2. 空物体的使用
　　3. 父子关系的设置

　　工程文件：第12章\女性风尚\女性风尚.aep

　　视频文件：movie\12.3 女性剧场包装——女性风尚.avi

操作步骤

12.3.1　调整场景画面

01　执行菜单栏中的【文件】|【导入】|【文件】命令，或者在【项目】面板中双击，打开【导入文件】对话框，选择配套光盘中的"工程文件＼第 12 章＼女性风尚＼场景 1.psd"素材，如图 12.190 所示。

02　单击【导入】按钮，在弹出的文件名称对话框中，在【导入种类】下拉列表框中选择【合成】选项，单击【确定】按钮将其导入，如图 12.191 所示。

图 12.190　【导入文件】对话框

图 12.191　"场景 1.psd"对话框

03　执行菜单栏中的【合成】|【合成设置】命令，打开【合成设置】对话框，将其【持续时间】设置为 0:00:03:00，如图 12.192 所示。

04　双击打开"场景 1"合成。选择时间线面板中的"玫瑰 1"、"玫瑰 2"和"玫瑰 3"素材层，展开其【位置】属性，选择"玫瑰 1"，将其【位置】属性值调整为（460,470）；调整"玫瑰 2"的【位置】属性值为（360,450）；调整"玫瑰 3"的【位置】属性值为（250,370），如图 12.193 所示。

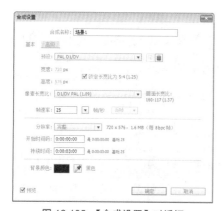

图 12.192　【合成设置】对话框

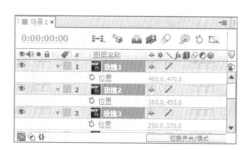

图 12.193　调整【位置】属性值

05　同样，展开"人物 1"和"人物 2"的【位置】属性，将"人物 1"的【位置】属性值调整为（440,270）；将"人物 2"的【位置】属性值调整为（360,310,），如图 12.194 所示。

06 此时，合成窗口中的画面效果如图 12.195 所示。

图 12.194　调整【位置】属性值

图 12.195　画面效果

12.3.2　制作素材层动画

01 选择除"背景"素材层的所有图层，打开其三维属性，如图 12.196 所示。

02 执行菜单栏中的【图层】|【新建】|【空对象】命令，创建虚拟物体层，打开其三维属性，并将其重命名为"空 1"，如图 12.197 所示。

图 12.196　打开三维属性

图 12.197　创建虚拟物体层

03 展开"空 1"的【位置】属性和【旋转】属性，将时间调整到 0:00:00:10 帧的位置，为其【位置】属性和【Z 轴旋转】属性设置关键帧。将时间调整为 0:00:00:00 帧，修改其【位置】属性值为（600,100,-800），其【旋转】属性中的【Z 轴旋转】值为 -60，如图 12.198 所示。

04 调整时间到 0:00:00:10 帧的位置，选择时间线面板中的"玫瑰 5"、"玫瑰 6"、"玫瑰 7"和"人物 2"素材层，在其右侧的父子关系下拉列表框中选择【空 1】选项，如图 12.199 所示。

图 12.198　设置 Null 1 关键帧

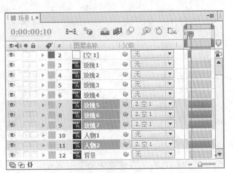

图 12.199　父子关系

05 预览动画，从合成窗口中可以看到动画效果，其中几帧画面效果如图 12.200 所示。

图 12.200　画面效果

06 将时间调整到 0:00:00:10 帧的位置，选择"空 1"层，按 Alt＋] 组合键，定义该层的出点，如图 12.201 所示。

07 执行【图层】|【新建】|【空对象】命令，将其命名为"空 2"，并打开其三维属性，如图 12.202 所示。

图 12.201　定位出点

图 12.202　创建虚拟物体层

08 选择"空 2"图层，展开其【位置】属性，将时间调整为 0:00:00:08 帧，调整其【位置】属性值为（670,288,-300），并为其设置关键帧，如图 12.203 所示。

09 调整时间到 0:00:00:10 帧的位置，修改"空 2"的【位置】属性值为（380,288,0)，如图 12.204 所示。将时间调整为 0:00:02:00 帧，修改其【位置】属性值为（320,288,0)，如图 12.205 所示。

图 12.203　设置空 2 的关键帧

图 12.204　0:00:00:10 帧的关键帧

10 确认时间在 0:00:02:00 帧的位置，选择"玫瑰 1"、"玫瑰 2"、"玫瑰 4"和"人物 1"素材层，在其右侧的父子关系下拉列表框中选择【空 2】选项，如图 12.206 所示。

图 12.205　0:00:02:00 帧的关键帧

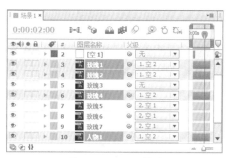

图 12.206　父子关系

11 预览动画，可以看到合成窗口中的动画效果，其中几帧画面效果如图 12.207 所示。

图 12.207　画面效果

12　将时间调整到 0:00:00:08 帧处，按 Alt+[组合键，设置"空 2"图层的入点，将时间调整到 0:00:02:00 帧的位置，按 Alt+] 组合键，设置其出点，如图 12.208 所示。

图 12.208　设置层的入点和出点

13　选择"玫瑰 1"、"玫瑰 2"、"玫瑰 3"和"玫瑰 4"素材层，依次调整其中心点，将其中心点调整到花的中心点，如图 12.209 所示。

图 12.209　修改中心点

14　调整时间到 0:00:00:08 帧的位置，选择"玫瑰 3"素材层，展开其【位置】属性，将其【位置】属性值修改为（-100,580,0），并为其设置关键帧，如图 12.210 所示。

15　调整时间为 0:00:00:10 帧，修改其【位置】属性值为（30,520,0），如图 12.211 所示。

图 12.210　设置关键帧　　　　图 12.211　修改关键帧

16　调整时间为 0:00:02:00 帧，修改其【位置】属性值为（80,500,0），如图 12.212 所示。

17　将时间调整到 0:00:02:00 帧的位置，选择"玫瑰 1"、"玫瑰 2"、"玫瑰 3"和"玫瑰 4"素材层，展开其【旋转】属性，并为其【Z 轴旋转】设置关键帧，如图 12.213 所示。

图 12.212　0:00:02:00 帧的关键帧

18　调整时间到 0:00:00:00 帧，修改"玫瑰 1"的【Z 轴旋转】值为 +50，修改"玫瑰 2"的【Z 轴旋转】值为 -35，"玫瑰 3"的【Z 轴旋转】值为 40，"玫瑰 4"的【Z 轴旋转】值为

–50，如图 12.214 所示。

图 12.213　设置关键帧

图 12.214　修改关键帧

19 此时，预览动画，从合成窗口中可以看到完成花旋转动画制作后的画面效果，其中几帧画面效果如图 12.215 所示。

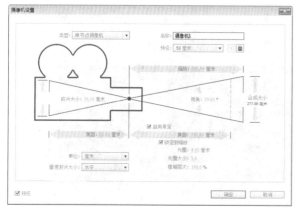

图 12.215　画面效果

12.3.3　制作摄像机动画

01 执行菜单栏中的【图层】|【新建】|【摄像机】命令，打开【摄像机设置】对话框，选择【单节点摄像机】类型，在其【预设】中选择【50 毫米】选项，单击【确定】按钮，创建摄像机层，如图 12.216 所示。

02 调整时间到 0:00:00:02:00 帧的位置，选择"摄像机 1"层，打开其【位置】属性，并为其设置关键帧，如图 12.217 所示。

03 将时间调整到 0:00:02:05 帧的位置，修改其【位置】属性值为（900,288,–6000），如图 12.218 所示。

图 12.217　设置关键帧

图 12.218　修改关键帧

图 12.216　【摄像机设置】对话框

04 调整时间到 0:00:02:00 帧,设置"摄像机 1"的入点;调整时间为 0:00:02:05 帧,设置其出点,如图 12.219 所示。

05 选择"人物 2",按 Ctrl+D 组合键进行复制,将复制出的图层"人物 3"移动到"人物 2"的下方,如图 12.220 所示。

图 12.219 设置入点和出点

图 12.220 复制图层

06 选择"人物 3",在【效果和预设】面板中,展开 Trapcode 特效选项,双击 Shine(光)特效,如图 12.221 所示。此时,合成窗口中的画面效果如图 12.222 所示。

07 在【效果控件】面板中,调整 Shine(光)特效中的 Ray Length(光线长度)为 2,并展开 Colorize(着色)选项组,设置 Highlights(高光色)为白色,Midtones(中间色)为红色(R:255;G:0;B:90),Shadows(阴影色)为浅红色(R:255;G:90;B:130),将时间调整到 0:00:00:09 帧的位置,为其 Ray Length(光线长度)设置关键帧,如图 12.223 所示。此时,合成窗口中的画面效果如图 12.224 所示。

08 将时间调整为 0:00:00:14 帧的位置,修改其 Ray Length(光线长度)值为 0,如图 12.225 所示。

图 12.221 添加特效

图 12.222 画面效果

图 12.223 设置特效参数

图 12.224 画面效果

图 12.225 修改关键帧

09 此时,场景 1 的合成就完成了,预览动画,其中几帧画面效果如图 12.226 所示。

图 12.226 场景 1 画面效果

12.3.4 调整场景画面

01 执行菜单栏中的【文件】|【导入】|【文件】命令,打开【导入文件】对话框,选择配套光盘中的"工程文件\第 12 章\女性风尚\场景 2.psd"素材,如图 12.227 所示。

02 单击【导入】按钮,在弹出的对话框中,在【导入种类】下拉列表框中选择【合成】选项,单击【确定】按钮将其导入,如图 12.228 所示。

03 在【项目】面板中,双击"场景 2"合成,如图 12.229 所示。此时,合成窗口中的画面效果如图 12.230 所示。

图 12.227 【导入文件】对话框　　　　图 12.228 文件名称对话框　　　　图 12.229 双击"场景 2"

04 选择"百合 1"、"百合 2"、"百合 3"和"百合 4"素材层,展开其【位置】属性,并调整"百合 1"的【位置】属性值为(360,420);调整"百合 2"的【位置】属性值为(400,480);调整"百合 3"的【位置】属性值为(320,410);调整"百合 4"的【位置】属性值为(360,390),如图 12.231 所示。

05 此时,合成窗口中的画面效果如图 12.232 所示。

图 12.230 画面效果　　　　图 12.231 调整层的【位置】属性值　　　　图 12.232 画面效果

12.3.5 制作素材层动画

01 选择除"背景 2"的所有图层,打开其三维属性,如图 12.233 所示。

02 执行菜单栏中的【图层】|【新建】|【空对象】命令,将其重命名为"空 3",并将其三维属性打开,如图 12.234 所示。

03 将时间调整到 0:00:00:00 帧的位置,选择"空 3"层,展开其【位置】属性,将其【位置】属性值调整为(40,700,0),并为其设置关键帧,如图 12.235 所示。

04 将时间调整为 0:00:00:02 帧,修改其【位置】属性值为(250,360,0),如图 12.236 所示。

图 12.233　打开三维属性

图 12.234　创建空对象层

图 12.235　设置"空 3"关键帧

图 12.236　0:00:00:02 帧的关键帧

| 05 | 调整时间到 0:00:01:07 帧的位置，修改其【位置】属性为（410,288,0），如图 12.237 所示。 |

| 06 | 调整时间到 0:00:01:22 帧处，修改其【位置】属性值为（70,288,810），如图 12.238 所示。 |

图 12.237　0:00:01:07 帧的关键帧

图 12.238　0:00:01:22 帧的关键帧

| 07 | 将时间调整为 0:00:02:02 帧，修改其【位置】属性值为（500,288,5000），如图 12.239 所示。 |

| 08 | 调整时间到 0:00:01:07 帧的位置，选择"百合 1"、"百合 2"、"百合 3"、"百合 4"和"人物"素材层，在其右侧的父子关系下拉列表框中选择【空 3】选项，如图 12.240 所示。 |

图 12.239　0:00:02:02 帧的关键帧

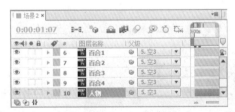

图 12.240　父子关系

| 09 | 选择"百合 1"、"百合 2"、"百合 3"和"百合 4"，分别调整各层的中心点，将其中心点调整到花的中心点，如图 12.241 所示。 |

图 12.241　调整中心点

| 10 | 选择"百合 1"、"百合 2"、"百合 3"和"百合 4"素材层，展开其【旋转】属性，将时间调整为 0:00:00:00 帧，修改"百合 1"的【Z 轴旋转】值为 60 ，"百合 2"的【Z 轴旋转】 |

值为 –50，"百合 3"的【Z 轴旋转】值为 –40，"百合 4"的【Z 轴旋转】值为 40，并为 4 个层的【Z 轴旋转】属性设置关键帧，如图 12.242 所示。

11 调整时间到 0:00:02:00 帧的位置，修改"百合 1"的【Z 轴旋转】值为 0，修改"百合 2"的【Z 轴旋转】值为 60，修改"百合 3"的【Z 轴旋转】值为 30，修改"百合 4"的【Z 轴旋转】值为 –20，如图 12.243 所示。

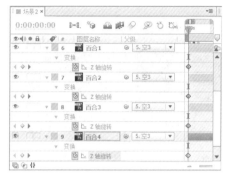

图 12.242　设置关键帧　　　　　　　　图 12.243　修改关键帧

12 预览动画，从合成窗口中可以看到其中几帧的动画效果，如图 12.244 所示。

图 12.244　画面效果

12.3.6　制作文字动画

01 执行菜单栏中的【图层】|【新建】|【文本】命令，创建文字"风"，如图 12.245 所示。

02 选择"风"文字层，在【字符】面板中，设置字体颜色为白色，字体为【汉仪中楷简】，如图 12.246 所示。

03 选择"风"文字层，将其三维属性打开，然后展开其【位置】和【缩放】属性，将其【位置】属性值调整为（440,310,0），【缩放】属性调整为（270,270,270），如图 12.247 所示。

图 12.245　创建文字层　　　图 12.246　【字符】面板　　　图 12.247　修改【位置】和【缩放】属性

04 选择"风"文字层，进行复制，共复制3次，复制出的图层依次为"风"、"风2"、"风3"和"风4"，如图12.248所示。

图 12.248　复制文字层

05 按G键，切换到【钢笔工具】，选择"风"文字层，将风的第1笔勾出，然后依次选择"风2"、"风3"和"风4"，相应地勾出风的第2笔、第3笔和第4笔，如图12.249所示。

图 12.249　依次勾出笔画

06 再次使用【钢笔工具】，依次选择"风"、"风2"、"风3"和"风4"，相对应地依次绘制曲线，绘制的曲线如图12.250所示。

图 12.250　再次绘制曲线

07 选择"风"文字层，展开其【蒙版】属性，在【蒙版2】右侧的下拉列表框中选择【相减】选项，如图12.251所示。同样地，将"风2"、"风3"、"风4"的蒙版2设置为【相减】。

图 12.251　蒙版模式

08 将时间调整到0:00:00:01帧的位置，选择"风"文字层的【蒙版2】，将其调整为如图12.252所示的位置，并为其设置关键帧，如图12.253所示。

09 调整时间到0:00:00:08帧的位置，修改蒙版2的位置，如图12.254所示。

图 12.252　调整蒙版位置

图 12.253　设置蒙版关键帧

图 12.254　调整蒙版位置

10 这样就完成了风的第1笔动画效果，同样地，通过调整蒙版位置，对"风2"、"风3"和"风

4"制作手写字效果,其中几帧画面效果如图 12.255 所示。

图 12.255　画面效果

11 将时间调整到 0:00:01:07 帧,选择"风"、"风 2"、"风 3"和"风 4"文字层,展开其【位置】属性,并为其设置关键帧,如图 12.256 所示。

12 调整时间到 0:00:01:22 帧,修改文字层的【位置】属性值为（70,310,810）,如图 12.257 所示。

13 将时间调整到 0:00:02:02 帧的位置,修改文字层的【位置】属性值为（500,310,5000）,如图 12.258 所示。

14 此时,场景 2 的合成就完成了,预览动画,可以从合成窗口中看到场景 2 的动画效果,其中几帧画面效果如图 12.259 所示。

图 12.256　设置文字层关键帧

图 12.257　0:00:01:22 帧处的关键帧　　　　　　图 12.258　0:00:02:02 帧处的关键帧

图 12.259　场景 2 画面效果

12.3.7　调整场景画面

01 执行菜单栏中的【文件】|【导入】|【文件】命令,或在【项目】面板中双击,打开【导入文件】对话框,选择配套光盘中的"工程文件 \ 第 12 章 \ 女性风尚 \ 场景 3.psd"素材,如图 12.260 所示。

02 单击【导入】按钮,在弹出的文件名称对话框中,在【导入种类】下拉列表框中选择【合成】选项,单击【确定】按钮将文件导入,如图 12.261 所示。

03 双击【项目】面板中的"场景3"合成,如图12.262所示。此时,合成窗口中的画面效果如图12.263所示。

图 12.260 【导入文件】对话框

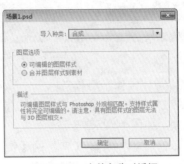

图 12.261 文件名称对话框

图 12.262 【项目】面板

04 选择时间线面板中的"紫花1"、"紫花2"、"紫花3"和"紫花4"素材层,展开其【位置】属性,调整"紫花1"的【位置】属性值为(380,288),"紫花2"的【位置】属性值为(280,340),"紫花3"的【位置】属性值为(400,320),"紫花4"的【位置】值为(370,300),如图12.264所示。

05 此时,从合成窗口中可以看到调整位层的【位置】属性值后的画面效果,如图12.265所示。

图 12.263 场景 3 画面效果

图 12.264 调整层的位置值

图 12.265 调整位置值后的画面效果

12.3.8 制作动画

01 选择"紫花1"、"紫花2"、"紫花3"、"紫花4"和"人物4"素材层,打开其三维属性,如图12.266所示。

02 执行菜单栏中的【图层】|【新建】|【空对象】命令,或者按Shift+Ctrl+Alt+Y组合键,创建空对象层,重命名该层为"空4",并打开该层的三维属性,如图12.267所示。

图 12.266 开启三维属性

03 将时间调整到0:00:00:00帧的位置,选择"空4"层,展开其【位置】属性,将其【位置】属性值调整为(50,420,0),并为其设置关键帧,如图12.268所示。

04 将时间调整到0:00:00:08帧,修改空对象层的【位置】属性值为(360,288,0),如图12.269所示。

05 调整时间到 0:00:01:23 帧的位置，修改其【位置】属性值为（450,288,0），如图 12.270 所示。
将时间调整到 0:00:02:03 帧，修改其【位置】属性值为（450,288,5000），如图 12.271 所示。

图 12.267　创建虚拟物体层

图 12.268　设置虚拟物体层关键帧

图 12.269　修改关键帧

图 12.270　0:00:01:23 帧的关键帧

06 将时间调整到 0:00:00:08 帧的位置，选择"紫花 1"、"紫花 2"、"紫花 3"、"紫花 4"和"人物 4" 5 个素材层，在其右侧的父子关系下拉列表框中选择【空 4】选项，如图 12.272 所示。

图 12.271　0:00:02:03 帧的关键帧

图 12.272　设置父子关系

07 预览动画，观看合成窗口中的动画效果，其中几帧画面效果如图 12.273 所示。

图 12.273　画面效果

08 选择"紫花 1"素材层，将其中心点调整到花的中心点，然后分别调整"紫花 2"、"紫花 3"和"紫花 4"的中心点，将其中心点都调整到花的中心点，如图 12.274 所示。

图 12.274　调整层的中心点

09 将时间调整到 0:00:00:00 帧，选择"紫花 1"、"紫花 2"、"紫花 3"和"紫花 4"素材层，展开其【旋转】属性，调整"紫花 1"的【Z 轴旋转】值为 60，调整"紫花 2"的【Z 轴旋转】值为 –55，调整"紫花 3"的【Z 轴旋转】值为 40，调整"紫花 4"的【Z 轴旋转】值

为 –50，并为 4 个层的【Z 轴旋转】属性设置关键帧，如图 12.275 所示。

10　调整时间到 0:00:02:00 帧，修改"紫花 1"的【Z 轴旋转】值为 0，修改"紫花 2"的【Z 轴旋转】值为 –10，修改"紫花 3"的【Z 轴旋转】值为 0，修改"紫花 4"的【Z 轴旋转】值为 0，如图 12.276 所示。

图 12.275　设置关键帧

图 12.276　修改关键帧

11　按小键盘上的 0 键预览动画，可从合成窗口中看到做完花的旋转动画后的动画效果，其中几帧画面效果如图 12.277 所示。

图 12.277　画面效果

12.3.9　制作文字动画

01　执行菜单栏中的【图层】|【新建】|【文本】命令，创建文字"尚"，如图 12.278 所示。

02　选择"尚"文字层，打开其三维属性，然后展开其【位置】和【缩放】属性，调整其【位置】属性值为（490,320,0），调整其【缩放】属性为（270,270,270），如图 12.279 所示。

03　选择"尚"文字层，进行复制，共复制 7 次，复制出的图层如图 12.280 所示。

图 12.278　创建文字层

图 12.279　调整文字层属性

图 12.280　复制文字层

04　选择"尚"文字层，按 G 键，切换到【钢笔工具】，将尚的第 1 笔勾出，然后分别选择复制出的图层，依次相对应地勾出尚的第 2 笔、第 3 笔、第 4 笔等，如图 12.281 所示。

05　再次使用【钢笔工具】，依次选择文字层，相对应地依次绘制曲线，绘制的曲线如图 12.282 所示。

图 12.281　勾出"尚"的每 1 笔

图 12.282　再次绘制曲线

06 选择"尚"文字层，展开其【蒙版】属性，在蒙版 2 右侧的下拉列表框中选择【相减】选项，如图 12.283 所示。同样地，将其他文字层的蒙版 2 设置为【相减】。

图 12.283　蒙版属性

07 将时间调整到 0:00:00:05 帧的位置，选择"尚"文字层的【蒙版 2】，调整其位置，如图 12.284 所示，并为其设置关键帧，如图 12.285 所示。

08 调整时间到 0:00:00:10 帧的位置，调整【蒙版 2】的位置，如图 12.286 所示。

图 12.284　调整蒙版

图 12.285　设置关键帧

图 12.286　调整蒙版位置

09 这样，就完成了尚的第 1 笔动画，用同样的方法完成其他笔画动画，制作手写字效果，其中几帧画面效果如图 12.287 所示。

10 将时间调整到 0:00:01:23 帧的位置，选择所有文字层展开其【位置】属性，将其【位置】属性值调整为（520,288,0），并为其设置关键帧，如图 12.288 所示。

图 12.287　尚的画面效果

11　调整时间到 0:00:02:03 帧的位置，修改文字层的【位置】属性值为（520,288,5000），如图 12.289 所示。

图 12.288　设置文字层关键帧

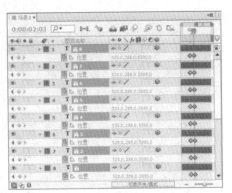

图 12.289　修改文字层【位置】属性值

12　此时，场景 3 的合成就完成了，预览动画，其中几帧画面效果如图 12.290 所示。

图 12.290　场景 3 的画面效果

12.3.10　调整各层位置

01　在【项目】面板中双击，打开【导入文件】对话框，选择配套光盘中的"工程文件 ＼ 第 12 章 ＼ 女性风尚 ＼ 定版 .psd"素材，如图 12.291 所示。

02　单击【导入】按钮，在弹出的文件名称对话框中，在【导入种类】下拉列表框中选择【合成】选项，单击【确定】按钮将素材导入，如图 12.292 所示。

03　执行菜单栏中的【合成】|【新建合成】命令，或按 Ctrl＋N 组合键，打开【合成设置】对话框，设置【合成名称】为"女性风尚"，设置【持续时间】为 0:00:09:00 秒，单击【确定】按钮，新建合成，

图 12.291　【导入文件】对话框

如图 12.293 所示。

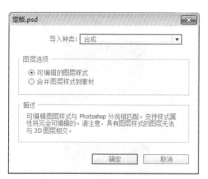

图 12.292　文件名称对话框

图 12.293　新建合成

04 在【项目】面板中，选择"场景 1"、"场景 2"、"场景 3"和"定版"4 个合成，将其移动到时间线面板"女性风尚"合成中，如图 12.294 所示。

05 分别在"场景 1"、"场景 2"、"场景 3"中，选择"背景"、"背景 2"和"背景 3"，按 Ctrl+X 组合键剪切，然后到"女性风尚"中，按 Ctrl+V 组合键粘贴，如图 12.295 所示。

06 调整各层位置，将"场景 1"的入点定位于 0:00:00:00 帧，调整时间到 0:00:02:03 帧，定位"场景 2"的入点，调整时间到 0:00:04:03 帧，定位"场景 3"的入点，然后将时间调整到 0:00:06:05 帧，定位"定版"的入点，如图 12.296 所示。其他素材层的入点如图 12.297 所示。

图 12.294　时间线面板

图 12.295　时间线面板

图 12.296　定位入点

图 12.297　素材入点

12.3.11　制作转场动画

01 选择"背景 2"，按 G 键，切换到【钢笔工具】，为其绘制蒙版，如图 12.298 所示。

02 展开"背景 2"素材层的【蒙版】属性，设置其【蒙版羽化】值为（100,100），调整蒙版位置，如图 12.299 所示。将时间调整到 0:00:02:02 帧的位置，为该层【蒙版路径】设置关键帧，如图 12.300 所示。

03 将时间调整到 0:00:02:06 帧的位置，调整蒙版位置，如图 12.301 所示。这样，"背景"和"背景 2"的转场动画就完成了，用同样的方法，利用蒙版动画，完成"场景 2"和"场景 3"、"定版"和"场景 3"之间的转场动画的制作。

图 12.298　绘制蒙版

图 12.299　调整蒙版位置

图 12.300　设置蒙版路径关键帧

图 12.301　调整蒙版位置

04 调整时间到 0:00:02:05 帧，选择"场景 1"，展开其【不透明度】属性，并为其设置关键帧，如图 12.302 所示。

05 将时间调整到 0:00:02:06 帧的位置，修改其【不透明度】属性值为 0，如图 12.303 所示。

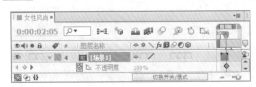

图 12.302　设置关键帧

图 12.303　修改关键帧

06 将时间调整到 0:00:04:05 帧的位置，选择"场景 2"和"场景 3"图层，展开其【不透明度】属性，并为"场景 2"的【不透明度】属性设置关键帧，如图 12.304 所示。

07 调整时间到 0:00:04:06 帧处，修改"场景 2"的【不透明度】属性值为 0，如图 12.305 所示。

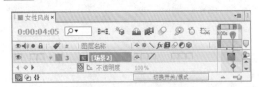

图 12.304　设置关键帧

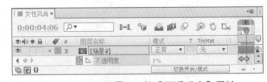

图 12.305　"场景 2"的【不透明度】属性

08 将时间调整到 0:00:06:04 帧的位置，为"场景 3"的【不透明度】属性设置关键帧，如图 12.306 所示。调整时间到 0:00:06:05 帧，修改其【不透明度】属性值为 0，如图 12.307 所示。

图 12.306　设置关键帧

图 12.307　修改关键帧

12.3.12　添加光素材

01 执行菜单栏中的【文件】|【导入】|【文件】命令，打开【导入文件】对话框，选择配套光盘中的"工程文件 \ 第 12 章 \ 女性风尚 \ 序列图 \ 场景 1_ 光晕 \ 光晕 1\ 光晕 101. tga"素材，并选中对话框中右下角的【Targa 序列】复选框，如图 12.308 所示。

02 单击【导入】按钮，弹出【解释素材：光晕 [101-140].tga】对话框，在 Alpha 选项组中选中【忽略】单选按钮，然后单击【确定】按钮将素材导入，如图 12.309 所示。

03 用同样的方法将其他的光导入，如图 12.310 所示，然后可以将它们添加到一个组中，如图 12.311 所示。

图 12.308　【导入文件】对话框

图 12.309　解释素材对话框

图 12.310　导入素材

04 选择所有的光晕素材，将其移动到时间线面板中，如图 12.312 所示。

05 依次选择"光晕 [101-140].tga"到"光晕 [1401-1440].tga"，分别重命名为"光晕 1"到"光晕 14"，并将所有的光晕素材层的混合模式修改为【相加】，如图 12.313 所示。

图 12.311　添加组

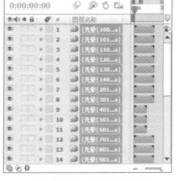

图 12.312　时间线面板

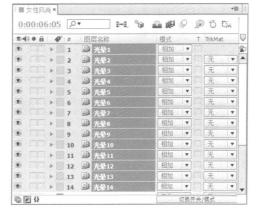

图 12.313　重命名

06 选择"光晕 1"和"光晕 2"，按 Shift＋Ctrl＋C 组合键，打开【预合成】对话框，设置【新合成名称】为"场景 1 光晕"。同样，选择"光晕 3"、"光晕 4"、"光晕 5"和"光晕 6"；"光晕 7"、"光晕 8"、"光晕 9"和"光晕 10"；"光晕 11"、"光晕 12"、"光晕 13"和"光晕

14", 执行相同的命令, 如图 12.314 所示。

07 进入"场景 1 光晕", 调整"光晕 1"的入点为 0:00:00:16 帧, 调整"光晕 2"的入点为 0:00:00:10 帧, 如图 12.315 所示。

08 进入"场景 2 光晕", 调整"光晕 3"的入点为 0:00:02:00 帧, 调整"光晕 4"的入点为 0:00:02:05 帧, 调整"光晕 5"的入点为 0:00:02:10 帧, 调整"光晕 6"的入点为 0:00:02:15 帧, 如图 12.316 所示。

图 12.314　预合层　　　　图 12.315　调整层的入点　　　　图 12.316　调整层的入点

09 进入"场景 3 光晕", 调整"光晕 7"的入点为 0:00:04:05 帧, "光晕 8"的入点为 0:00:04:10 帧, "光晕 9"的入点为 0:00:04:15 帧, "光晕 10"的入点为 0:00:04:20 帧, 如图 12.317 所示。

10 进入"场景 4", 调整"光晕 11"的入点为 0:00:06:02 帧, "光晕 12"的入点为 0:00:06:05 帧, "光晕 13"的入点为 0:00:06:12 帧, "光晕 14"的入点为 0:00:06:19 帧, 然后选择"光晕 11", 按 Ctrl+Alt+R 组合键, 如图 12.318 所示。

11 在"女性风尚"合成中, 选择"场景 1 光晕"、"场景 2 光晕"、"场景 3 光晕"和"场景 4 光晕", 将其混合模式修改为【相加】, 如图 12.319 所示。

图 12.317　调整层的入点　　　　图 12.318　调整层入点　　　　图 12.319　修改层的混合模式

12 在【项目】面板中双击, 打开【导入文件】对话框, 选择配套光盘中的"工程文件 \ 第 12 章 \ 女性风尚 \ 序列图 \ 文字 \ 文字 010.tga"素材, 如图 12.320 所示。

13 单击【导入】按钮, 在弹出的【解释素材: 文字 [010-150].tga】对话框中选中【预乘 - 有彩色遮罩】单选按钮, 单击【确定】按钮将素材导入, 如图 12.321 所示。

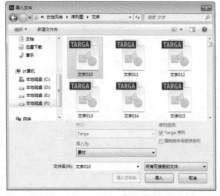

图 12.320　【导入文件】对话框　　　　图 12.321　解释素材对话框

14 将"文字 [010-150].tga"素材层移动到时间线面板中，并重命名为"文字"，如图 12.322 所示。

15 将时间调整到 0:00:06:04 帧的位置，然后定位"文字"素材层的入点，如图 12.323 所示。

图 12.322　移动素材层

图 12.323　调整入点

16 此时，预览动画，观看片子的动画效果，其中几帧画面效果如图 12.324 所示。

图 12.324　画面效果

12.3.13　制作纷飞的花瓣

01 执行菜单栏中的【合成】|【新建合成】命令，打开【合成设置】对话框，设置【合成名称】为"纷飞的花瓣"，【持续时间】为 0:00:05:00，单击【确定】按钮，新建合成，如图 12.325 所示。

02 在【项目】面板中双击，打开【导入文件】对话框，选择配套光盘中的"工程文件＼第 12 章＼女性风尚＼花瓣 .jpg 和遮罩 .jpg"素材，单击【导入】按钮将其导入，如图 12.326 所示。

图 12.325　【合成设置】对话框

图 12.326　【导入文件】对话框

03 将【项目】面板中的"花瓣 .jpg"和"遮罩 .jpg"素材移动到时间线面板中，并为其重命名为"花瓣"和"遮罩"，如图 12.327 所示。

04 此时，合成窗口中的画面效果如图 12.328 所示。选择"花瓣"和"遮罩"素材层，按 Ctrl+Alt+F 组合键，此时，合成窗口中的画面效果如图 12.329 所示。

05 选择"花瓣"素材层，在【效果和预设】面板中展开【模拟】特效选项，双击【碎片】特效，如图 12.330 所示。此时，合成窗口中的画面效果如图 12.331 所示。

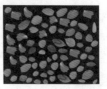

图 12.327　时间线面板　　　　图 12.328　画面效果　　　　图 12.329　画面效果　　　　图 12.330　双击特效

06 在【效果控件】面板中，设置【碎片】特效中的【视图】右侧的下拉列表框选项为【已渲染】，【渲染】设置为【块】，如图 12.332 所示。此时，关闭遮罩层的显示，从合成窗口中看到的画面效果如图 12.333 所示。

07 在【效果控件】面板中，展开【碎片】特效中的【形状】选项，设置【图案】为【自定义】，设置【自定义碎片图】为【遮罩】，并选中【白色拼贴已修】复选框，设置【凸出深度】值为 0，如图 12.334 所示。此时，合成窗口中的画面效果如图 12.335 所示。

图 12.331　画面效果　　　　图 12.332　效果控件面板　　　　图 12.333　画面效果　　　　图 12.334　特效参数设置

08 展开【碎片】特效中的【作用力 1】选项组，设置其【位置】值为（340,100），展开【物理学】选项组，设置【重力】值为 0.5，如图 12.336 所示。此时，合成窗口中的画面效果如图 12.337 所示。

09 选择【项目】面板中的"纷飞的花瓣"，将其移动到"女性风尚"合成中，放于"场景3"图层的下方，如图 12.338 所示。

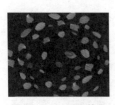

图 12.335　画面效果　　　　图 12.336　特效参数　　　　图 12.337　画面效果　　　　图 12.338　时间线面板

10 将"纷飞的花瓣"的入点定位于 0:00:01:05 帧，如图 12.339 所示。

11 调整时间到 0:00:02:00 帧的位置，按 Alt+[组合键，自定义层的入点，调整时间到 0:00:03:05 帧，按 Alt+] 组合键，自定义层的出点，如图 12.340 所示。

12 复制"纷飞的花瓣"共两次，然后重命名复制出的图层名称为"花瓣 1"和"花瓣 2"，并移动"花瓣 1"，将其入点定位于 0:00:04:00 帧处，将"花瓣 2"的入点定位于 0:00:06:02 帧处，并将其移动到"定版"层的上方，如图 12.341 所示。

图 12.339　0:00:01:05 帧　　　　图 12.340　自定义层的入点和出点　　　　图 12.341　复制图层

13 此时，女性风尚的合成就完成了，预览动画，观看片子的整体动画效果，其中几帧画面效果如图 12.342 所示。

图 12.342　最终效果

12.4　娱乐栏目包装——K 歌达人

特效解析

　　本例首先导入 .psd 素材，选中导入后的素材层新建合成，制作嘴巴张合动画效果，学习运用文字特效命令，制作出 K 歌达人动画。

知识点

1. 文字层使用
2. 排列图层顺序
3. 调节图层出、入点

工程文件：第12章\K歌达人\K歌达人.aep
视频文件：movie\12.4　娱乐栏目包装——K歌达人.avi

操作步骤 ⬇

12.4.1　制作唱歌动画

01 执行菜单栏中的【文件】|【打开项目】命令，选择配套光盘中的"工程文件＼第 12 章＼K 歌达人＼K 歌达人练习 .aep"文件，将"K 歌达人练习 .aep"文件打开。

02 执行菜单栏中的【合成】|【新建合成】命令，打开【合成设置】对话框，设置【合成名称】为"K 歌达人"，【宽度】为 352，【高度】为 288，【帧速率】为 25，并设置【持续时间】为 0:00:04:00。

03 将素材"唱歌"合成、"达人素材 1"合成拖动到"K 歌达人"合成时间线面板中，添加后的效果如图 12.343 所示。

04 在"K 歌达人"合成的时间线面板中，双击进入"唱歌"合成，进入"唱歌"合成时间线面板中，效果如图 12.344 所示。

图 12.343　添加素材到时间线面板

图 12.344　双击进入"唱歌"合成

05 将时间调整到 0:00:00:20 帧的位置，按住 Shift 键，连续选择"音波 1、音波 2、音波 3"3 个层，然后按 Alt+[组合键，将图片素材进行剪切，完成后的效果如图 12.345 所示。

06 将时间调整到 0:00:01:10 帧的位置,选择"嘴巴 2"层,按 Alt+]组合键,将图片素材进行剪切,
完成后的效果如图 12.346 所示。

图 12.345 剪切图层

图 12.346 剪切素材图层

07 选择"嘴巴 1"层,展开"嘴巴 1"层的【变换】|【锚点】选项组,设置【锚点】值为(176,144),
【位置】值为 (183,122),取消缩放比例,修改【缩放】值为(113,100),【不透明度】的
值为 100,单击【不透明度】左侧的码表按钮 ,在 0:00:01:10 帧的位置设置关键帧,效
果如图 12.347 所示。

08 调整时间到 0:00:01:08 帧的位置,修改【不透明度】的值为 0,系统将自动记录关键帧,
效果如图 12.348 所示。

图 12.347 设置关键帧

图 12.348 在 0:00:01:08 帧的位置设置关键帧

提示 让嘴巴有张开的效果,每隔 1 帧修改一次"嘴巴 1"层的【不透明度】的值,当"嘴巴 1"
层【不透明度】为 0 时,当前窗口显示"嘴巴 2"层。

09 为了让嘴巴有张合的效果,可以多次调整时间帧,给"嘴巴 1"层设置多个【不透明度】关键帧,
【不透明度】的值为 0% 或 100%,设置完后的效果如图 12.349 所示。

10 将时间调整到 0:00:00:21 帧的位置,按住 Shift 键,选择"音波 1、音波 2、音波 3" 3 个层,
再按 S 键打开【缩放】属性。修改【缩放】值为(0,0),并单击【缩放】左侧的码表按钮
 ,在此位置设置关键帧,如图 12.350 所示。

图 12.349 设置关键帧

图 12.350 设置关键帧

11 将时间调整到 0:00:01:10 帧的位置,修改【缩放】值为(100,100),【不透明度】的值为

100%，并单击【不透明度】左侧的码表按钮，在此位置设置关键帧，如图 12.351 所示。

图 12.351 设置缩放和透明度关键帧

12 将时间调整到 0:00:01:12 帧的位置，修改【不透明度】的值为 0%；将时间调整到 0:00:01:14 帧的位置，修改【不透明度】的值为 100%；将时间调整到 0:00:01:16 帧的位置，修改【不透明度】的值为 0%；将时间调整到 0:00:01:18 帧的位置，修改【不透明度】的值为 100%；系统将自动设置关键帧，如图 12.352 所示。

13 为了让 3 个音波不在同一时间出现，可以在时间线面板中拖动素材块，选择不同的音波层，调整音波层的出点，使音波的出现有先后顺序，调整完成后的效果如图 12.353 所示。

图 12.352 设置透明度关键帧

图 12.353 调整各音波层出点

14 这样，就完成"唱歌"合成的动画效果了，可按小键盘上的 0 键预览效果，其中几帧画面的效果如图 12.354 所示。

图 12.354 其中几帧动画效果

12.4.2 达人素材1动画制作

01 将时间调整到 0:00:00:00 帧的位置，在时间线面板中选择"K 歌达人"合成选项卡，在"K 歌达人"合成的时间线面板中，双击进入"达人素材 1"合成，效果如图 12.355 所示。

02 此时，在"达人素材 1"合成窗口中，显示 0:00:00:00 帧位置的画面效果，如图 12.356 所示。

03 选择"花"层，按 A 键，快速打开【锚点】属性，修改【锚点】值为（339,263）；按 P 键，快速打开【位置】属性，修改【位置】值为（1,291）；按 S 键，快速打开【缩放】属性，修改【缩放】值为（0,0），单击【缩放】左侧的码表按钮，在此位置设置关键帧，效果如图 12.357 所示。

04 调整时间到 0:00:00:10 帧的位置，取消缩放比例，修改【缩放】值为（-80,80），系统将自动记录关键帧。

图 12.355　进入"达人素材 1"合成

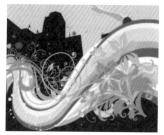

图 12.356　当前帧"达人素材 1"合成窗口的画面

05 调整时间到 0:00:00:05 帧的位置,选择"花边"层,按 A 键,快速打开【锚点】属性,修改【锚点】值为（305,260）,按 P 键,快速打开【位置】属性,修改【位置】值为（360,290）,按 S 键,快速打开【缩放】属性,修改【缩放】值为（0,0）,单击【缩放】左侧的码表按钮，在此位置设置关键帧,按 R 键,快速打开【旋转】属性,修改【旋转】值为 -35,效果如图 12.358 所示。

图 12.357　设置关键帧

图 12.358　设置缩放关键帧

06 调整时间到 0:00:00:13 帧的位置,选择"花边"层,按 S 键,快速打开【缩放】属性,修改【缩放】值为（60,60）,系统将自动记录关键帧。

07 调整时间到 0:00:00:15 帧的位置,按住 Shift 键,选择"花"和"花边"两个层,按 T 键,快速打开【不透明度】选项,确认【不透明度】值为 100%,单击【不透明度】左侧的码表按钮，在此位置设置关键帧,如图 12.359 所示。

08 将时间调整到 0:00:00:20 帧的位置,选择"花"和"花边"两个层,修改【不透明度】值为 0%,系统将自动记录关键帧,选择"飘带"层、"人物"层,调整"飘带"层、"人物"层的入点到该帧的位置,完成后的效果如图 12.360 所示。

图 12.359　在 0:00:00:15 帧的位置设置关键帧

图 12.360　在 0:00:00:20 帧的位置设置出点

09 选择"人物"层,将"人物"层拖动到"飘带"层的上方,展开"人物"层【变换】|【锚点】选项组,修改【锚点】值为（110,196）,【位置】值为（-130,164）,【缩放】值为（60,60）,【旋转】值为 0,并分别单击【位置】、【缩放】、【旋转】左侧的码表按钮，在此位置设置缩放关键帧,效果如图 12.361 所示。

10 调整时间到 0:00:01:03 帧的位置，选择"人物"层，修改【位置】值为（160,258），【缩放】值为（100,100），【旋转】值为 –52，系统将自动记录关键帧，复制该时间帧的 3 个关键帧，将其粘贴到 0:00:01:07 帧的位置，完成后的效果如图 12.362 所示。

图 12.361　设置关键帧

图 12.362　设置复制关键帧到 0:00:01:07 帧的位置

提示 将在 0:00:01:03 帧的位置设置的 3 个关键帧选中，复制到 0:00:01:07 帧的位置，此时设置的关键帧也叫做当前位置保持帧。

11 调整时间到 0:00:01:15 帧的位置，选择"人物"层，修改【位置】值为（483,78），【缩放】值为（60,60），【旋转】值为 –86，系统将自动记录关键帧，如图 12.363 所示。

12 确认选择"飘带"层，单击工具栏中的【钢笔工具】按钮 ，在合成窗口中绘制一个封闭的路径，如图 12.364 所示。

图 12.363　在 0:00:01:15 帧的位置设置关键帧

13 展开"飘带"层【蒙版】|【蒙版 1】选项，修改【蒙版羽化】的值为（25,25），【蒙版扩展】的值为 160，并分别单击【蒙版路径】和【蒙版扩展】左侧的码表按钮 ，在此位置设置关键帧，如图 12.365 所示。

图 12.364　在合成窗口中绘制封闭路径

图 12.365　设置旋转关键帧

14 调整时间到 0:00:00:22 帧的位置，确认选择"飘带"层，单击工具栏中的【选择工具】按钮 ，在合成窗口中将【蒙版 1】的锚点全部选中，拖动到合成窗口可视区外，并修改【遮罩扩展】的值为 30，系统将自动记录关键帧。当前合成窗口中的效果如图 12.366 所示。

15 调整时间到 0:00:00:10 帧的位置，在时间线面板中选择"楼房"层，按 P 键快速打开【位置】属性，修改【位置】的值为（176,434），单击【位置】左侧的码表按钮 ，在此位置设置关键帧。调整时间到 0:00:00:24 帧的位置，选择"楼房"层，修改【位置】的值为（176,144），系统将自动记录关键帧，如图 12.367 所示。

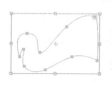

图 12.366 设置关键帧

图 12.367 设置关键帧

16 为"楼房"层添加特效。选中"楼房"层，在【效果和预设】面板中展开【键控】特效组，然后双击 Key light 1.2（抠像 1.2）特效。

17 调整时间到 0:00:00:12 帧的位置，在【效果控件】面板中，展开 Source Crops（源裁剪）选项组，X Method（X 方式）选择 Reflect（反射），Y Method（Y 方式）选择 Repeat[重复]。修改 Top（上）的值为 76；Bottom（下）的值为 100；并分别单击 Top（上）和 Bottom（下）左侧的码表按钮 ，在此位置设置关键帧，完成效果如图 12.368 所示。

18 调整时间到 0:00:01:10 帧的位置，设置 Top（上）的值为 100，Bottom（下）的值为 0；系统自动在此位置设置关键帧，完成效果如图 12.369 所示。

19 调整时间到 0:00:00:05 帧的位置，在时间线面板中按住 Shift 键，选择"花"、"花边"、"楼房"层，拖动素材块将入点设置到该帧的位置，效果如图 12.370 所示。

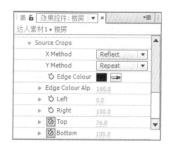

图 12.368 设置源裁剪关键帧

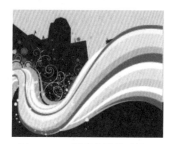

图 12.369 设置关键帧后效果

图 12.370 设置图层的出点

20 这样，就完成了"达人素材 1"合成中的动画制作了，按小键盘上的 0 键预览效果，其中几帧的动画效果如图 12.371 所示。

图 12.371 其中几帧的动画效果

12.4.3 排列图层顺序

01 在"达人素材 1"合成时间线面板中，选择"背景 2"层，按 Ctrl+X 组合键，将该层剪切，选择"K 歌达人"合成选项卡，进入"K 歌达人"合成，按 Ctrl+V 组合键，将"背景 2"层粘贴到"K 歌达人"合成的最下方，如图 12.372 所示。

02 将时间调整到 0:00:00:00 帧的位置，选择"唱歌"合成层，展开"唱歌"层【变换】|【锚点】选项组，修改【锚点】值为（164,144），【缩放】值为（80,80），【旋转】值为 -3，并分别单击【缩放】和【旋转】左侧的码表按钮，在此位置设置缩放关键帧，效果如图 12.373 所示。

图 12.372　设置关键帧

图 12.373　设置关键帧

03 调整时间到 0:00:00:09 帧的位置，选择"唱歌"层，修改【缩放】值为（60,60），【旋转】值为 -53，系统将自动记录关键帧。调整时间到 0:00:00:17 帧的位置，修改【位置】的值为（173,143），单击【位置】左侧的码表按钮，【缩放】值为（91,91），【旋转】值为 0，设置关键帧，如图 12.374 所示。

04 调整时间到 0:00:01:01 帧的位置，修改【位置】的值为（44,37），【缩放】值为（38,38），【旋转】值为 21，系统将自动记录关键帧。调整时间到 0:00:01:10 帧的位置，修改【位置】的值为（113,84），【缩放】值为（61,61），【旋转】值为 -41，如图 12.375 所示。

图 12.374　在 0:00:00:09 帧的位置设置关键帧

图 12.375　设置关键帧

05 调整时间到 0:00:01:15 帧的位置，修改【位置】的值为（194,64），【旋转】值为 5，【不透明度】值为 100，单击透明度左侧的码表按钮，设置关键帧，调整时间到 0:00:01:20 帧的位置，修改【不透明度】值为 0，系统将自动记录关键帧，如图 12.376 所示。

06 调整时间到 0:00:02:00 帧的位置，在时间线面板中，选择"达人素材 1"合成层，按 T 键，快速打开【不透明度】属性，修改【不透明度】的值为 100，单击透明度左侧的码表按钮，设置关键帧。调整时间到 0:00:02:15 帧的位置，修改【不透明度】的值为 0，系统将自动记录关键帧，完成后的效果如图 12.377 所示。

图 12.376　设置透明度关键帧

图 12.377　在 0:00:02:15 帧的位置

12.4.4 制作文字层

01 在工具栏中单击【横排文字工具】按钮 **T**，在合成窗口中输入文字 "K 歌达人"，按 Ctrl+6 组合键，打开【字符】面板，选中文字 "K"，设置字体为 "方正艺黑简体"，字体大小为 123，设置字体填充色为黑色，字体描边颜色为白色，其他参数设置如图 12.378 所示，合成窗口效果如图 12.379 所示。

02 在 "K 歌达人" 文字层中，选中文字 "歌达人"，设置字体为 "方正艺黑简体"，字体大小为 62，设置字体填充色为黄色（R:255；G:180；B:0），字体描边色为白色，其他参数设置，如图 12.380 所示。字体设置完参数后的画面效果如图 12.381 所示。

图 12.378 设置字体参数

图 12.379 设置字体后效果

图 12.380 设置 "歌达人" 文字的参数

03 将时间调整到 0:00:02:05 帧的位置，选择 "K 歌达人" 文字层，在【效果和预设】面板中展开【动画预设】| Text | 3D Text 选项组，然后双击 3D Flip In Rotate X（3D 翻转转入旋转 X）特效，如图 12.382 所示。此时文字层将自动产生一个动画效果，其中一帧画面的效果如图 12.383 所示。

图 12.381 字体设置完参数后效果

图 12.382 添加文字特效

图 12.383 其中一帧的画面

提示 在添加文字特效命令前一定要先确定文字的出点，调整时间帧后再双击文字特效。

04 在工具栏中单击【横排文字工具】按钮 **T**，在合成窗口中输入文字 "happy music"，按 Ctrl+6 组合键，打开【字符】面板，选中文字，设置字体为 "Arial Black"，字体大小为 72，设置字体填充色为青色（R:23；G:230；B:255），字体描边颜色为白色，其他参数设置如图 12.384 所示。字体设置完参数后，如图 12.385 所示。

图 12.384 其他参数值

05 将时间调整到 0:00:00:00 帧的位置，选择 "happy music" 文字层，

在【效果和预设】面板中展开【动画预设】|Text（文字）|Organic（布本）选项组，然后双击 Drop Bounce（跳跃）特效，如图 12.386 所示。此时"happy music"文字层文字将自动产生一个动画效果，其中一帧的画面效果如图 12.387 所示。

图 12.385　字体设置完参数后效果

图 12.386　添加文字层特效

图 12.387　其中一帧的画面

06 将时间调整到 0:00:02:05 帧的位置，展开"happy music"文字层，选择【变换】|【锚点】选项，修改【锚点】值为（0,0），【位置】值为（180,120），单击【位置】左侧的码表按钮 ，设置关键帧。取消缩放比例，修改【缩放】值为（68,85），效果如图 12.388 所示。

07 将时间调整到 0:00:02:10 帧的位置，展开"happy music"文字层，修改【位置】值为（180,256），系统将自动记录关键帧，效果如图 12.389 所示。

图 12.388　设置位置关键帧

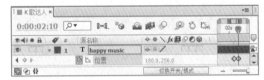
图 12.389　设置关键帧

08 这样就完成了"K 歌达人"动画的制作，按小键盘上的 0 键预览动画，并将文件保存输出为动画。

12.5　娱乐栏目包装——魅力大舞台

特效解析

　　本例首先导入 psd 分层素材，给素材层添加位移、缩放等关键帧命令，运用发光特效命令制作人物的闪白效果，认识并打开文字层的三维属性开关的方法，制作出魅力大舞台动画。

知识点

1. 旋转展开效果的制作
2. 闪白效果的制作
3. 晕化效果的制作

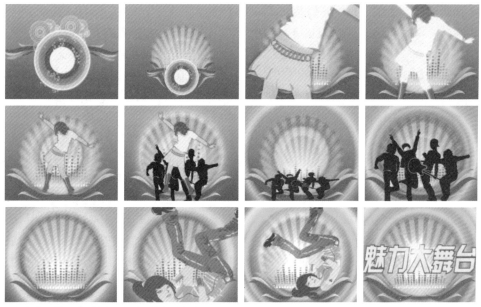

工程文件：第12章\魅力大舞台\魅力大舞台.aep

视频文件：movie\12.5　娱乐栏目包装——魅力大舞台.avi

操作步骤

12.5.1　缩放、排列图层

01　执行菜单栏中的【文件】|【打开项目】命令，选择配套光盘中的“工程文件 \ 第 12 章 \ 魅力大舞台 \ 魅力大舞台练习 .aep”文件，将“魅力大舞台练习 .aep”文件打开。

02　将素材“魅力舞台”合成，拖动到“魅力大舞台”合成时间线面板中。

03　在“魅力大舞台”合成的时间线面板中，双击进入“魅力舞台”合成，效果如图 12.390 所示。

04　在“魅力舞台”合成中，选择“音乐／魅力舞台”层，按 A 键打开【锚点】属性，设置【锚点】的值为（176,255），按 P 键打开【位置】属性，设置【位置】的值为（176,258），将时间调整到 0:00:00:07 帧的位置，按 S 键打开【缩放】属性，单击【缩放】左侧的【约束比例】按钮 ，设置【缩放】的值为（100,103），按 T 键打开【不透明度】属性，设置【不透明度】的值为 0%，单击【缩放】和【不透明度】左侧的码表按钮 ，在当前位置设置关键帧，如图 12.391 所示。

图 12.390　进入“舞台”合成

图 12.391　设置关键帧

05 将时间调整到 0:00:00:13 帧的位置，设置【缩放】的值为（100,134），系统会自动设置
关键帧；将时间调整到 0:00:00:17 帧的位置，设置【缩放】的值为（100,65）；将时间调
整到 0:00:00:22 帧的位置，设置【缩放】的值为（100,86），设置【不透明度】的值为
100%；将时间调整到 0:00:01:00 帧的位置，设置【缩放】的值为（100,115）；将时间调整
到 0:00:01:03 帧的位置，设置【缩放】的值为（100,102）；将时间调整到 0:00:01:06 帧的位
置，设置【缩放】的值为（100,138）；将时间调整到 0:00:01:10 帧的位置，设置【缩放】的
值为（100,68）；将时间调整到 0:00:01:15 帧的位置，设置【缩放】的值为（100,84）；将时
间调整到 0:00:01:18 帧的位置，设置【缩放】的值为（100,115）；将时间调整到 0:00:01:23
帧的位置，设置【缩放】的值为（100,102）；将时间调整到 0:00:02:04 帧的位置，设置【缩
放】的值为（100,135）；将时间调整到 00:00:02:08 帧的位置，设置【缩放】的值为（100,65）；
将时间调整到 00:00:02:13 帧的位置，设置【缩放】的值为（100,86）；将时间调整到
0:00:02:16 帧的位置，设置【缩放】的值为（100,115）；将时间调整到 0:00:02:19 帧的位置，
设置【缩放】的值为（100,101）；将时间调整到 0:00:02:22 帧的位置，设置【缩放】的值为
（100,139）；将时间调整到 0:00:03:01 帧的位置，设置【缩放】的值为（100,69）；将时间调
整到 0:00:03:06 帧的位置，设置【缩放】的值为（100,83）；将时间调整到 0:00:03:09 帧的位置，
设置【缩放】的值为（100,115）；将时间调整到 0:00:03:12 帧的位置，设置【缩放】的值为
（100,101）；将时间调整到 0:00:03:18 帧的位置，设置【缩放】的值为（100,140）；将时间调
整到 0:00:03:23 帧的位置，设置【缩放】的值为（100,62）；将时间调整到 0:00:04:02 帧的位置，
设置【缩放】的值为（100,82）；将时间调整到 0:00:04:05 帧的位置，设置【缩放】的值为
（100,112）；将时间调整到 0:00:04:08 帧的位置，设置【缩放】的值为（100,102）；将时间调
整到 0:00:04:11 帧的位置，设置【缩放】的值为（100,135）；将时间调整到 0:00:04:16 帧的
位置，设置【缩放】的值为（100,61），如图 12.392 所示，合成窗口效果 12.393 所示。

图 12.392 设置关键帧

图 12.393 设置关键帧后的效果

06 这样，就完成缩放和排列图层了，可按小键盘的 0 键预览效果，其中几帧画面的效果如图 12.394
所示。

图 12.394 几帧动画效果

12.5.2 制作翅膀的展开

01 将时间调整到 0:00:00:00 帧的位置，在时间线面板的"魅力大舞台"合成中，双击"翅膀"层，进入合成。选择"右翅膀"和"左翅膀"两个层，按 A 键，快速打开【锚点】属性，修改【锚点】值为（176,268），按 P 键，快速打开【位置】属性，修改【位置】值为（176,268），按 S 键，快速打开【缩放】属性，修改【缩放】值为（50,50），单击【缩放】左侧的码表按钮 ，在此位置设置关键帧，效果如图 12.395 所示。

图 12.395　设置缩放关键帧

02 在"翅膀"合成中，选择"右翅膀"层，按 R 键快速打开【旋转】属性，修改【旋转】的值为 -60，单击【旋转】左侧的码表按钮 ，在此位置设置关键帧；选择"左翅膀"层，按 R 键快速打开【旋转】属性，修改【旋转】值为 60，单击【旋转】左侧的码表按钮 ，在此位置设置关键帧，如图 12.396 所示。

03 将时间调整到 0:00:01:00 帧的位置，在"翅膀"合成中，选择"右翅膀"和"左翅膀"两个层。按 R 键，快速打开【旋转】属性，修改【旋转】值为 0，按 S 键，快速打开【缩放】属性，修改【缩放】值为（100,100），系统将自动记录关键帧，完成后的效果如图 12.397 所示。

图 12.396　设置旋转关键帧

图 12.397　设置关键帧

04 这样就完成了翅膀展开的动画效果，按小键盘上的 0 键预览翅膀展开的效果，其中几帧画面的效果如图 12.398 所示。

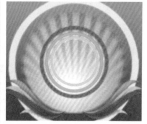

图 12.398　几帧动画效果

12.5.3 制作人物闪白

01 首先在时间线面板单击进入"魅力大舞台"合成，将【项目】中的"人物"合成素材拖动到时间线面板"魅力舞台"合成的上方，如图 12.399 所示。

02 双击进入"人物"合成，进入"人物"合成时间线面板，如图 12.400 所示。

图 12.399　在"魅力大舞台"合成中导入素材　　　　　图 12.400　双击进入"人物"

03 将时间调整到 0:00:01:20 帧的位置，选中"人物"合成内的所有图层，按 Alt+] 组合键，将图片素材进行剪切，效果如图 12.401 所示。

04 将"人物"、"人物 1"、"人物 2"层选中，执行菜单栏中的【动画】|【关键帧辅助】|【序列图层】命令，打开【序列图层】对话框。设置【持续时间】为 0:00:00:05，然后单击【确定】按钮，3 个层排列完成后的效果如图 12.402 所示。

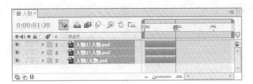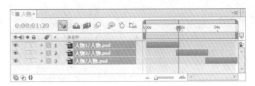

图 12.401　剪切图片　　　　　　　　　　　　图 12.402　排列图层

05 将时间调整到 0:00:00:00 帧的位置，选择"人物 1"层，按 S 键，快速打开【缩放】属性，修改【缩放】值为（150,150），单击【缩放】左侧的码表按钮，在此位置设置关键帧，将时间调整到 0:00:01:15 帧的位置，修改【缩放】值为（50,50），系统将自动记录关键帧，如图 12.403 所示。

图 12.403　设置缩放关键帧

06 将时间调整到 0:00:00:00 帧的位置，选中"人物 1"层，在【效果和预设】面板中展开【风格化】选项，然后双击【发光】特效。

07 在【效果控件】面板中，为【发光】特效设置参数。修改【发光阈值】的值为 100%，并单击左侧的码表按钮，在此位置设置关键帧，如图 12.404 所示，合成窗口效果 12.405 所示。

08 将时间调整到 0:00:00:20 帧的位置，修改【发光阈值】的值为 0；调整时间到 0:00:01:15 帧的位置，修改【发光阈值】的值为 100，在时间线面板中的完成效果如图 12.406 所示。

图 12.404　设置发光预置关键帧　图 12.405　设置关键帧后效果　　　　　图 12.406　时间线面板

09 在时间线面板中选择"人物 2"层，展开"人物 2"层【变换】|【锚点】选项组，设置【锚

点】值为（250,380），【位置】值为（250,380），修改【缩放】值为（50,50），单击【缩放】左侧的码表按钮，在此位置设置关键帧，效果如图 12.407 所示。

10 将时间调整到 0:00:03:05 帧的位置，选择"人物 2"层，修改【缩放】值为（85,85），系统将自动记录关键帧，如图 12.408 所示。

图 12.407　设置【缩放】关键帧

图 12.408　设置关键帧

11 将"人物 2"层的三维属性开关打开，然后展开"人物 2"层，修改【X 轴旋转】的值为 0，单击左侧的码表按钮，在此位置设置关键帧，调整时间到 0:00:01:15 帧的位置，修改【X 轴旋转】的值为 –100，系统将自动记录关键帧，如图 12.409 所示。

12 将时间调整到 0:00:03:05 帧的位置，选择"人物"层，设置【锚点】值为（250,339），修改【缩放】值为（100,100），单击【缩放】左侧的码表按钮，在此位置设置关键帧，修改【旋转】值为 2x，单击【旋转】左侧的码表按钮，在此位置设置关键帧，效果如图 12.410 所示。

图 12.409　设置关键帧

图 12.410　设置关键帧

13 将时间调整到 0:00:04:17 帧的位置，选择"人物"层，修改【缩放】值为（50,50），【旋转】值为 10，系统自动记录关键帧，如图 12.411 所示。

14 可以单独调整每个层的伸缩值，让人物出场动作有快慢层次。在时间线面板左下方单击 图标，将"人物 1"层伸缩值修改为 82，"人物 2"层伸缩值修改为 75，"人物 3"层伸缩值修改为 80，并拖动整个素材块让第 2 个图层的入点和第 1 个图层的出点在同一时间帧的位置，如图 12.412 所示。

图 12.411　在 0:00:04:17 帧的位置设置关键帧

图 12.412　修改图层持续时间

15 这样，就完成了人物闪白的动画制作，单击"魅力大舞台"合成，按小键盘上的 0 键预览动画效果，其中几帧画面的效果如图 12.413 所示。

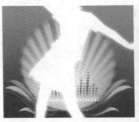  

图 12.413　其中几帧动画效果

12.5.4　调整图层顺序

01 在时间线面板中，"魅力大舞台"合成图层排列顺序如图 12.414 所示。

02 在时间线面板左下方单击图标🔲，将"人物"合成【伸缩】值修改为 75；调整时间到 0:00:05:00 帧的位置，按住 Shift 键，拖动"人物"合成的素材，素材的出点将自动吸附到最后一帧的位置，完成效果如图 12.415 所示。

图 12.414　更改图层顺序　　　　　　　　图 12.415　素材的出点吸附最后一帧

03 调整时间到 0:00:00:02 帧的位置，在"魅力大舞台"合成中选择"舞台"层，展开【变换】|【位置】选项，【位置】值为（175,168），【缩放】值为（182,182）。分别单击【位置】和【缩放】左侧的码表按钮🕐，在此位置设置关键帧，如图 12.416 所示。

04 调整时间到 0:00:00:20 帧的位置，修改【位置】值为（175,226），【缩放】值为（100,100），【不透明度】值为 100%，单击【不透明度】左侧的码表按钮🕐，在此位置设置关键帧，如图 12.417 所示。

图 12.416　设置位置和缩放关键帧　　　　　　　图 12.417　设置关键帧

05 调整时间到 0:00:01:00 帧的位置，修改【不透明度】值为 0，系统将自动记录关键帧，完成后的效果如图 12.418 所示。

06 为使图层出现层次，再调整一次图层的顺序，将时间调整到 0:00:00:05 帧的位置，按住 Shift 键，选择"魅力舞台"、"圈"、"翅膀" 3 个合成，拖动素材块，将 3 个合成的入点吸附到该帧的位置，如图 12.419 所示。

07 选择"魅力舞台"合成层，展开【变换】|【锚点】选项，修改【锚点】值为（176,275），【位置】值为（177,198），【缩放】值为（31,31）。分别单击【位置】和【缩放】左侧的码表按钮🕐，在此位置设置关键帧，如图 12.420 所示。

图 12.418 设置透明度关键帧

图 12.419 调整图层

08 调整时间到 0:00:01:02 帧的位置,选择"魅力舞台"合成层,修改【位置】值为(177,259),【缩放】值为(88,88),系统将自动记录关键帧,如图 12.421 所示。

图 12.420 设置【位置】和【缩放】关键帧

图 12.421 设置关键帧

09 按 Ctrl+T 组合键,或在工具栏中单击【横排文字工具】按钮 **T**,在合成窗口中输入"魅力大舞台",在【字符】面板中,设置字体为"汉仪菱心体简",字体大小为 70 像素,选择字体颜色为黄色(R:245;G:254;B:0),描边的颜色为褐色(R:114;G:35;B:0),其他参数值如图 12.422 所示,设置字体后的效果如图 12.423 所示。

图 12.422 编辑【字符】面板

图 12.423 设置后字体效果

提示 如果在输入文字后,当前窗口没有显示【文字】面板,可按 Ctrl+6 组合键,打开【字符】面板,在设置字体时,如计算机中没有安装此种字体,可以选择其他类型的字体。

10 将时间调整到 0:00:04:07 帧的位置,在时间线面板中选择"魅力大舞台"层,展开【变换】;取消缩放比例,修改【缩放】值为(100,130),修改【不透明度】的值为 0,单击【不透明度】左侧的码表按钮 ,在此位置设置关键帧,如图 12.424 所示。

11 将时间调整到 0:00:04:10 帧的位置,修改【不透明度】的值为 100,系统将自动记录关键帧。

12 将时间调整到 0:00:04:05 帧的位置,在时间线面板中选择"星光"层,单击该层左侧的小眼睛图标,显示星光层,右击该层,在弹出的快捷菜单中选择【混合模式】|【相加】命令,如图 12.425 所示。

| 图 12.424 设置关建帧 | 图 12.425 更改"星光"层叠加模式 |

13 修改【锚点】值为（360,288），修改【位置】值为（176,144），修改【缩放】值为（100,100），【不透明度】的值为 0%，分别单击【缩放】和【不透明度】左侧的码表按钮，在此位置设置关键帧，如图 12.426 所示

14 将时间调整到 0:00:04:15 帧的位置，修改【缩放】值为（44,44），修改【不透明度】的值为 100%，系统将自动记录关键帧，如图 12.427 所示。

| 图 12.426 设置关键帧 | 图 12.427 吸附到位置关键帧 |

15 这样就完成了"魅力大舞台"动画的制作，按小键盘上的 0 键预览动画，并将文件保存输出为动画。

12.6 电视频道包装——浙江卫视

特效解析

电视频道包装——浙江卫视是一个关于电视 Logo 演绎的片头，如今的电视频道都很注重包装，这样可以使观众更加清楚与深刻地记住该频道，而这些包装的制作方法通过 After Effects 软件自带的功能可以完全地表现出来。通过本例的制作，学习彩色光效的制作方法以及如何利用碎片特效制作画面粉碎效果。

知识点

1.【碎片】特效
2.【分形杂波】特效
3.【发光】特效
4.【渐变】特效
5.【彩色光】特效
6.【闪光灯】特效

工程文件：第12章\浙江卫视\浙江卫视.aep
视频文件：movie\12.6 电视频道包装——浙江卫视.avi

操作步骤 ⬇

12.6.1 制作彩光效果

01 执行菜单栏中的【合成】|【新建合成】命令，打开【合成设置】对话框，设置【合成名称】为"彩光"，【宽度】为720，【高度】为405，【帧速率】为25，并设置【持续时间】为0:00:06:00。

提示 按 Ctrl+N 组合键，也可以打开【合成设置】对话框。

02 执行菜单栏中的【文件】|【导入】|【文件】命令，打开【导入文件】对话框，选择配套光盘中的"工程文件 \ 第 12 章 \ 浙江卫视 \Logo.psd"素材，如图 12.428 所示。

03 单击【导入】按钮，将打开 Logo.psd 对话框，在【导入种类】下拉列表框中选择【合成】选项，将素材以合成的方式导入，如图 12.429 所示。单击【确定】按钮，素材将导入到【项目】面板中。

04 执行菜单栏中的【文件】|【导入】|【文件】命令，打开【导入文件】对话框，选择配套光盘中的"工程文件 \ 第 12 章 \ 浙江卫视 \ 光线 .jpg、扫光图片 .jpg"素材，单击【导入】按钮，"光线 .jpg"、"扫光图片 .jpg"将导入到【项目】面板中。

05 打开"彩光"合成，在时间线面板中按 Ctrl+Y 组合键，打开【纯色设置】对话框，设置【名称】为"噪波"，【颜色】为黑色。单击【确定】按钮，在时间线面板中将会创建一个名为"噪波"的纯色层。

06 选择"噪波"纯色层，在【效果和预设】面板中展开【杂色和颗粒】特效组，然后双击【分形杂色】特效。

07 在【效果控件】面板中，设置【对比度】的值为120，展开【变换】选项组，取消选中【统一缩放】复选框，设置【缩放宽度】的值为5000，【缩放高度】的值为100；将时间调整到 0:00:00:00 帧的位置，分别单击【偏移（湍流）】和【演化】左侧的码表按钮🕐，在当前位置设置关键帧，并设置【偏移（湍流）】的值为（3600,202.5），【复杂度】的值为4，【演化】的值为0。

> **提示** 【变换】选项组主要控制图像的噪波的大小、旋转角度、位置偏移等设置。【旋转】设置杂波图案的旋转角度。取消选中【统一缩放】复选框，对杂波图案进行宽度、高度的等比缩放。【缩放】用于设置图案的整体大小，在选中【统一缩放】复选框时可用。在没有选中【统一缩放】复选框时，可用通过【缩放宽度】或【缩放高度】两个选项，分别设置杂波图案的宽度和高度的大小。【偏移(湍流)】用于设置杂波的动荡位置。【复杂性】用于设置分形杂波的复杂程度。值越大，杂波越复杂。

08 将时间调整到 0:00:05:24 帧的位置，设置【偏移（湍流）】的值为（-3600,202.5），【演化】的值为1x，如图 12.430 所示，合成窗口效果如图 12.431 所示。

图 12.428 【导入文件】对话框

图 12.429 导入素材

图 12.430 设置分形杂色关键帧

09 在【效果和预设】面板中展开【风格化】特效组，然后双击【闪光灯】特效，为"噪波"层添加【闪光灯】特效。

10 在【效果控件】面板中，设置【闪光颜色】为白色，【与原始图像混合】的值为80%，【闪光持续时间】的值为0.03,【闪光间隔时间】的值为0.06,【随机闪光概率】的值为30%,从【闪光】右侧的下拉列表框中选择【使图层透明】选项，如图 12.432 所示，合成窗口效果如图 12.433 所示。

图 12.431 设置关键帧后效果

图 12.432 设置闪光灯

图 12.433 闪光灯参数后效果

提示　【闪光颜色】用于设置闪光灯的闪光颜色。【与原始图像混合】用于设置闪光效果与原始素材的融合程度。值越大越接近原图。【闪光长度】用于设置闪光灯的持续时间，单位为秒。【闪光周期】用于设置闪光灯两次闪光之间的间隔时间，单位为秒。【随机闪光概率】用于设置闪光灯闪光的随机概率。【闪光】用于设置闪光的方式。【闪光操作】用于设置闪光的运算方式。【随机种子】用于设置闪光的随机种子量。值越大，颜色产生的透明度越高。

11　按 Ctrl+Y 组合键，在时间线面板中新建一个【名称】为"光线"、【颜色】为黑色的纯色层，如图 12.434 所示。

12　选择"光线"纯色层，在【效果和预设】面板中展开【生成】特效组，然后双击【渐变】特效，如图 12.435 所示，【梯度渐变】特效的参数使用默认值。在【效果和预设】面板中展开【颜色校正】特效组，然后双击【色光】特效，如图 12.436 所示。

图 12.434　新建"光线"固态层　　图 12.435　添加特效　　图 12.436　添加【色光】特效

提示　【渐变开始】用于设置渐变开始的位置。【开始色】用于设置渐变开始的颜色。【渐变结束】用于设置渐变结束的位置。【结束色】用于设置渐变结束的颜色。【渐变形状】用于选择渐变的方式。包括【线性渐变】和【放射渐变】两种方式。【渐变扩散】用于设置渐变的扩散程度。值过大时将产生颗粒效果。【与原始图像混合】用于设置渐变颜色与原图像的混合百分比。

13　【色光】的参数使用默认值，然后在时间线面板中将"光线"层右侧的【模式】修改为【颜色】，画面效果如图 12.437 所示。

14　按 Ctrl+Y 组合键，在时间线面板中新建一个【名称】为"蒙版遮罩"、【颜色】为黑色的纯色层。选择"蒙版遮罩"纯色层，单击工具栏中的【矩形工具】按钮□，在合成窗口中绘制一个矩形路径，如图 12.438 所示。

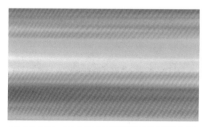

图 12.437　添加彩光色特效后的画面效果　　　　图 12.438　绘制矩形蒙版

提示　在调整蒙版的形状时，按住 Ctrl 键，遮罩将以中心对称的形式进行变换。

15　在时间线面板中按 F 键，打开"蒙版遮罩"纯色层的【蒙版羽化】选项，设置【蒙版羽化】

的值为（250,250），如图 12.439 所示。此时的画面效果如图 12.440 所示。

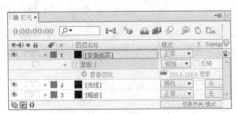

图 12.439　设置遮罩羽化参数

图 12.440　羽化后的画面效果

16 在时间线面板中，设置"光线"层的【轨道遮罩】为【Alpha 蒙版"［蒙版遮罩］"】，如图 12.441 所示，合成窗口效果如图 12.442 所示。

图 12.441　设置轨道模式

图 12.442　设置模式后效果

17 这样就完成了彩光效果的制作，在合成窗口中观看，其中几帧的画面效果如图 12.443 所示。

图 12.443　其中几帧的画面效果

12.6.2　制作蓝色光带

01 执行菜单栏中的【合成】|【新建合成】命令，打开【合成设置】对话框，设置【合成名称】为"蓝色光带"，【宽度】为 720，【高度】为 405，【帧速率】为 25，并设置【持续时间】为 0:00:06:00。

02 在时间线面板中，按 Ctrl+Y 组合键，打开【纯色设置】对话框，设置【名称】为"蓝光条"，【颜色】为蓝色（R:50；G:113；B:255）。

03 选择"蓝光条"层，单击工具栏中的【矩形工具】按钮▢，在"蓝色光带"合成窗口中绘制一个蒙版，如图 12.444 所示。

04 在时间线面板中，按 F 键，打开该层的【蒙版羽化】选项，设置【蒙版羽化】的值为（25,25），如图 12.445 所示。

05 在【效果和预设】面板中展开【风格化】特效组，然后双击【发光】特效。

06 在【效果控件】面板中，设置【发光阈值】的值为 28%，【发光半径】的值为 20，【发光强度】的值为 2，在【发光颜色】右侧的下拉列表框中选择【A 和 B 颜色】选项，设置【颜色 B】为白色，如图 12.446 所示，合成窗口效果如图 12.447 所示。

图 12.444　绘制路径

图 12.445　设置遮罩羽化参数

图 12.446　设置发光参数

图 12.447　设置发光后效果

> **提示**　【发光基于】用于选择发光建立的位置。【发光阈值】用于设置产生发光的极限,其值越大,
> 发光的面积越大。【发光半径】用于设置发光的半径大小。【发光强度】用于设置发光
> 的亮度。【发光操作】用于设置发光与原图的混合模式。【发光颜色】用于设置发光的
> 颜色。【颜色循环】用于设置发光颜色的循环次数。【发光尺寸】用于设置发光的方式。

> **提示**　调节完成后的图像是内部为白色、外部为蓝色的光带,由于在绘制时遮罩的大小不同,
> 调节【发光】特效的参数时也会不同,如果完成后的效果不满意,只需要调节【发光阈值】
> 的值即可。

12.6.3　制作碎片效果

01　执行菜单栏中的【合成】|【新建合成】命令,打开【合成设置】对话框,设置【合成名称】为“渐变”,
【宽度】为 720,【高度】为 405,【帧速率】为 25,并设置【持续时间】为 0:00:06:00。

02　在“渐变”合成的时间线面板中,按 Ctrl+Y 组合键,新建一个名为“渐变”、【颜色】为黑
色的纯色层。

03　选择“渐变”纯色层,在【效果和预设】面板中展开【生成】特效组,然后双击【梯度渐变】
特效,为其添加特效。在【效果控件】面板中,设置【渐变起点】的值为(0,202.5),【渐变终点】
的值为(720,202.5),参数设置如图 12.448 所示。完成后的画面效果如图 12.449 所示。

04　执行菜单栏中的【合成】|【新建合成】命令,打开【合成设置】对话框,设置【合成名称】
为“碎片”,【宽度】为 720,【高度】为 405,【帧速率】为 25,并设置【持续时间】为

0:00:06:00。

05 在【项目】面板中，选择"扫光图片.jpg"和"渐变"合成两个素材，将其拖动到"碎片"合成的时间线面板中，在时间线面板中的空白处单击，取消选择。然后单击"渐变"合成层左侧的眼睛图标 ，将"渐变"合成层隐藏，如图12.450所示。

图12.448　渐变参数设置

图12.449　设置渐变后效果

图12.450　设置图层排列

06 在时间线面板的空白处单击鼠标右键，在弹出的快捷菜单中选择【图层】|【新建】|【摄像机】命令，打开【摄像机设置】对话框，在【预设】右侧的下拉列表框中选择24mm，如图12.451所示。单击【确定】按钮，在"碎片"合成的时间线面板中将会创建一个摄像机。

提示 在时间线面板中按Shift+Ctrl+Alt+C组合键，可以快速打开【摄像机设置】对话框。

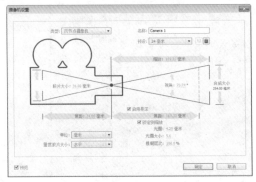

图12.451　【摄像机设置】对话框

07 选择"扫光图片.jpg"素材层，在【效果和预设】面板中展开【模拟】特效组，然后双击【碎片】特效，如图12.452所示。此时，由于当前的渲染形式是网格，所以当前合成窗口中显示的是网格效果，如图12.453所示。

08 设置图片的显示。在【效果控件】面板中，从【视图】右侧的下拉列表框中选择【已渲染】选项，如图12.454所示；此时，拖动时间滑块，可以看到一个碎片爆炸的效果，其中一帧的画面效果如图12.455所示。

图12.452　双击【碎片】特效

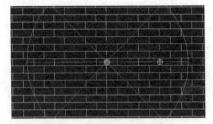

图12.453　图像的显示效果

图12.454　渲染设置

提示 要想看到图像的效果，注意在时间线面板中拖动时间滑块，如果时间滑块位于0帧的位置，则看不到图像效果。

09 设置图片的蒙版。在【效果控件】面板中展开【形状】选项组，设置【图案】为【正方形】，从【图案】的下拉列表框中可以选择多种形状的图案；设置【重复】的值为40，【凸出深度】

的值为 0.05，参数设置如图 12.456 所示。完成后的画面效果如图 12.457 所示。

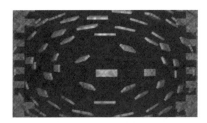

图 12.455　显示设置

图 12.456　外形参数

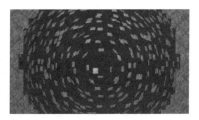

图 12.457　设置后的图像效果

提示　在设置【碎片】特效的【图案】时，也可以根据自己的喜好选择其他碎片图案。

10　设置力场和梯度层参数。在【效果控件】面板中，展开【作用力 1】选项组，设置【深度】的值为 0.2，【半径】的值为 1，【强度】的值为 5，如图 12.458 所示。

11　将时间调整到 0:00:01:05 帧的位置，展开【渐变】选项组，单击【碎片阈值】左侧的码表按钮，在当前位置设置关键帧，并设置【碎片阈值】的值为 0，然后在【渐变图层】右侧的下拉列表框中选择【渐变】选项，设置参数，将时间调整到 0:00:04:00 帧的位置，修改【碎片阈值】的值为 100，如图 12.459 所示。

图 12.458　设置焦点 1 参数

12　设置物理参数。在【效果控件】面板中，展开【物理学】选项组，设置【旋转速度】的值为 0，【随机性】的值为 0.2，【粘度】的值为 0，【大规模方差】的值为 20，【重力】的值为 6，【重力方向】的值为 90，【重力倾向】的值为 80；并在【摄像机系统】右侧的下拉列表框中选择【合成摄像机】选项，参数设置如图 12.460 所示。此时，拖动时间滑块，从合成窗口中可以看到物理影响下的图片产生了很大的变化，其中一帧的画面效果如图 12.461 所示。

图 12.459　设置碎片界限值关键帧

图 12.460　物理参数设置

图 12.461　受力后的画面效果

12.6.4　利用【空白对象】控制摄像机

01　在【项目】面板中，选择"蓝色光带"和"彩光"两个合成素材，将其拖动到"碎片"合成的时间线面板中的 camera 1 层的下一层，如图 12.462 所示。

02 打开"蓝色光带"和"彩光"合成层右侧的三维属性开关。在时间线面板的空白处单击,取消选择,然后选择"彩光"合成层,展开该层的【变换】的属性设置选项组,设置【锚点】的值为(0,202.5,0),【方向】的值为(0,90,0),将时间调整到 00:00:01:00 帧的位置,设置【不透明度】的值为 0%,并单击【不透明度】左侧的码表按钮 ,在当前位置设置关键帧,如图 12.463 所示。

图 12.462　添加素材

图 12.463　设置透明度关键帧

提示 只有打开三维属性开关的图层,才会跟随摄像机的运动而运动。

03 将时间调整到 0:00:01:03 帧的位置,单击【位置】左侧的码表按钮 ,在当前位置设置关键帧,并设置【位置】的值为(740,202.5,0),【不透明度】的值为 100,如图 12.464 所示。

04 将时间调整到 0:00:04:00 帧的位置,修改【位置】的值为(−20,202.5,0),单击【不透明度】左侧的【在当前位置添加或移除关键帧】按钮 ,添加一个保持关键帧。将时间调整到 0:00:05:05 帧的位置,修改【不透明度】的值为 0,如图 12.465 所示。

图 12.464　设置位置和不透明度关键帧

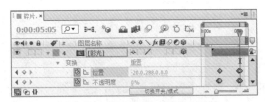

图 12.465　设置位置和关键帧后效果

提示 如果在某个关键帧之后的位置单击【在当前位置添加或移除关键帧】按钮 ,则将添加一个保持关键帧,即当前帧的参数设置与上一帧的参数设置相同。

05 在时间线面板的空白处单击鼠标右键,在弹出的快捷菜单中选择【新建】|【空对象】命令,此时"碎片"合成的时间线面板中将会创建一个【空白1】层,然后打开该层的三维属性开关,如图 12.466 所示。

提示 在时间线面板中,按 Shift+Ctrl+Alt+Y 组合键,可以快速创建【空对象】,或在时间线面板中单击鼠标右键,在弹出的快捷菜单中选择【新建】|【空对象】命令,也可创建【空白1】。

06 在 Camera1 层右侧【父级】属性栏中选择【空白1】层,将【空白1】父化给 Camera1,如图 12.467 所示。

图 12.466　新建空白对象

图 12.467　建立父子关系

提示　建立父子关系后，子物体会跟随父物体一起运动。

07　将时间调整到 0:00:00:00 帧的位置，选择【空白 1】层，按 R 键，打开该层的【旋转】属性，单击【方向】左侧的码表按钮 ⏱，在当前位置设置关键帧，如图 12.468 所示。

08　将时间调整到 0:00:01:00 帧的位置，修改【方向】的值为（45,0,0），并单击【Y 轴旋转】左侧的码表按钮 ⏱，在当前位置设置关键帧，如图 12.469 所示。

图 12.468　设置方向参数

图 12.469　为【Y 轴旋转】设置关键帧

09　将时间调整到 0:00:05:24 帧的位置，修改【Y 轴旋转】的值为 120，系统将在当前位置自动设置关键帧，如图 12.470 所示。

10　将【空白 1】层的 4 个关键帧全部选中，按 F9 键，使曲线平缓地进入和离开，完成后的效果如图 12.471 所示。

图 12.470　修改【Y 轴旋转】的参数

图 12.471　使曲线平缓地进入和离开

提示　完成操作后，会发现关键帧的形状发生了变化，这样可以使曲线平缓地进入和离开，并使其不是匀速运动。执行菜单栏中的【动画】|【关键帧辅助】|【柔缓曲线】命令，也可使关键帧的形状进行改变。

12.6.5　制作摄像机动画

01　将时间调整到 0:00:00:00 帧的位置，在时间线面板中，选择 Camera1 层，按 P 键，打开该层的【位置】属性，单击【位置】左侧的码表按钮 ⏱，在当前位置设置关键帧，并设置【位置】的值为（0,0,-800），如图 12.472 所示。

02 将时间调整到 0:00:01:00 帧的位置，单击【位置】左侧的【在当前位置添加或移除关键帧】按钮 ，添加一个保持关键帧。

03 将时间调整到 0:00:05:24 帧的位置，设置【位置】的值为（0,-800,-800）；选择该层的后两个关键帧，按 F9 键，完成后的效果如图 12.473 所示。

图 12.472　修改位置的值关键帧

图 12.473　设置位置关键帧

04 将时间调整到 0:00:01:00 帧的位置，选择"彩光"层，按 U 键，打开该层的所有关键帧，将其全部选中，按 Ctrl+C 组合键，复制关键帧，然后选择"蓝色光带"层，按 Ctrl+V 组合键，粘贴关键帧，然后按 U 键，效果如图 12.474 所示。

05 将"蓝色光带"、"彩光"层右侧的【模式】修改为【屏幕】，并将【空白 1】层隐藏，如图 12.475 所示。

图 12.474　复制关键帧

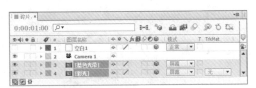

图 12.475　修改图层的叠加模式

06 在【项目】面板中选择"扫光图片 .jpg"素材，将其拖动到"碎片"合成时间线面板中，使其位于"彩光"合成层的下一层，并将其重命名为"扫光图片 1"。

07 确认当前选择为"扫光图片 1"层，将时间调整到 0:00:00:24 帧的位置，按 Alt +] 组合键，为"扫光图片 1"层设置出点，如图 12.476 所示。

提示　按 Ctrl +] 组合键，可以为选中的图层设置出点。

08 将时间调整到 0:00:01:00 帧的位置，在时间线面板中，选择除"扫光图片 1"层外的所有图层，然后按 [键，为所选图层设置入点，完成后的效果如图 12.477 所示。

图 12.476　设置"扫光图片 1"层的出点位置

图 12.477　为图层设置入点

09 选择"扫光图片 1"层，按 S 键，打开该层的【缩放】属性，在 0:00:01:00 帧的位置单击【缩放】左侧的码表按钮 ，在当前位置设置关键帧，并修改【缩放】的值为（68,68），如图 12.478 所示。

10 将时间调整到 0:00:00:15 帧的位置，修改【缩放】的值为（100,100），如图 12.479 所示。

图 12.478　修改缩放关键帧

图 12.479　修改缩放参数

12.6.6　制作花瓣旋转

01　选择 Logo 合成，按 Ctrl+K 组合键，打开【合成设置】对话框，设置【持续时间】为 0:00:03:00，打开 Logo 合成的时间线面板，如图 12.480 所示，此时合成窗口中的画面效果如图 12.481 所示。

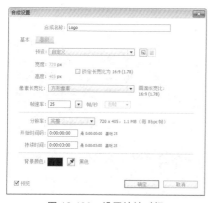

图 12.480　设置持续时间

图 12.481　合成窗口中的画面效果

提示　单击时间线面板右上角的 ≡ 按钮，也可打开【合成设置】对话框。

02　在时间线面板中，选择"花瓣"、"花瓣 副本"、"花瓣 副本 2"、"花瓣 副本 3"、"花瓣 副本 4"、"花瓣 副本 5"、"花瓣 副本 6"、"花瓣 副本 7" 8 个素材层，按 A 键，打开所选层的【锚点】选项，设置【锚点】的值为（360,188），如图 12.482 所示。此时的画面效果如图 12.483 所示。

图 12.482　设置定位点

图 12.483　合成窗口中定位点的位置

03 将时间调整到 0:00:01:00 帧的位置，设置【位置】的值为（360,130），单击【位置】左侧的码表按钮 🕙，在当前位置设置关键帧，如图 12.484 所示。

04 将时间调整到 0:00:00:00 帧的位置，在时间线面板的空白处单击，取消选择。然后分别修改"花瓣"层【位置】的值为（-723,259），"花瓣 副本"层【位置】的值为（122,-455），"花瓣 副本 2"层【位置】的值为（-616,-122），"花瓣 副本 3"层【位置】的值为（-460,725），"花瓣 副本 4"层【位置】的值为（297,772），"花瓣 副本 5"层【位置】的值为（-252,-581），"花瓣 副本 6"层【位置】的值为（147,807），"花瓣 副本 7"层【位置】的值为（350,-170），参数设置如图 12.485 所示。

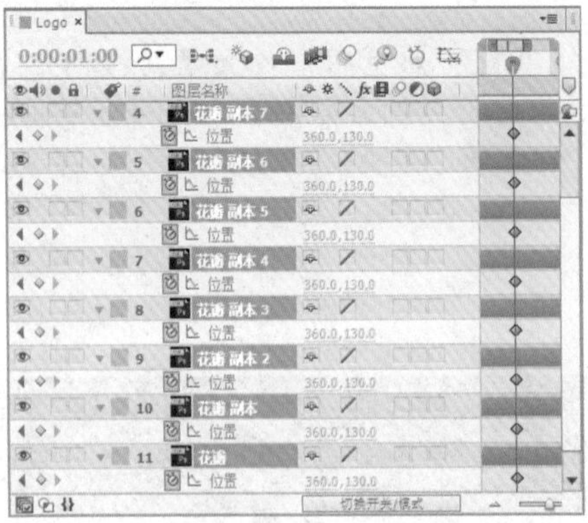

图 12.484　设置【位置】关键帧

图 12.485　修改【位置】的值

提示 本步中采用倒着设置关键帧的方法制作动画，这样制作是为了在 0:00:00:00 帧的位置可以根据自己的需要随便调节图像的位置，制作出另一种风格的汇聚效果。

05 执行菜单栏中的【图层】|【新建】|【空对象】命令，在时间线面板中，将会创建一个"空白 2"层，按 A 键，打开【锚点】属性，设置【锚点】的值为（50,50），如图 12.486 所示。画面效果如图 12.487 所示。

图 12.486　设置【锚点】参数

图 12.487　空物体定位点的位置

提示 默认情况下，【空对象】的定位点在左上角，如果需要其围绕中心点旋转，必须调整定位点的位置。

06 按 P 键，打开【位置】属性，设置【位置】的值为（360,130），如图 12.488 所示。此时空物体的位置如图 12.489 所示。

07 选择"花瓣"、"花瓣 副本"、"花瓣 副本 2"、"花瓣 副本 3"、"花瓣 副本 4"、"花瓣 副本 5"、"花瓣 副本 6"、"花瓣 副本 7"8 个素材层,在所选层右侧的【父级】属性栏中选择"空白 2"选项,建立父子关系。选择"空白 2"层，按 R 键，打开【旋转】选项，将时间调整到 0:00:00:00 帧的位置，单击【旋转】左侧的码表按钮 ⏱，在当前位置设置关键帧，如图 12.490 所示。

图 12.488　设置【位置】参数

图 12.489　空物体的位置

提示 建立父子关系后，为"空白 2"层调整参数，设置关键帧，可以带动子物体层一起运动。

08 将时间调整到 0:00:02:00 帧的位置，设置【旋转】的值为 1x，并将"空白 2"层隐藏，如图 12.491 所示。

图 12.490　设置【旋转】关键帧

图 12.491　设置【旋转】参数

12.6.7　制作Logo定版

01 在【项目】面板中，选择"光线 .jpg"素材，将其拖动到时间线面板中"浙江卫视"的上一层，并修改"光线 .jpg"层的【模式】为【相加】，如图 12.492 所示。此时的画面效果如图 12.493 所示。

图 12.492　添加"光线 .jpg"素材

图 12.493　画面中的光线效果

提示 在图层背景是黑色的前提下，修改图层的模式，可以将黑色背景滤去，只留下图层中的图像。

02 按 S 键，打开该层的【缩放】属性，单击【缩放】右侧的【约束比例】按钮，取消约束，并设置【缩放】的值为(100,50)。将时间调整到 0:00:01:15 帧的位置，按 P 键,打开该层的【位置】属性，单击【位置】左侧的码码按钮，设置【位置】的值为（-421,280.5）。

03 将时间调整到 0:00:01:15 帧的位置，设置【位置】的值为（1057,280.5），如图 12.494 所示。拖动时间滑块，其中一帧的画面效果如图 12.495 所示。

图 12.494　设置【位置】参数

图 12.495　其中一帧的画面效果

04 选择"浙江卫视"层，单击工具栏中的【矩形工具】按钮，在合成窗口中绘制一个路径，如图 12.496 所示。将时间调整到 0:00:01:13 帧的位置，按 M 键，打开"浙江卫视"层的【蒙版路径】选项，单击【蒙版路径】左侧的码表按钮，在当前位置设置关键帧，如图 12.497 所示。

图 12.496　绘制蒙版

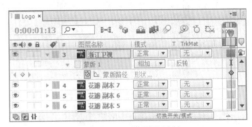

图 12.497　设置关键帧

05 将时间调整到 0:00:01:04 帧的位置，修改【蒙版路径】的形状，如图 12.498 所示。拖动时间滑块，其中一帧的画面效果如图 12.499 所示。

图 12.498　修改遮罩形状的形状

图 12.499　其中一帧的画面效果

提示 在修改矩形遮罩的形状时，可以使用【选择工具】，在遮罩的边框上双击，使其出现选框，然后拖动选框的控制点，修改矩形遮罩的形状。

12.6.8 制作最终合成

01 执行菜单栏中的【合成】|【新建合成】命令，打开【合成设置】对话框，设置【合成组名称】为"最终合成"，【宽度】为720，【高度】为405，【帧速率】为25，并设置【持续时间】为0:00:08:00。

02 在【项目】面板中选择Logo、"碎片"合成，将其拖动到"最终合成"的时间线面板中，如图12.500所示。

03 将时间调整到0:00:05:00帧的位置，选择Logo层，将其入点设置到当前位置，如图12.501所示。

图12.500 添加Logo、"碎片"合成素材

图12.501 调整Logo层的入点

提示 在调整图层入点位置时，可以按住Shift键，拖动素材块，这样具有吸附功能，便于操作。

04 按T键，打开【不透明度】属性，单击【不透明度】左侧的码表按钮，在当前位置设置关键帧，并设置【不透明度】的值为0；将时间调整到0:00:05:08帧的位置，修改【不透明度】的值为100，如图12.502所示。

05 选择"碎片"合成层，按Ctrl+Alt+R组合键，将"碎片"的时间倒播，完成效果如图12.503所示。

图12.502 设置透明度关键帧

图12.503 修改时间

06 这样就完成了"浙江卫视"的整体制作，按小键盘上的0键，即可在合成窗口中预览动画效果。